交通运输行业高层次人才培养项目著作书系

船舶大气污染物排放监测技术及应用

彭 鑫 文元桥 黄 亮 刘 欢 著

人民交通出版社股份有限公司
北 京

内 容 提 要

本书系统阐述了国内外船舶大气污染物排放监测理论与应用实践，内容包括船舶大气污染物排放清单构建与时空分析方法、主流船舶排放监测方法与技术原理、监测数据处理、分析与应用、监测站点选址与布设方法、船舶排放数字化监管方法与技术。

本书可作为高等院校交通运输工程、海事管理等学科本科生或研究生的专业教材，同时还可作为交通运输工程和环境工程等领域研究人员、工程技术人员的工作参考书。

图书在版编目(CIP)数据

船舶大气污染物排放监测技术及应用 / 彭鑫等著. — 北京：人民交通出版社股份有限公司，2024.1

ISBN 978-7-114-18637-0

Ⅰ.①船… Ⅱ.①彭… Ⅲ.①船舶污染—大气污染物—排污—环境监测 Ⅳ.①X522.06

中国国家版本馆 CIP 数据核字(2023)第 032422 号

Chuanbo Daqi Wuranwu Paifang Jiance Jishu ji Yingyong

书　　名：船舶大气污染物排放监测技术及应用
著 作 者：彭　鑫　文元桥　黄　亮　刘　欢
责任编辑：潘艳霞
责任校对：赵媛媛　魏佳宁
责任印制：张　凯
出版发行：人民交通出版社股份有限公司
地　　址：(100011)北京市朝阳区安定门外外馆斜街 3 号
网　　址：http://www.ccpcl.com.cn
销售电话：(010)59757973
总 经 销：人民交通出版社股份有限公司发行部
经　　销：各地新华书店
印　　刷：北京建宏印刷有限公司
开　　本：787×1092　1/16
印　　张：14
字　　数：242 千
版　　次：2024 年 1 月　第 1 版
印　　次：2024 年 1 月　第 1 次印刷
书　　号：ISBN 978-7-114-18637-0
定　　价：90.00 元

交通运输行业
高层次人才培养项目著作书系

编审委员会

书系前言

FOREWORD OF SERIES

进入21世纪以来,党中央、国务院高度重视人才工作,提出人才资源是第一资源的战略思想,先后两次召开全国人才工作会议,围绕人才强国战略实施做出一系列重大决策部署。党的十八大着眼于全面建成小康社会的奋斗目标,提出要进一步深入实践人才强国战略,加快推动我国由人才大国迈向人才强国,将人才工作作为"全面提高党的建设科学化水平"八项任务之一。十八届三中全会强调指出,全面深化改革,需要有力的组织保证和人才支撑。要建立集聚人才体制机制,择天下英才而用之。这些都充分体现了党中央、国务院对人才工作的高度重视,为人才成长发展进一步营造出良好的政策和舆论环境,极大激发了人才干事创业的积极性。

国以才立,业以才兴。面对风云变幻的国际形势,综合国力竞争日趋激烈,我国在全面建成社会主义小康社会的历史进程中机遇和挑战并存,人才作为第一资源的特征和作用日益凸显。只有深入实施人才强国战略,确立国家人才竞争优势,充分发挥人才对国民经济和社会发展的重要支撑作用,才能在国际形势、国内条件深刻变化中赢得主动、赢得优势、赢得未来。

近年来,交通运输行业深入贯彻落实人才强交战略,围绕建设综合交通、智慧交通、绿色交通、平安交通的战略部署和中心任务,加大人才发展体制机制改革与政策创新力度,行业人才工作不断取得新进展,逐步形成了一支专业结构日趋合理、整体素质基本适应的人才队伍,为交通运输事业全面、协调、可持续发展提供了有力的人才保障与智力支持。

"交通青年科技英才"是交通运输行业优秀青年科技人才的代表群体,培养选拔"交通青年科技英才"是交通运输行业实施人才强交战略的"品牌工程”之一,1999 年至今已培养选拔 282 人。他们活跃在科研、生产、教学一线,奋发有为、锐意进取,取得了突出业绩,创造了显著效益,形成了一系列较高水平的科研成果。为加大行业高层次人才培养力度,“十二五”期间,交通运输部设立人才培养专项经费,重点资助包含“交通青年科技英才”在内的高层次人才。

人民交通出版社以服务交通运输行业改革创新、促进交通科技成果推广应用、支持交通行业高端人才发展为目的,配合人才强交战略设立“交通运输行业高层次人才培养项目著作书系”(以下简称“著作书系”)。该书系面向包括“交通青年科技英才”在内的交通运输行业高层次人才,旨在为行业人才培养搭建一个学术交流、成果展示和技术积累的平台,是推动加强交通运输人才队伍建设的重要载体,在推动科技创新、技术交流、加强高层次人才培养力度等方面均将起到积极作用。凡在“交通青年科技英才培养项目”和“交通运输部新世纪十百千人才培养项目”申请中获得资助的出版项目,均可列入“著作书系”。对于虽然未列入培养项目,但同样能代表行业水平的著作,经申请、评审后,也可酌情纳入“著作书系”。

高层次人才是创新驱动的核心要素,创新驱动是推动科学发展的不懈动力。希望“著作书系”能够充分发挥服务行业、服务社会、服务国家的积极作用,助力科技创新步伐,促进行业高层次人才特别是中青年人才健康快速成长,为建设综合交通、智慧交通、绿色交通、平安交通做出不懈努力和突出贡献。

交通运输行业高层次人才培养项目

著作书系编审委员会

2014 年 3 月

作者简介

AUTHOR INTRODUCTION

彭鑫,武汉理工大学航运学院博士。博士期间主要研究船舶大气污染物排放控制。现于清华大学环境学院从事博士后工作,关注于内河航运减污降碳策略研究。目前已发表论文14篇,其中,以第一作者或通信作者身份发表论文9篇。申请发明专利5项,参与提出1项IMO提案,参与多项国家重点研发计划项目及行业相关横向课题。

文元桥,武汉理工大学教授,博士生导师,交通运输行业中青年科技创新领军人才,中国智能交通协会专家委员会交通安全专委会委员,中国环境科学学会污染源排放与管控专业委员会委员。长期从事水上交通安全与环境、水上交通运行管控、船舶智能航行等方向的研究,先后主持或参加了国家自然科学基金项目、国家重大科技支撑计划项目6项,其他省部级纵向、横向科研项目40多项。近年来在国内外学术刊物发表论文140余篇。撰写专著3本,主编教材2本,参编教材3本,授权专利22项。先后获省部级科技奖励8项。

前　言

FOREWORD

1972年6月5日,《人类环境宣言》的发布向地球全体居民敲响了环境保护警钟,号召大家拯救地球、治理污染和保护环境,这也是人类在环境保护意识上的觉醒。大气污染问题是全球环境问题的重中之重,其中,随着现代航运业的蓬勃发展,船舶活动引起的大气环境污染问题也日益突出。

船舶排放的大气污染物不仅会对大气环境产生不良影响,还会对全球气候、局部地区小气候和海洋生态环境造成不良影响,影响居民身体健康和人类社会的可持续发展。国际海事组织(International Maritime Organization, IMO)在2020年正式发布的第四次温室气体研究报告中指出,2018年船舶排放温室气体总量占全球总人为温室气体排放量的2.89%,相较2012年增加了9.6%,且这一数字还呈现逐渐增长的趋势。以上数据都表明,现阶段对于船舶排放实施有效控制已变得越来越重要和紧迫。

船舶作为非道路约束的移动排放源,排放位置不确定,排放大气污染物的动态扩散规律易受水文气象环境条件的影响,这都极大程度地增大了船舶大气污染物排放监测难度。此外,船舶排放源具有多样性,船舶的动力单元组成复杂,不同船型的动力参数差异性大且在不同活动状态下的排放规律差异显著。因此,针对工业源和机动车排放源的大气污染物排放监测方法并不能完全适用于船舶排放源监测的问题,在船舶排放监测设备的选择、监测方法的确定、监测数据的分析等方面均面临全新的挑战。在这种需求日益增大的形势下,本书系统地介绍了国内外船舶大气污染物排放监测理论与实践,包括船舶排放清单构建,监测方法与技术原理,监测数据处理、分析与应用,监测站点选址与布设以及船舶排放数字化监管方法与技术等。本书可作为高等院校交通运输工程、海事管理等学科本科生或研究生的专业教材,也可作为相关行业管理人员继续教育与技能培训的教材,同时,还可作为交通运输工程领域学者、研究人员、工程技术人员以及海事管理人员等从事相关工作的参考书。同时，本书的出版将为交通运输工程学科的发展提供一定的支撑。

本书由长期从事船舶大气污染防治的研究人员编写，本书取材广泛，许多中外参考文献的研究成果给本书输入了丰富的养分，我们从内心表示感激。此外，本书的编写过程得到了深圳海事局和盐田海事局的大力帮助，得到了复旦大学马蔚纯教授、张艳教授的友好帮助，还得到了许多专家和同志的关心，谨在此一并表示衷心的感谢。最后，感谢浙江省重点研发项目"船岸协同环境下内河集装箱船舶增强驾驶关键技术研究及示范应用"（编号：2021C01010）和国家重点研发计划"绿色船舶和绿色港口海洋环境安全保障服务技术与标准研究"（编号：2018YFC1407405）的资助。限于水平有限，时间仓促，书中内容仍有不少错漏之处，热忱欢迎广大读者及同行专家批评指正。

作　者

2023 年 5 月

目 录

CONTENTS

第1章 概论

第2章 船舶大气污染物排放清单构建与时空分析方法

第 3 章　船舶大气污染物排放监测技术与系统

第 4 章　船舶大气污染物排放监测数据处理、分析与应用

第 5 章　船舶大气污染物排放监测布点方法及优化

第 6 章　船舶大气污染物排放监测监管平台

第1章

概论

1.1 大气的结构及组成

1.1.1 大气与空气

大气(atmosphere)和空气(ambient air)在习惯用语上没有区别,而在环境科学应用中则稍有不同,具体可解释为:用于小范围的如居室、车间或厂区的称空气;用于大范围的如一个地区、一个城市的称大气。环绕地球表面的空气总体称为大气或大气层。可见,“大气”与“空气”是作为同义词使用的,其区别仅在于“大气”所指范围更大些,“空气”所指的范围相对小些。按照国际标准化组织(International Organization for Standardization, ISO)对大气和空气的定义,大气是指围绕地球的全部空气的总和;空气是指人类、植物、动物和建筑物暴露于其中的室外气体。

1.1.2 大气的组成

大气是由多种气体混合而成的,其组成可以分为三部分:干燥清洁的空气、水蒸气和各种杂质。由恒定组分及可变组分所组成的大气,叫作洁净大气。不含水蒸气的洁净大气称为干洁空气。干洁空气的主要成分是氮、氧、氩和二氧化碳气体,其体积含量占全部干洁空气的99.996%,氖、氦、氪、甲烷等次要成分只占0.004%左右。

由于大气的垂直运动、水平运动、湍流运动及分子扩散,使不同高度、不同地区的大气得以交换和混合。因而从地面到90km的高度,干洁空气的组成基本保持不变。也就是说,在人类经常活动空间范围内,地球上任何地方干洁空气的物理性质是基本相同的。例如,干洁空气的平均分子量为28.966,在标准状态下(273.15K,101325Pa)密度为$1.293kg/m^3$。在自然界大气的温度和压力条件下,干洁空气的所有成分都处于气态,不可能液化,因此,可以看成是理想气体。大气的气体组分见表1.1-1。

大气的气体组分 表1.1-1

成　分	分子量	体积比(%)	成　分	分子量	体积比($\times10^{-6}$)
氮(N_2)	28.0134	78.084±0.004	氖(Ne)	20.18	1.8
氧(O_2)	31.9988	20.946±0.002	氦(He)	4.003	5.2
氩(Ar)	39.948	0.934±0.001	甲烷(CH_4)	16.04	1.2
二氧化碳(CO_2)	44.0099	0.033±0.001	氪(Kr)	83.80	0.5
			氢(H_2)	2.016	0.5

续上表

成 分	分 子 量	体积比(%)	成 分	分 子 量	体积比($\times 10^{-6}$)
			氙(X_e)	131.30	0.08
			二氧化氮(NO_2)	46.05	0.02
			臭氧(O_3)	48.00	0.01 ~0.04

大气中的各种杂质是由自然过程和人类活动排到大气中的各种悬浮微粒和气态物质形成的。大气中的悬浮微粒,除了由水蒸气凝结成的水滴和冰晶外,主要是各种有机或无机的固体微粒。有机微粒数量较少,主要是植物花粉、微生物、细菌、病毒等。无机微粒数量较多,主要有岩石或土壤风化后的尘粒、流星在大气层中燃烧后产生的灰烬、火山喷发后留在空中的火山灰、海洋中浪花溅起在空中蒸发留下的盐粒,以及地面上燃料燃烧和人类活动产生的烟尘等。

大气中的各种气态物质,也是由于自然过程和人类活动产生的,主要有硫氧化物、氮氧化物、一氧化碳、二氧化碳、硫化氢、氨、甲烷、甲醛、茎蒸气、恶臭气体等。

在大气中的各种悬浮微粒和气态物质中,许多是引起大气污染的物质。它们的分布是随时间、地点和气象条件变化而变化的,通常陆上多于海上,城市多于乡村,冬季多于夏季。它们的存在,对辐射的吸收和散射,对云、雾和降水的形成,对大气中的各种光学现象,皆具有重要影响,因而对大气污染也具有重要影响。

1.2 大气污染概述

大气污染又称为空气污染,指由于人类活动或自然过程使得某些物质进入大气中,呈现足够浓度,达到了足够的时间,而因此危害了人体的舒适、健康,减弱了其供人们分享的生存福利,甚至危害了生态环境。所谓人类活动,不仅包括生产活动,也包括生活活动,如做饭、取暖、交通等。大气污染自然过程包括火山活动、山林火灾、海啸、土壤和岩石的风化及大气圈中空气运动等。一般说来,自然环境所具有的物理、化学和生物机能(即自然环境的自净作用),会使自然过程造成的大气污染经过一定时间后自动消除(即使生态平衡自动恢复)。所以可以说,大气污染主要是人类活动造成的。

大气污染物主要包括氮氧化物(NO_x,Nitrogen Oxide)、一氧化碳(CO, Carbon Monoxide)、硫氧化物(SO_x,Sulfur Oxide)、二氧化碳(CO_2, Carbon Dioxide)等气态污染物和颗粒态污染物,其中颗粒态污染物包括一次颗粒物和二次颗粒物。一次颗粒物主要化学成分为有机碳(OC, Organic Carbon)、元素碳(EC, Elemental Carbon)和矿物质等;二次颗粒物主要由大气中某些污染气体组分(如气态 SO_2、NO_x、HC 等前体物)之间,或这些组分与大气中的正常组分之间通过化学反应转化生成的颗粒物。

大气污染对人体的舒适、健康的危害,包括对人体正常生活环境和生理机能的影响,引起急性病、慢性病以致死亡等;而所谓福利,系指与人类协调共存的生物、自然资源以及财产、器物等给人们带来的有益分享。

按照大气污染的范围来分,大气污染大致可分为四类:①局部地区污染,局限于小范围的大气污染,如受到某些烟囱排气的直接影响;②地区性污染,涉及一个地区的大气污染,如工业区及其附近地区或整个城市大气受到污染;③广域污染,涉及比一个地区或大城市更广泛地区的大气污染;④全球性污染,涉及全球范围(或国际性)的大气污染。

1.3 船舶柴油机排放的大气污染物及其危害

1.3.1 船舶排放的大气污染物

船舶柴油机排放的大气污染物的种类极其复杂,依其对人类的危害性,可分为有害排放物和无害排放物两大类。无害排放物包括 N_2、O_2、CO_2和水蒸气等,因为 CO_2对人类无直接危害,故一般作为无害排放物看待,但它对地球气候产生的温室效应会给人类带来较大危害。在隧道、坑道等地下作业场合,柴油机排出的 CO_2也会对人体健康产生潜在的影响,因而有时也把 CO_2视为有害排放物。

船舶柴油机的有害排放物按其物理形态划分,可分为气态排放物(如 CO、HC、NO_x、SO_2)和微粒排放物两大类。其中,“微粒”一词被定义为除纯水以外,泛指其单个颗粒直径大于0.002μm 的任何固态或液态微颗粒或亚微颗粒。柴油机排气中所含微粒物质主要由炭、碳氢化合物、硫化物、铅化物和含金属元素的灰分等组成。含金属元素的微粒主要来自燃油和润滑油的添加剂以及运动件摩擦所产生的磨屑等。那些以未燃燃油和润滑油为主的液态颗粒,常在发动机冷起动时在排气管内凝聚,当直径较大时表现为白烟,而当直径较小时表现为蓝烟。柴油机排出的固态微粒及其主要成分为炭,故常称为炭烟或炭粒。

1.3.2 各种大气污染物的危害

船舶柴油机排放的大气污染物对人类、动物、植物、制成品等都有不同程度的危害,大气污染物的危害程度主要取决于这些有害物质的毒性、它们在空气中的浓度、吸入污染空气的时间以及每分钟吸入的体积。其中大气污染物对人类健康和环境的影响最为直接,具体如下。

1.3.2.1 氮氧化物(NO_x)

NO_x是燃烧过程中氮的各种氧化物的总称,它包括NO、NO_2、N_2O_4、N_2O、N_2O_3和N_2O_5等,柴油机排气中的氮氧化物绝大多数为NO,而NO_2次之,其余的含量很少。

NO是无色并具有轻度刺激性气味的气体,它在低浓度时对人体健康无明显影响,高浓度时造成人与动物中枢神经系统障碍。尽管NO的直接危害不大,但NO在大气中可以被臭氧氧化成具有剧毒的NO_2。NO_2是一种赤褐色并带有刺激性的气体,吸入人体后与血液中的血红蛋白作用,成为变性血红蛋白,使血液的血氧能力下降。它对心、肝、肾等也有影响。据报道,人只要在NO_2含量为100~150ppm[1]的环境中停留0.5~1h,就会因肺气肿而死亡。

NO_x也是形成光化学烟雾的起因物质之一,而光化学烟雾曾导致1943年和1954年两次严重的美国洛杉矶烟雾,致许多人发病。

1.3.2.2 硫氧化物(SO_x)

燃料中的硫燃烧时主要生成SO_2,另有1%~5%氧化成SO_3。SO_2是无色有强烈气味的气体,在浓度低时,容易刺激上呼吸道黏膜。浓度高时,对呼吸道深部也有刺激作用。当人体吸入较高浓度的SO_2时,会发生急性支气管炎、哮喘和意识障碍等症状,有时还会引起喉头痉挛而窒息。低浓度SO_2长期暴露会发生慢性中毒,使嗅觉和味觉减退,产生萎缩性鼻炎、慢性支气管炎、结膜炎和胃炎。此外,当大气中SO_2过多时,SO_2则会溶于水蒸气而形成酸雨,还会使大片农作物及森林叶子变黄,对动植物造成危害,还会加速许多物质的腐蚀,从而影响自然界的生态平衡。

SO_x在温度较低时易和水蒸气结合成硫酸(H_2SO_4),腐蚀设备。由于一般硫酸在低温处存积,因此也叫低温腐蚀。另外,硫的燃烧过程,特别是SO_3使得碳氢化合物加速聚合,致使汽缸中结炭又多又硬,并且还促使润滑油氧化变质,致使汽缸壁和活塞环加速磨损。SO_x造成柴油机动力装置的腐蚀和磨损加剧,故燃用硫含量高的劣质燃油的机器,需采用高碱性汽缸油相匹配,这样可以保护发动机免遭SO_2和SO_3冷凝后形成的硫酸的腐

[1] 1ppm = 1mg/L,余同。

蚀。然而,这仅仅将 SO_x 中的很少一部分转变为硫酸钙,不能看成是减少 SO_x 含量的办法,排入大气的 SO_x 最终将被雨水洗出。

1.3.2.3 一氧化碳(CO)

CO 是无色、无臭的有毒气体。它虽然对人的呼吸道无直接作用,但被吸入人体后,能以比氧强 210 倍的亲和力同血液中的血红蛋白结合,形成碳氧血红蛋白,阻碍血液向心、脑等器官输送氧气,使人产生恶心、头晕、疲劳等症状,严重时会窒息死亡。CO 也会使人慢性中毒,主要表现为中枢神经受损、记忆力衰退等。

1.3.2.4 碳氢化合物(HC)

HC 包括未燃和未完全燃烧的燃油、润滑油及其裂解产物和部分氧化产物,如多环芳烃、醛、酮、酸等在内的 200 多种成分,有时简称为未燃烃。人体内吸入较多的未燃烃,会破坏造血机能,造成贫血、神经衰弱,并会降低肺对传染病的抵抗力。

碳氢化合物的另一大危害是它与氮氧化物在阳光紫外线的作用下,经过光化学反应产生一种毒性很大的浅蓝色刺激性烟雾,即光化学烟雾。光化学烟雾中含有臭氧、过氧酰基硝酸盐及各种醛、酮等物质。臭氧具有极强的氧化力,能使植物变黑、橡胶发裂,在 0.1ppm 浓度时就具有特殊的臭味,动物在 1ppm 臭氧浓度下 4h 就会出现轻度肺气肿。过氧酰基硝酸盐的毒性介 NO 和 NO_2 之间。

1.3.2.5 微粒(PM)

微粒又称颗粒或颗粒物,其对人类健康的危害性与微粒大小及其组成有关。微粒越小,停滞于人体肺部、支气管的比例越大,对人体的危害就越大。

炭烟也称为黑烟,是燃烧系统微粒排放中最大微粒物质,主要由直径为 1.1 ~ 10μm 的多孔性炭粒构成,并在其表面凝结或吸附含氢成分,即未燃烃以及 SO_2 等。炭烟悬浮在空气中,既影响能见度又污染空气。

1.3.2.6 二氧化碳(CO_2)

二氧化碳是一种无色、无臭的气体,本身没有毒性,但当大气中含量过高时,则会影响肺部吸氧呼碳,使进入血液中的 CO 逐出困难,而形成贫氧现象。此外,由于地球上森林资源日益减少,而燃料燃烧后排入大气层中的 CO_2 不断增加,温室效应越来越显著。如大气中 CO_2 含量不断增多,CO_2 气体就好像一层日益加厚的透明薄膜一样,太阳的辐射热量透进来容易,却难以逸出,日积月累,全球气候逐渐变暖,在世界范围内造成反常的气候变化,破坏自然界的生态平衡。

1.4 船舶排放与大气污染

1.4.1 船舶排放概况

地球表面积的70%由海洋覆盖,全球外贸运输的90%靠水运来完成。水路运输为世界经济的发展和人类社会的繁荣进步作出了巨大的贡献。但同时,水路运输作为化石燃料消费的重点行业,是温室气体和大气污染物排放的重要来源之一。

目前,大多数船舶使用的是压燃式发动机,所用燃料是柴油或者是硫含量较高的船用燃料油,排放的污染物包括 PM、NO_x、HC、SO_x 和 CO。

柴油机大气污染物排放污染物可分为两类:气态物质和颗粒物质。气态物质包括 NO_x、SO_x、CO_x、VOCs 等,颗粒物质包括炭粒、烟尘等。这些污染物被直接排放到大气环境中,其理化特性未发生变化,属于一次污染物,是造成大气污染的主要原因和直接来源。柴油机排放中气态物质的主要成分为 NO_x(其中 NO 为 95%,NO_2+N_2O 为 5%)、SO_x(其中 SO_2为 95%,SO_3 为 5%)、HC、CO_2等。NO_x的生成取决于燃烧过程的最高温度和 O_2的浓度。现代船用柴油机由于最高爆发压力 P_{max}和功率 P_e的提高,NO_x排放量有增加的趋势。当 NO_x的含量高时,排气明显呈黄色或褐色。高温燃烧产生的 NO 在大气中进一步氧化成为剧毒的 NO_2(棕色气体),被吸入肺部后能与水分生成可溶性硝酸而引起肺气肿,其化学反应过程大致如下:

$$NO+\frac{1}{2}O_2 \rightarrow NO_2$$

$$2NO_2+H_2O \rightarrow HNO_3+HNO_2$$

亚硝酸还可以进一步被氧化,最终生成硝酸。此外,即使 NO_x 浓度很低,也会对某些植物产生不良影响。

SO_x的排放量与燃油的硫含量成正比。随着燃用重油的不断劣化,硫含量不断增多,排气中的 SO_x也不断增多。特别是在距丹麦、瑞典和芬兰沿海 400km 宽的带状海域,过往船只所排放的硫化物是 3 个国家发电厂和交通工具排放量总和的 2 倍。排放到大气中的 SO_2 可以通过气相或液相化学反应生成硫酸,其化学反应过程简示如下:

$$气相反应:SO_2 + \frac{1}{2}O_2 \rightarrow SO_3$$

$$SO_3 + H_2O \rightarrow H_2SO_4$$

$$液相反应:SO_2 + H_2O \rightarrow H_2SO_3$$

$$H_2SO_3 + \frac{1}{2}O_2 \rightarrow H_2SO_4$$

还有一种氧化过程是更复杂的非均相反应机制,即 SO_2 气体被吸附在颗粒表面,在催化剂的作用下生成 H_2SO_4。可见,NO_x 和 SO_x 会造成酸雨问题,严重破坏自然界的生态平衡;酸雨问题目前已经成为备受人们关注的区域环境问题。HC、CH_4 和 CO_2 气体会引起温室效应。燃油中的碳在汽缸中燃烧做功后会产生一定量的 CO_2。要减少 CO_2 排放,只有减少燃油消耗和使用低碳氢比的燃料。但是柴油机燃烧产生的 CO_2 比汽油机少得多。

颗粒排放主要是指燃油不完全燃烧的炭烟及燃油、汽缸油中的灰分形成的金属氧化物和硫酸盐微粒排放。二冲程柴油机颗粒排放在0.8~1.0g/(kW·h)之间。炭烟不仅对人呼吸系统有害,而且其中含有较多的多环芳烃强致癌物,如苯并芘等。

一次污染物在大气中受到阳光和其他物质的作用,发生复杂的化学变化而形成新的污染物,称为二次污染物。二次污染物对环境和人体的危害通常比一次污染物更为严重。燃料燃烧时会排放出大量的碳氢化合物和氮氧化物在阳光的作用下发生光化学反应,生成臭氧(O_3)和过氧乙酰硝酸酯(PAN)等二次污染物,产生光化学烟雾,从而造成一系列环境影响。由此可见,船舶排放的有害气体对全球大气环境的污染已经相当严重,并已成为当今国际社会密切关注的焦点。为此,国际海事组织(International Maritime Organization,IMO)、美国以及波罗的海沿岸国家相继立法,强制限制排放,并对已在使用和新造的船舶柴油机大气污染物出标准,以控制其对生态环境的破坏。

1.4.2 船舶排放对大气环境的影响

船舶排放的大气污染物会严重影响当地的空气质量。一方面,船舶直接排放 NO_x、SO_2 和 BC 等污染物质;另一方面,二次生成的硫酸盐、O_3 等也增加了大气污染物的浓度。船舶排放近70%发生在离海岸线400km之内的范围,在港口和航线密集的沿海地区形成空气污染;O_3 和气溶胶的前体物,在大气中可以传输数百公里,从而进一步影响内陆的空气质量。据文献中估计,船舶排放物引起沿海地区对流层 O_3 浓度上升 $2\times10^{-9}\sim10\times10^{-9}$,并引起硫酸盐沉降增加10%~25%。

1.4.2.1 对辐射收支的影响

船舶排放对大气的辐射收支产生直接和间接的影响。排放的温室气体 CO_2 具有正的辐射效应；而 SO_2 以及转化生成的硫酸盐具有负的辐射效应；NO_x 的排放一方面导致对流层 O_3 的形成，另一方面又缩短了大气中 CH_4 的寿命，分别产生正的和负的影响；颗粒物除了直接的影响之外，还改变云层结构，对大气的辐射强迫具有间接影响。

研究表明，与船舶排放相关的 CO_2 的辐射强迫为 26 ~ 43mW/m^2，O_3 为 10 ~ 29mW/m^2，硫酸盐的直接辐射强迫为 −38 ~ −12mW/m^2，颗粒物和甲烷的间接辐射强迫分别为 −600 ~ −110mW/m^2 和 −28 ~ −11mW/m^2。由于船舶排放物制冷的效应超过了其中 CO_2 和 O_3 的温室效应，因此，整体的辐射强迫为负值；而在 SO_2 和颗粒物控制措施实行后，可能会使此数值变为正值。

1.4.2.2 对成云效应的影响

船舶排放的颗粒物，部分可作为云凝结核，使海洋云层产生变化。受船舶排放影响的云层，云凝结核数浓度产生显著的改变，云层反射率改变，云滴的有效半径和光学厚度受到影响。在卫星图像上，受影响的云层呈现长长的曲线，被称为“船舶轨迹”。

船舶排放的大气污染物中，排放的颗粒物约有 12% 作为云凝结核存在，使得大气中云凝结核的数量增加了将近 10 倍。研究表明，来自船舶的污染物使得海洋大气中云滴数显著增加 5% ~30%，导致云的光学厚度增加 5% ~10%。

1.5 国内外船舶大气污染物排放政策

1.5.1 国际上船舶大气污染物排放控制政策

1.5.1.1 国际海事组织（IMO）船舶排放控制政策

IMO 以国际防止船舶造成污染公约（MARPOL73/78）附则Ⅵ修正案的形式，在全球设置了波罗的海、北海、北美和美国加勒比海水域四大船舶排放控制区，这四大排放控制区均为硫排放控制区，其中，北美、加勒比海控制区对氮氧化物和炭烟的排放也有要求。IMO 规定的排放控制区硫含量排放标准见表 1.5-1；规定的氮氧化物排放标准见表 1.5-2。

IMO 及欧盟规定的硫含量排放标准 表 1.5-1

实施日期	IMO			欧盟水域	
	ECA	ECA 以外水域	港口停泊超过 2h	ECA	ECA 以外水域
2010.1.1			0.1%		
2010.7.1	1.0%			1.0%	
2012.1.1		3.5%		3.5%	0.1%
2015.1.1	0.1%		0.1%		
2020.1.1		0.5%			0.5%

IMO 氮氧化物排放标准(ECA 区域) 表 1.5-2

柴油机标定转速 n (r/min)	NO_x 排放限值 g/(kW·h)		
	Tier Ⅰ 2000.1.1—2011.1.1	Tier Ⅱ 2011.1.1	Tier Ⅲ 2016.1.1 以后
$n<130$	17.0	14.4	3.4
$130\leqslant n<2000$	$45\times n^{-0.2}$	$44\times n^{-0.23}$	$9.0\times n^{-0.2}$
$n\geqslant 2000$	9.8	7.7	2.0

1.5.1.2 欧洲船舶排放控制政策

欧盟海运温室气体减排的法律规制与实践奉行单方面行动的道路。20 世纪 80 年代中期,欧洲共同体就针对能源政策的改革问题提出要关注气候变化,遏制全球气候变暖。1985—1994 年,欧洲开始形成温室气体减排的法律政策。自从 1994 年《联合国气候变化框架公约》正式生效后,欧盟温室气体减排的法律制度得到了初步发展,不仅包括了对能源方面的减排法律制度,还包含了运输业和排放税收的减排法律制度。1998 年 3 月,欧盟出台了《欧盟气候问题战略》,认可了各国履行减排责任时可遵循“共同但有区别”的责任原则。2000 年 6 月,欧盟委员会启动了第一个“欧洲气候变化计划”,其目的是落实《京都议定书》的温室气体减排目标,尽快完成各成员国的减排任务。为控制船舶排放,欧盟采取的政策措施包括:

(1)海运温室气体排放补偿基金。欧盟计划建立海运温室气体排放补偿基金制度,以法律的形式对海洋环境大气污染建立损害赔偿,使环境污染损害赔偿基金规范化、系统化、法治化,船舶温室气体排放者要为其排放行为缴纳补偿费用。

(2)明确船舶强制性减排目标。船舶强制性减排目标是指依据各国或企业船舶的能源使用效率指数以及历史温室气体排放量,为船舶制定的一项强制实行的减排目标和任务。2012 年,欧盟制定的海运业碳减排目标是在 2020 年前碳排放量要比 2005 年减少

20%(得到英、法等国家的支持,但却遭到希腊等几个欧盟国家的反对)。

(3)温室气体排放交易机制(European Union Emission Trading Scheme, EUETS)。EUETS是欧盟实施效果最好的温室气体减排政策,也是欧盟海运温室气体减排工作的重要措施之一,涵盖航空、航海运输等行业,其中海运行业是重点对象。2008年1月23日,为了完成减排目标,欧盟委员会再次修订了排放交易指令。2012年欧盟委员会提出将国际海运温室气体减排也纳入欧盟温室气体减排承诺目标和交易体系之中的建议。

(4)增收航海碳排放税。通过构建碳交易市场、征收航海排放税来增加气候应对资金,并试图在国际航空业和海运业两个主要温室气体排放领域采取单边措施。

1.5.1.3 北美船舶排放控制政策

以《清洁空气法案》为基础,美国制定了空气质量标准及船舶排放控制法规等技术法规,包括《空气污染管制法》《清洁空气法案》《国家环境空气质量标准》《排放标准的参考指南》《新海洋船舶柴油机排放控制法规》《非道路柴油机Tier4规则》《船用柴油机排放控制措施》等。美国国家环境保护局曾制定了减少船舶污染大气的税收政策,规定从2001年起征收NO_x排放税,以所收税金补贴采取降低污染措施而增加的费用。2007年10月,美国启动有关船舶气体排放的单边立法,拟替代IMO通过的相关船舶气体排放的国际公约,在IMO通过更为严格的规范船舶排放的公约之前,预先对船舶硫化物排放进行控制。2009年3月30日,美国国家环境保护局建议对美国沿海船舶实施更严格的污染气体排放标准,要求在海岸线370km的范围内设置污染气体排放控制区,船舶从2015年开始执行更严格的硫化物排放标准,到2016年,新船必须安装控制污染气体排放的先进设备。该标准出台后,与现行标准相比,将使大型船舶排放的NO_x减少约80%,PM减少约85%。

此外,基于港口空气污染物大多来自船舶在港口航行、靠港和离港操作以及靠港作业时的特点,为进一步减少船舶污染物排放,美国加利福尼亚州对靠港船舶提出更高的控制大气污染物排放要求,于2014年1月1日实施强制靠港船舶使用岸电的减排措施。加利福尼亚州空气资源局于2008年7月24日颁布了《加州水域及基线24海里内海船燃油硫含量和其他操作要求的规则》,并于2011年10月27日进行了修正和补充,要求加州沿海地区24mile海域内航行船舶使用的燃料油硫含量不超过0.5% m/m;从2014年1月1日起船舶使用燃料油硫含量应不超过0.1% m/m。若海船不能满足要求,就须支付相应的惩罚性费用;靠港不满足次数越多,费用越高。

洛杉矶港对于海船排放污染量的减少所采取的主要措施有降低船舶航速、使用岸电、低硫燃油和更清洁的船舶柴油机技术等。为了鼓励船公司把它们最新和最清洁的船舶靠到洛杉矶港,港口在国际港口协会世界港口气候倡议的支持下推出了自愿环保船舶指数计划,该计划规定从2012年7月1日起,船公司若使用更清洁的技术使得船舶大气污染物排放量比IMO规定的要求更低则可获得奖励。船舶速度(在船舶主机额定转速的20%以上)越低,污染物排放量就越少。洛杉矶港口规定船舶离港口20n mile或40n mile内航速若小于12kn(含),对20n mile内满足要求的船舶按1天靠港费的15%奖励,对40n mile内满足要求的船舶按1天靠港费的30%奖励。

加拿大高度重视空气环境质量,对海、陆、空的交通运输工具的排放限制非常严格。颁布实施的环境保护和清洁空气法,以及针对船舶排放颁布的技术法规包括《加拿大环境保护法》《加拿大航运法》《柴油机硫含量规则》《防治船舶和危险化学品污染的法规》《加拿大管辖的豪华游轮操作导则》《船舶大气污染物排放新规则》等。加拿大运输部于2013年5月颁布了《船舶大气污染物排放新规则》,要求行驶在北美排放控制区和加拿大领海北纬60°以内水域船舶,船用燃油最大硫含量为1.00% m/m;从2015年1月1日起,行驶在这一水域的船舶燃油最大硫含量不得超过0.10% m/m。

1.5.2 中国船舶大气污染物排放控制政策

1.5.2.1 中国内地船舶排放控制政策

中国政府为应对船舶大气污染问题,依据《中华人民共和国大气污染防治法》,于2016年设立了珠三角、长三角、环渤海(京津冀)水域船舶排放控制区,随后,逐步控制领海内的船舶排放设立新的船舶排放控制区,覆盖整个海岸线。

2019年1月,根据《中华人民共和国大气污染防治法》和我国加入的有关国际公约,在实施《珠三角、长三角、环渤海(京津冀)水域船舶排放控制区实施方案》(交海发〔2015〕177号)的基础上,制定了新的船舶排放控制区新排放标准。自2019年1月1日起,海船进入排放控制区,应使用硫含量不超过0.5% m/m的船用燃料油,大型内河船和江海直达船舶应使用符合新修订的船用燃料油国家标准要求的燃油;其他内河船应使用符合国家标准的柴油。自2020年1月1日起,海船进入内河控制区,应使用硫含量不超过0.1% m/m的船用燃料油。自2022年1月1日起,海船进入沿海控制区海南水域,应使用硫含量不超过0.1% m/m的船用燃油。该标准对于氮氧化物的排放要求为:2011年以前建造或进行船用柴油发动机重大改装的国际航行船舶,与IMO要求一致;2015年

3 月 1 日及以后建造或进行船用柴油发动机重大改装的中国籍国内航行船舶,所使用的单台船用柴油发动机输出功率超过 130kW 的,应满足《国际防止船舶造成污染公约》第二阶段氮氧化物排放限值要求;2022 年 1 月 1 日及以后建造或进行船用柴油发动机重大改装的、进入沿海控制区海南水域和内河控制区的中国籍国内航行船舶,所使用的单缸排量大于或等于 30L 的船用柴油发动机应满足《国际防止船舶造成污染公约》第三阶段氮氧化物排放限值要求。

对于国内行驶的海船而言,根据《关于加强船舶燃油质量检测管理有关事项的通知》(海船舶〔2012〕527 号)要求,内贸船用燃料油执行于 2015 年发布修订后的《船用燃料油》(GB/T 17411—2015)。另外,进入我国领海的各国船舶均应当遵守《珠三角、长三角、环渤海(京津冀)水域船舶排放控制区实施方案》,在珠三角、长三角、环渤海(京津冀)水域分阶段实施船舶使用硫含量不超过 0.5% m/m 燃油的要求。对于国际航行船舶而言,根据《关于加强船舶燃油质量检测管理有关事项的通知》要求,供国际航线的外贸用燃料油执行《石油产品——燃料(F 类)——船用燃料油》(ISO 8217 最新版本)。《MARPOL 公约》附则Ⅵ及其修正案比上述标准更严格的,应当执行国际公约的要求。国际标准化组织于 2010 年表决通过了最新的《船用燃料规格》(ISO 8217—2010),以适应《MARPOL 公约》附则Ⅵ修正案的新要求,我国《船用燃料油标准》(GB/T 17411—2012)即是在该标准基础上制定的。国内外的法律法规和标准规范对各类船用燃油的品质均作出了严格的规定,并且随着社会对于环境保护的关注,部分品质参数也有了更高的标准。

另外,《往复式内燃机排放测量》(ISO 8178-4:1996)是世界多个国家普遍采用的船机测量方法标准,针对不同类型的船机规定了五种测试循环,但不涉及限值要求。在我国,中国船级社发布的《船用柴油机氮氧化物排放试验及检验指南》(GD 01—2011)是依据 2008 年新修订的《MARPOL 公约》附则Ⅵ及《船用柴油机氮氧化物排放控制技术规则》[MEPC. 177(58)决议]修订的检验标准,补充了直接测量和监测方法要求,修订了 NO_x 排放标准、气体污染物排放量计算公式、台架试验条件等。环境保护部发布的《船舶发动机排气污染物排放限值及测量方法(中国第一、第二阶段)》(GB 15097—2016)填补了我国船舶大气污染排放标准的空白,规定了船机排气污染物排放限值及测量方法,适用于内河船、沿海船、江海直达船和海峡(渡)船装用的第 1 类和第 2 类船机的型式核准、生产一致性检查和耐久性要求。

1.5.2.2 中国香港特别行政区船舶排放控制政策

2011 年,13 家船舶运营商在香港主动签署入港船舶转用硫含量 0.5% m/m 以下低硫燃油的《乘风约章》(Fair Winds Charter),经过几年运行,有 18 家大型船舶运营商成为会员企业,诸如马士基航运、达飞轮船、中远集运、东方海外等都已悉数加入,参与的船舶运营商自愿承诺旗下入港班轮在葵青港区使用硫含量不超过 0.5% m/m 的低硫燃油,离港后才再使用普通燃油,以改善港区附近的空气质量。

中国香港特别行政区政府在 2012 年 9 月推出资助计划,鼓励远洋轮船在泊岸时转用硫含量不超过 0.5% m/m 的低硫燃油,可获宽免 50% 港口设施及灯标费。尽管如此,施行燃油转换计划的船舶运营商仍需承担 50% ~80% 的清洁燃油转换成本。与此同时,马士基航运等公司认为,参与燃油转换计划的公司与不参与计划的同业竞争者将承担不同的运营成本,不利于公平竞争,因此,《乘风约章》的成员都认为应该在香港推动相应的强制性法规出台。香港方面也担心因为成本问题,货主或将部分货源转移至深圳港,因而一直呼吁在珠三角流域建立亚洲首个船舶污染物排放控制区。2015 年 7 月 1 日,香港特别行政区政府颁布了《空气污染管制(远洋船只)(停泊期间所用燃料)规例》(以下简称《规例》),规定远洋船只在香港停泊时使用洁净燃料,以减少远洋船舶的排放,改善空气质量。该规例指定的合规格燃料包括硫含量不超过 0.5% m/m 的低硫船用燃料、液化天然气或环境保护署认可的其他燃料。《规例》明确要求,除在停泊期间的第一个小时及最后 1h 外,远洋船只在香港停泊时不得使用不合规格的燃料。船长和船东都必须记录转用燃料的日期和时间,并保存有关记录 3 年。香港特别行政区政府已于 2021 年 3 月 18 日向立法会提交《规例》。

1.6 国内外相关研究现状

1.6.1 船舶大气污染物排放清单研究综述

主流的船舶大气污染物排放清单计算方法主要包括自上而下和自下而上两种方法。自上而下的方法包括燃油法和贸易法,自下而上的方法包括统计法和动力法。针对不同的研究尺度和应用场景,应当选择不同的排放测度方法。燃油法是基于统计的燃料油消耗量和燃油排放因子计算船舶排放的一种方法,该方法可以提供一个数量级相对准确的全球尺度排放清单,但其忽略了船舶类型之间的排放差异,对于区域性船舶排放污染物估计的不确定性较大。贸易法是根据海运货物周转量、货物种类等信息,计算船舶排放量,但由于贸易数据所限,非货运船舶未能被纳入计算集,且分辨率较低,难以实现区域的船舶排放的科学估计。统计法是通过静态数据统计,计算船舶排放量,该方法对于基础数据的要求较高,对于离港船舶排放的估计不确定性较大。动力法是基于船舶活动数据,确定发动机负荷和工况,计算船舶排放量,该方法在区域船舶排放测算中相对更准确,但该方法依赖于实时船舶动态信息的获取。20 世纪 90 年代,船舶自动识别系统(Automatic Identification System, AIS)诞生,该系统可提供 3s 至几分钟的船舶动力信息,极大程度提高了动力法的计算精度。近年来,AIS 覆盖范围增加,尤其是在内河水域的推广应用以及 AIS 基站网络的扩大,为船舶排放量的计算提供了有力的数据保证。因此,不少研究学者将 AIS 数据应用于船舶排放计算的研究。

近年来,国外进行了大量有关动力法的研究。Jalkanen 等基于船舶 AIS 轨迹活动数据,构建了船舶废气排放评价模型(Ship Traffic Emission Assessment Model,STEAM),利用该方法统计了船舶在波罗的海 NO_x、SO_x 和 CO_2 排放量,并基于实际统计结果验证了方法的可行性和计算精度。随后,Jalkanen 等更全面地考虑了船舶航行特征、船舶载重、使用燃料油和船舶减排技术的应用对船舶大气污染物排放量的影响,改进了 STEAM 模型,提出了 STEAM2 模型。该方法与预测模型相结合,可实现船舶排放各组分污染物时间维度上的预测,将 STEAM2 模型与空气质量模式和健康评价模型相结合,可实现船舶排放对大气环境和居民身体健康的影响。

在中国,也有大量研究学者采用基于船舶 AIS 数据构建港口区域和内河流域范围内的船舶大气污染物排放清单。但由于我国内河流域的各个河段内水文环境和船舶活动特征具有显著的差异,部分研究学者通过研究长江本土船舶排放因子以提高船舶排放清单的计算精度。但在中国内河流域内,船舶 AIS 覆盖率受限,因此,获取的相应船舶活动数据质量不高,影响了船舶排放清单的计算精度。

为了进一步准确测定我国的船舶排放量,提高动力法的计算精度,不少学者前期进行了一些有益的探索。在船舶基础数据完善方面,较多研究学者采用回归模型、拟合的方法构建船舶静态属性数据之间的关联,从而利用已有的静态数据预测部分缺失的船舶数据。为提高区域船舶排放清单的计算精度,在已有的船舶排放因子库基础上,采用实测试验的方法,提出或更新本土化的船舶排放因子数据库,确定本土化不同类型船舶、不同燃料的船舶排放因子。在计算模型优化方面,文元桥等考虑海洋环境场对船舶航速的影响,分析了风、浪、流影响下的船舶运动数学模型,在此基础上建立了风、浪、流影响下的船舶废气排放测度模型。Huang 等为满足船舶排放实时监测需求,提出了一种基于实时 AIS 轨迹数据的船舶排放动态计算方法。

综上所述,自下而上方法细分了船舶的活动情况,使得排放清单的计算更为精确;动力法指计算排放量直接与排放源的位置相关联,能够获得空间分辨率很高的排放分布结果,能适用于全球、区域甚至局地源清单的计算。但该方法使用数据量大,数据的获取、处理、管理和分析使用更困难,容易产生较大的不确定性,对船舶排放基础数据质量和排放模型精度要求较高。

1.6.2 船舶大气污染物排放监测方法研究现状

在本小节,VOSviewer 被用来分析船舶大气污染物排放监测技术的研究现状与发展趋势,进行可视化定量分析并辅以定性分析。VOSviewer 是一个科学知识图谱软件,可以用来展现知识领域的结构、进化、合作等关系。首先,采用综合性文献索引数据库 Web of Science (WOS)获取船舶排放监测领域的研究文献,输入的检索词形式为 TOPIC:(ship* emission*) AND TOPIC:(situ* OR sniffer* OR sniffing* OR optical*),最终获取研究文献 374 篇。接下来将从期刊来源、作者以及关键词可视化图谱进行文献综述分析。

1.6.2.1 文章来源分析

为研究船舶排放监测领域研究在时间尺度上的发展趋势,按年份对搜索的 374 篇文献进行了分析,结果如图 1.6-1 所示。

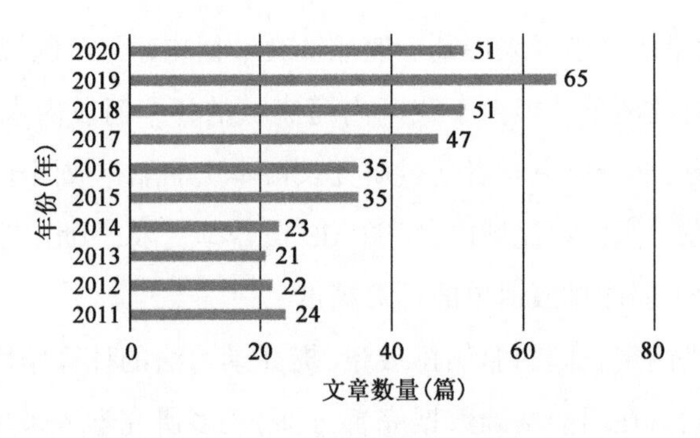

图 1.6-1 近 10 年发表文章数量

图 1.6-1 为近 10 年来与船舶排放监测技术研究相关的文献数量变化情况。图 1.6-2 展示了全球研究船舶排放监测的主要国家及其研究成果数量占比,以及该研究内容在时间维度上的发展趋势,其中,圆圈代表了各个研究国家,圆圈面积越大即该国累计的研究成果越丰富。由图 1.6-1 和图 1.6-2 可见,近 10 年来,船舶排放监测的研究逐步引起了学者们的注意,呈现逐步热门的趋势,这些研究趋势与船舶排放控制的需要、空气质量监测技术的发展以及船舶排放其他分支领域的发展密不可分。美国和部分欧盟国家较早涉足船舶排放监测领域且研究成果较为丰富,这主要是由于 2011 年 IMO 开始实施船舶排放控制政策驱使的。近几年,发展中国家对于船舶排放监测的研究关注度逐渐增加,

尤其是中国,研究文献发表数量暴增,这主要由于国情需要和政策驱使。2016 年中国政府设立了三个船舶排放控制区,并在船舶排放控制区内制定了严格的船舶排放控制政策。

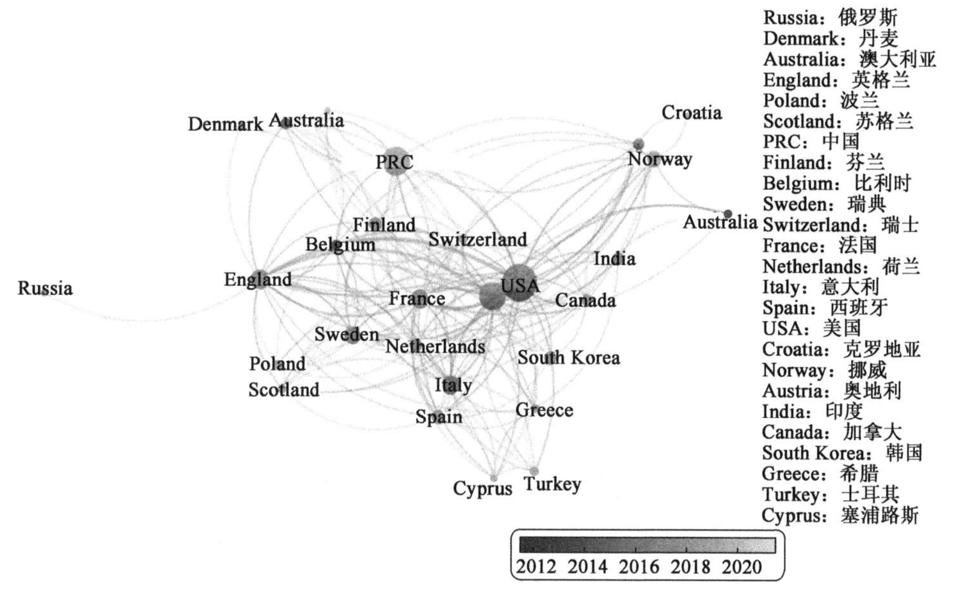

图 1.6-2 近 10 年来船舶排放监测技术的研究进程

除了每年发表的文献数量外,本书还利用 VOSviewer 对这些研究成果的出版来源进行了分析。在 VOSviewer 中,选择引文分析,将最小文献数和最小引用数分别设置为 5 和 1,总共有 10 本期刊达到了阈值,且均为 SCI 期刊,说明该领域研究环境较好且拥有较高的关注度。按文献发表数量排序,各文章名称及其对应数据见表 1.6-1。由表 1.6-1 可知,从发文量、总引用数量来看,*Atmospheric Chemistry and Physics* 期刊对船舶排放监测领域研究的影响最大;*Journal of Geophysical Research-Atmospheres* 期刊虽然发文量第二,但其总引用量、均引次数排第一,说明其论文质量较高;*Journal of the Atmospheric Sciences* 期刊虽然发文量较少,但其均引次数居第一位,说明该期刊在该领域具有一定的影响力。

文章量化数据 表 1.6-1

序号	期　刊	文章数量	引用次数	平均引用次数
1	*Atmospheric Chemistry and Physics*	66	1727	26.1
2	*Journal of Geophysical Research-Atmospheres*	48	3234	67.3
3	*Atmospheric Environment*	25	730	29.2

续上表

序号	期　刊	文章数量	引用次数	平均引用次数
4	*Atmospheric Measurement Techniques*	10	251	25.1
5	*Environmental Science and Technology*	10	202	20.2
6	*Sustainability*	9	68	7.5
7	*Science of the Total Environment*	8	132	16.5
8	*Atmospheric Research*	7	22	30.2
9	*Transportation Research Part D-Transport and Environment*	7	91	13
10	*Journal of the Atmospheric Sciences*	6	354	59

1.6.2.2 关键词分析

关键词反映了论文的核心内容,并展示了某一研究领域研究的范围。在该部分,使用 VOSviewer 获得了船舶排放监测领域中的关键词共现网络分析图,并进行聚类分析。将关键词出现最小次数设置为 5,获得达到阈值的关键词达到 141 个,然后通过合并相同或相似词义的关键词,并删除泛义词和船舶排放监测研究领域外围关键词,最终保留 25 个关键词。关键词聚类结果如图 1.6-3 所示。

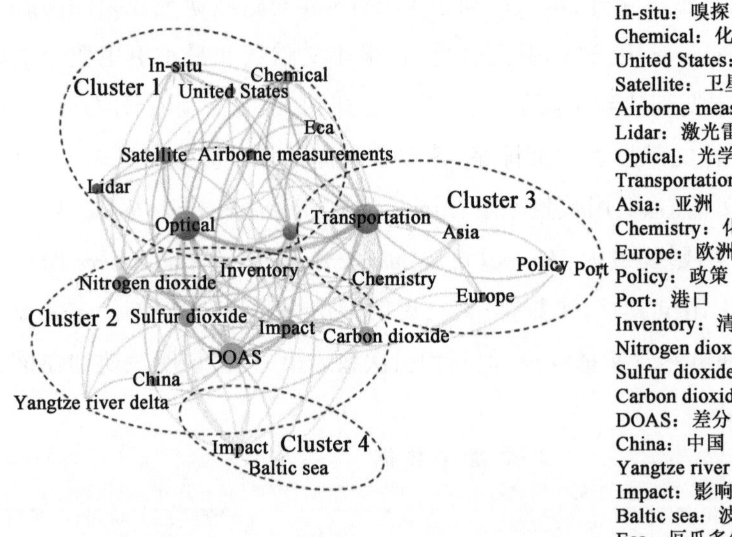

图 1.6-3　关键词聚类结果

由图 1.6-3 可见,“Optical(光学式)”“Transportation(交通运输)”“DOAS(Differential Optical Absorption Spectroscopy,差分吸收光谱技术)”等关键词出现的频次较高,表明光学监测方法被积极应用于船舶大气污染物排放监测,且 DOAS 监测方法应用最为广泛。

同时,也表明船舶大气污染物监测与船舶大气污染物输送的研究密切相关,两个内容的研究成果交叉明显。图1.6-3中,主要关键词被聚类分为了4个研究主题。其中,第一类聚类包括“satellite(卫星)”“optical(光学)”“in-situ(嗅探)”等关键词,说明该主题关注船舶排放监测方法和技术,目前主流的船舶大气污染物排放监测技术包括光学法和嗅探法;第二类聚类包括“nitrogen-dioxide(二氧化氮)”“sulfur-dioxide(二氧化硫)”“carbon-dioxide(二氧化碳)”等关键词,说明该主题关注船舶排放监测的气体组分类型,这三类主要的被监测气体组分与IMO和各国政府限制的气体类型相吻合;第三聚类涉及“transportation(交通运输)”“chemistry(化学组分、化学反应)”“policy(政策)”等关键词,说明该主题关注的是船舶排放输送过程的研究,通过研究船舶的排放及输送特征,来评估船舶排放控制政策的影响和进一步制定更为合理的控制政策。

关键词共现分析网络是船舶排放监测领域的静态表示,不能反映该研究领域随时间的变化趋势,VOSviewer具有时间网络分析的功能,每个节点都由文献中使用关键词的平均年份来表示。图1.6-4显示了近10年在船舶排放监测领域关键词的变化发展趋势。由图1.6-4可知,在监测技术上,LIDAR(Light Detection and Ranging,激光雷达法)技术较早地应用于船舶排放监测领域,接着卫星遥感监测技术、Doas、嗅探监测技术被陆续应用于船舶排放监测;对此北美洲、欧洲和亚洲都有相应的研究,其中,美国在该领域是先行者,欧洲的波罗的海沿岸是研究的热点区域。值得一提的是,中国长江三角洲地区为近两年新出现的研究热点区域,表明中国也开始重视对船舶排放的控制。

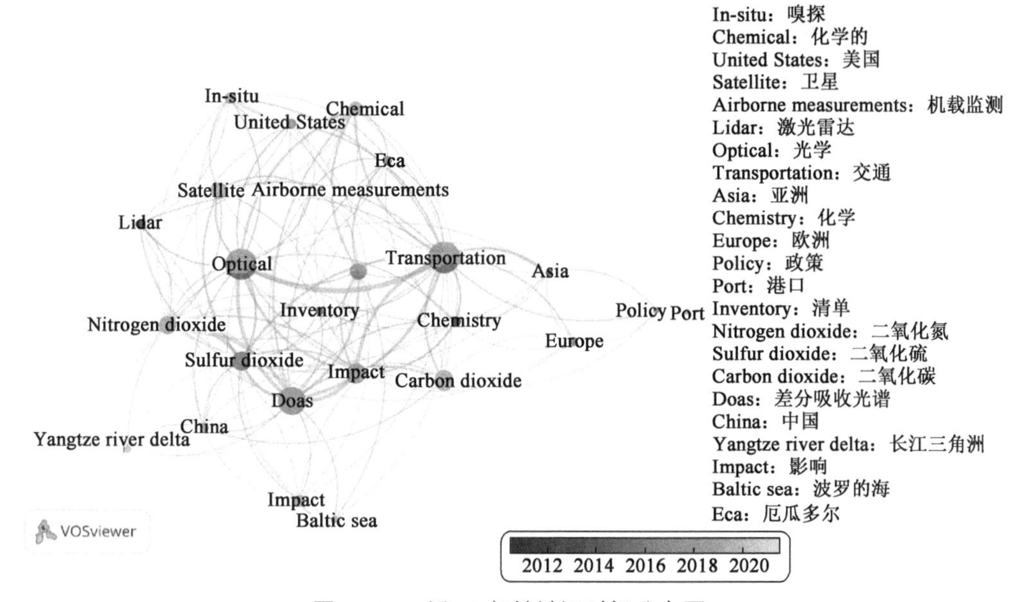

图1.6-4　近10年关键词时间分布图

根据检索的文献可知,目前主流的排放监测方法有卫星遥感监测法、光学监测方法和嗅探式监测方法。其中,光学遥感法可分为LIDAR、DOAS和紫外相机法(UV-Cam)三种。在大多数情况下,嗅探方法通常和光学遥感方法相结合监测大气中微量气体浓度。随着船舶排放控制区监管需求日益明显,近年来,欧洲一些国家(例如瑞典、荷兰、芬兰、比利时、德国)将嗅探式气体分析仪安装在岸基、桥梁等固定平台上实现对船舶烟羽的定点监测,或将其装载于船舶、无人机、直升机等移动平台上实现对船舶烟羽的移动监测。

LIDAR作为一种主动式现代光学遥感气体监测技术,在环境监测和大气污染物气体检测方面应用广泛。激光雷达是将一束脉冲发射出去,通过外界物体反射或散射回的光,获取外界物体的信息,LIDAR利用的主要是紫外到红外波段的光波。LIDAR监测方法可以实现对大气污染物的大范围、实时、动态的三维测量,对于船舶废气排放监测方法具有很好的借鉴意义。国外LIDAR监测方法在船舶废气排放监测方面应用已经较为成熟,而国内的相关研究较少。目前,LIDAR朝着小型化、智能化、低功耗、高精度的方向发展。

20世纪70年代,在Ulrich Platt首次提出DOAS对于大气层痕量气体浓度的测量方法后,DOAS广泛用于大气环境污染监测,该技术适用于在该波段有吸收特征光谱的污染气体,在船舶废气排放监测领域,可用于监测船舶SO_2、NO_2的排放监测。U. Platt等基于DOAS卫星遥感监测方法对斯里兰卡到印度尼西亚的船舶NO_2的排放进行了持续6年的监测,监测结果显示船舶排放线与船舶航迹基本一致。在国内,复旦大学于1999年最早开始展开DOAS对城市大气环境监测应用研究。杨素娜等人运用主动DOAS和被动DOAS联合监测的方法,对上海地区NO_2进行了为期一年的监测,实验结果表明,对流层NO_2垂直柱密度能够较好地反映整层大气NO_2污染情况。紧接着,国内研究学者们利用DOAS技术在工业污染和城市道路交通监测领域展开了研究,这为DOAS技术在船舶排放监测方面的研究奠定了良好的理论和应用基础。

嗅探方法可实现对于CO_2、SO_2和NO_x等船舶排放废气组分高精度监测,嗅探监测方法需要直接接触船舶排放烟羽。目前,在船舶排放监测领域应用的主流嗅探方法有定点嗅探法、移动嗅探法和便携式嗅探法三种类型。瑞典的IGPS(Swedish project Identification of Gross-Polluting Ships)船舶污染识别项目组和欧盟针对船舶排放污染物识别建立的项目组(EU project CompMon),针对船舶燃料油硫含量监测实施CEF(Connection Europe Facility)计划,针对船舶大气污染物排放监测作了诸多应用尝试,将各类型不同监测设备布设或搭载于不同监测平台上,在不同季节和不同月份进行船舶大气污染物排放监测实验。针对嗅探法和光学遥感法的特性,多将两种方法结合起来监测船舶排放的大气污染物,Beecken 等尝试利用 DOAS 和定点嗅探法两种定点监测的方法在荷兰和芬兰对水域内过往船舶大气污染物排放进行监测实验,还采用飞机搭载的光学遥感监测设备和嗅探监测设备同时对丹麦水域的船舶排放 NO_2 和 SO_2 浓度在线监测,基于船舶排放的实时监测数据,实现对船用燃料油硫含量的估算。目前,国内在船舶大气污染物排放监测研究方面尚处于起步探索阶段,国内研究院校以及海事部门也做了一些相关尝试。2018 年,文元桥等自主研发了岸基嗅探式船舶大气污染物监测设备,同时运用无人机搭载微型嗅探式气体分析仪,跟踪船舶排放烟羽,采集并检测气体污染物浓度信息,分别将固定式监测设备监测结果、移动式监测设备监测结果与船用燃料油抽样抽检数据进行对比分析,结果表明,移动式监测较固定式监测结果具有更高的可靠性,但该方法的实验监测费用较高。

通过总结国内外研究成果可知,不同类型的船舶大气污染物排放监测设备适用于不同场景、不同气体的监测,且监测量程、精度具有显著的差异。目前缺乏统一的监测设备选取方法和评估模型,且多直接将陆上监测设备直接应用于水上船舶监测,监测结果易受温度、压力及湿度等外界环境因素的影响,这在一定程度上限制了其应用。

1.6.3 空气质量监测站点布设方法研究现状

空气质量监测作为环境保护领域的重要研究内容,同时也是居民身体健康的重要保障。从 20 世纪 70 年代起,空气质量监测就受到了国内外研究学者的重视,关注的重点内容是空气质量网络构建及优化,主要包括区域常规大气污染物的监测、光化学烟雾的监测、颗粒物和气溶胶等对人身体健康的监测等方面,同时,这些布设的监测站点提供的监测数据可为计算模型提供数据支撑,如欧洲构建的空气质量监测网络(European Monitoring and Evaluation Programme,EMEP)。

为了使空气质量监测站点能更准确地反映区域内的空气质量,大量研究学者对环境空气质量监测站点的布设及评价方法进行了大量研究。在早期一些信息理论方法中,利用香农熵作为不确定性的度量和确定监测站点布设的最佳位置。还有很多其他的方法模型都被应用于空气质量监测站点布设方案设计中,如抽样方法被用来采集高精度的污染物时空分布数据,再结合地理统计模型设计和优化监测网络;一些模拟模型(如高斯烟羽模型、欧拉模式等)被用来模拟空气污染物在区域的空间分布,分析其时空分布特性,用来设计空气质量监测站点布设方案和评估监测能力。

目前,通用的空气质量监测站点布设方法可以总结为以下四类:功能区布点法、数理统计法、模拟法和网格布点法。功能区布点法是依据人类不同活动区域的环境质量管理目标,确定各功能区的监测点位数量,该方法难以保证监测站点监测数据的空间代表性;

数理统计法是通过对区域范围内的污染物进行某一时间序列的连续监测,分析监测结果与环境污染的扩散分布特征在时空上的关系,但该方法没有考虑排放源特征和区域环境条件的影响;模拟法通过模拟区域排放源排放的污染物的扩散、迁移及转化规律,以寻找出合理的监测点位;网格布点法是将监测区域划分为若干均匀网状方格,监测点位通常设置在网格中心,该方法适用于污染物分布较为均匀的区域。由于针对不同区域布设监测站点的监测目的各不相同,且不同组分的空气污染物具有不同的特征,因此,需要将多种方法模型相结合构建监测网络。这些方法可与空间相关技术结合起来,利用大气污染物扩散模型对大气污染物在区域中的时空分布进行模拟,通过加权方法,考虑环境、社会和经济三个选址影响因素,以监测站点的监测目的为导向,利用加权方法确定监测站点位置。其中,环境目标与空气污染物浓度和排放量有关,社会目标与人口数量和人口空间分布特征有关,经济目标与降低监测站点布设成本有关。

船舶大气污染物排放监测工作多在港口和内河航道区域开展,且监测目的较其他类型的空气质量监测具有显著的差异,对于船舶排放监测主要是为了维护船舶排放控制政策的实施,监测因子主要是 SO_2、NO_x 和 CO_2 等,同时,不仅需要监测船舶排放周围区域的大气污染物浓度,还需要根据监测需求,为监测方法模型等提供可靠的污染物监测浓度基础数据。因此,应采用尽可能少的监测设备,用以尽量完整、准确地监测整个区域船舶大气污染物排放场。对于港口船舶大气污染物监测,美国洛杉矶港和长滩港是最早实施港区空气质量监测的港口之一,利用网格布点法进行监测站点优化布设,采用质量控制和质量保证技术对监测全过程实施质量保证措施。由于港口区域船舶大气污染物排放监测场景的特殊性,无法直接通过实际监测数据获取船舶排放污染物排放及扩散的空间分布特征,基于实际监测数据的相关布点方法不适用于船舶大气污染物排放监测站点的选择。有研究者尝试采用模拟法对某一典型港区的船舶排放监测站点进行了选址和优化,讨论分析了监测站选址的影响因素,但未提出港口区域船舶大气污染物排放监测站点布设的完整方法,没有论证选址结果的准确性,且未考虑船舶大气污染物排放的垂向扩散特征对监测数据的影响。

本章参考文献

[1] GREGORY R E, PICKRELL J A, HAHN F F, et al. Pulmonary effects of intermittent subacute exposure to low-level nitrogen dioxide[J]. Journal of Toxicology and Environmental Health, Part A Current Issues, 1983, 11(3): 405-414.

[2] TICHAVSKA M, TOVAR B. External costs from vessel emissions at port: a review of the methodological and empirical state of the art[J]. Transport Reviews, 2017, 37(3): 383-402.

[3] MIOLA A, CIUFFO B. Estimating air emissions from ships: Meta-analysis of modelling approaches and available data sources[J]. Atmospheric environment, 2011, 45(13): 2242-2251.

[4] 刘欢,商铁,金欣欣,等. 船舶排放清单研究方法及进展[J]. 环境科学学报,2018,38(1):1-12.

[5] WANG C F, JAMES J C, JEREMY F. Improving Spatial Representation of Global Ship Emissions Inventories[J]. Environmental Science & Technology, 42(1):193-199.

[6] STREETS D G, GUTTIKUNDA S K, CARMICHAEL G R. The growing contribution of sulfur emissions from ships in Asian waters, 1988-1995[J]. Atmospheric Environment, 2000, 34(26):4425-4439.

[7] 刘静,王静,宋传真,等. 青岛市港口船舶大气污染排放清单的建立及应用[J]. 中国环境监测, 2011(3):53-56.

[8] CHEN D, WANG X, LI Y, et al. High-spatiotemporal-resolution ship emission inventory of China based on AIS data in 2014[J]. Science of the Total Environment, 2017, 609: 776-787.

[9] SVANBERG M, SANTÉN V, HÖRTEBORN A, et al. AIS in maritime research[J]. Marine Policy, 2019, 106: 103520.

[10] JALKANEN J P, BRINK A, KALLI J, et al. A modelling system for the exhaust emissions of marine traffic and its application in the Baltic Sea area[J]. Atmospheric Chemistry and Physics, 2009, 9(23): 9209-9223.

[11] JALKANEN J P, JOHANSSON L, KUKKONEN J, et al. Extension of an assessment model of ship traffic exhaust emissions for particulate matter and carbon monoxide[J]. Atmospheric Chemistry and Physics, 2012, 12(5): 2641-2659.

[12] WINTHER, M, et al., Emission inventories for ships in the arctic based on satellite sampled AIS data. Atmospheric Environment, 2014, 91:1-14.

[13] CORBETT J. Transport: Shipping emissions in East Asia. Nature Climate Change, 2016, 6(11).

[14] 文元桥,耿晓巧,吴定勇,等. 基于 AIS 信息的船舶废气排放测度模型[J]. 中国航海, 2015(4): 96-101.

[15] LI C, YUAN Z, OU J, et al. An AIS-based high-resolution ship emission inventory and its uncertainty in Pearl River Delta region, China[J]. Science of the Total Environment, 2016, 573: 1-10.

[16] 封学军,苑帅,张艳,等. 长江江苏段船舶大气污染物排放清单及时空分布特征研究[J]. 安全与环境学报, 2018(4): 65.

[17] 张进峰,王伟强,房本光,等. 长江干线船舶废气排放核算模型[J]. 中国航海, 2019(2): 21.

[18] PENG X, WEN Y, WU L, et al. A sampling method for calculating regional ship emission inventories[J]. Transportation Research Part D: Transport and Environment, 2020, 89: 102617.

[19] ZHANG Y, FUNG J C H, CHAN J W M, et al. The significance of incorporating unidentified vessels into AIS-based ship emission inventory[J]. Atmospheric Environment, 2019, 203: 102-113.

[20] 朱倩茹,廖程浩,王龙,等. 基于AIS数据的精细化船舶排放清单方法[J]. 中国环境科学, 2017, 37(12): 4493-4500.

[21] 周春辉,黄弘逊,周玲,等. 基于大数据的内河船舶主机功率估算方法[J]. 大连海事大学学报, 2018, 45(2): 44-49.

[22] 邢辉,段树林,黄连忠,等. 基于台架测试的我国船用柴油机废气排放因子[J]. 环境科学, 2016, 37(10): 3750-3757.

[23] YAU P S, LEE S C, et al. Speed Profiles for Improvement of Maritime Emission Estimation. Environmental Engineering Science, 2012. 29(12): 1076-1084.

[24] 肖笑,李成,叶潇,等. 内河船舶大气污染物排放特征实测研究[J]. 环境科学学报, 2019, 39(1): 13-24.

[25] 文元桥,耿晓巧,黄亮,等. 风浪流影响下的船舶废气排放测度模型研究[J]. 安全与环境学报, 2017, 17(5): 1969-1974.

[26] HUANG L, WEN Y, GENG X, et al. Integrating multi-source maritime information to estimate ship exhaust emissions under wind, wave and current conditions[J]. Transportation Research Part D: Transport and Environment, 2018, 59: 148-159.

[27] HUANG L, WEN Y, ZHANG Y, et al. Dynamic calculation of ship exhaust emissions based on real-time AIS data[J]. Transportation Research Part D: Transport and Environment, 2020, 80: 102277.

[28] VAN E N J, WALTMAN L. Citation-based clustering of publications using CitNetExplorer and VOSviewer[J]. Scientometrics, 2017, 111(2): 1053-1070.

[29] 孙龙龙,王其宽,施凯,等. 基于知识图谱的建筑安全领域计算机视觉研究综述[J]. 安全与环境工程,2021,28(2):44-49.

[30] 宋姝锦. 文本关键词的语篇功能研究[D]. 上海:复旦大学,2013.

[31] BARRERA Y D, NEHRKORN T, HEGARTY J, et al. Using lidar technology to assess urban air pollution and improve estimates of greenhouse gas emissions in Boston[J]. Environmental science & technology, 2019, 53(15): 8957-8966.

[32] QIN S B, WANG J G, XIAO W Z, et al. Research on Monitoring Method of Fuel Sulfur Content of Ships in Tianjin Port[C]//Journal of Physics: Conference Series. IOP Publishing, 2021, 2009(1): 012073.

[33] CAO K, ZHANG Z, LI Y, et al. Ship fuel sulfur content prediction based on convolutional neural network and ultraviolet camera images[J]. Environmental Pollution, 2021, 273: 116501.

[34] BALZANI LÖÖV J M, ALFOLDY B, GAST L F L, et al. Field test of available methods to measure remotely SO_x and NO_x emissions from ships[J]. Atmospheric measurement techniques, 2014, 7(8): 2597-2613.

[35] MELLQVIST R J, CONDE V, BEECKEN J, et al. Fixed remote surveillance of fuel sulfur content in ships from fixed sites in the Göteborg ship channel and Öresund bridge[R]. Chalmers University of Technology, 2017a. https://core.ac.uk/download/pdf/198033683.pdf.

[36] MELLQVIST J, EKHOLM J, SALO K, et al. Final report to Vinnova: Identification of Gross Polluting Ships to Promote a Level Playing Field within the Shipping Sector[R]. Chalmers University of Technology. Göteborg. 2014.

[37] MELLQVIST R J, CONDE V, BEECKEN J, et al. Certification of an aircraft and airborne surveillance of fuel sulfur content in ships at the SECA border[J]. Goteborg, Sweden: Chalmers Univ. of Technology, 2017b.

[38] PENG X, HUANG L, WU L, et al. Remote detection sulfur content in fuel oil used by ships in emission control areas: A case study of the Yantian model in Shenzhen[J]. Ocean Engineering, 2021, 237: 109652.

[39] KATTNER L, MATHIEU-ÜFFING B, BURROWS J P, et al. Monitoring compliance

with sulphur content regulations of shipping fuel by in-situ measurements of ship emissions[J]. Atmospheric Chemistry & Physics Discussions, 2015, 15(17):11031-11047.

[40] ANSANN A, RITTMEISTER F, ENGELMANN R, et al. Profiling of Saharan dust from the Caribbean to West Africa, Part 2: Shipborne lidar measurements versus forecasts [J]. Atmospheric Chemistry and Physics, 2017, 17(24):1-30.

[41] WEITKAMP C. Lidar, Range-Resolved Optical Remote Sensing of the Atmosphere[J]. 2005(2).

[42] BERKHOUT A J C, SWART D P J, HOFF G R, et al. Sulphur dioxide emissions of oceangoing vessels measured remotely with Lidar[J]. 2012.

[43] BRINKSMA E J, PINARDI G, VOLTEN H, et al. The 2005 and 2006 DANDELIONS NO_2 and aerosol intercomparison campaigns[J]. Journal of Geophysical Research: Atmospheres, 2008, 113(D16).

[44] VOLTEN H, BRINKSMA E J, BERKHOUT A J C, et al. NO_2 lidar profile measurements for satellite interpretation and validation[J]. Journal of Geophysical Research: Atmospheres, 2009, 114(D24).

[45] BOSELLI A, MARCO C, MOCERINO L, et al. Evaluating LIDAR sensors for the survey of emissions from ships at harbor[C]//Practical Design of Ships and Other Floating Structures. Springer, Singapore, 2019: 784-796.

[46] BERKHOUT A J C, SWART D P J, HOFF G R V D, et al. Sulphur dioxide emissions of oceangoing vessels measured remotely with Lidar[J]. Rijksinstituut Voor Volksgezondheid En Milieu Rivm, 2012.

[47] PLATT U F, WINER A M, BIERMANN H W, et al. Measurement of nitrate radical concentrations in continental air[J]. Environmental science & technology, 1984, 18(5): 365-369.

[48] WANG P, RICHTER A, BRUNS M, et al. Airborne multi-axis DOAS measurements of tropospheric SO_2 plumes in the Po-valley, Italy[J]. Atmospheric Chemistry and Physics, 2006, 6(2): 329-338.

[49] BEIRLE S, PLATT U, VON G R, et al. Estimate of nitrogen oxide emissions from shipping by satellite remote sensing[J]. Geophysical Research Letters, 2004, 31(18).

[50] 王珊珊. 基于被动 DOAS 的上海城区 NO_2 和气溶胶污染的反演研究[D]. 上海:复

旦大学,2012.

[51] 杨素娜,王珊珊,王焯如,等. 利用被动 DOAS 和主动 DOAS 研究城市大气 NO_2 污染[J]. 复旦学报(自然科学版),2011,50(2):199-205.

[52] TAN W, LIU C, WANG S, et al. Long-distance mobile MAX-DOAS observations of NO_2 and SO_2 over the North China Plain and identification of regional transport and power plant emissions[J]. Atmospheric Research, 2020, 245: 105037.

[53] TIAN X, XIE P, XU J, et al. Long-term observations of tropospheric NO_2, SO_2 and HCHO by MAX-DOAS in Yangtze River Delta area, China[J]. Journal of Environmental Sciences, 2018, 71: 207-221.

[54] ANAND A, WEI P, GALI N K, et al. Protocol development for real-time ship fuel sulfur content determination using drone based plume sniffing microsensor system[J]. Science of The Total Environment, 2020, 744: 140885.

[55] PIRJOLA L, PAJUNOJA A, WALDEN J, et al. Mobile measurements of ship emissions in two harbour areas in Finland[J]. Atmospheric Measurement Techniques, 2014, 7(1): 149-161.

[56] BEECKEN J, MELLQVIST J, SALO K, et al. Airborne emission measurements of SO_2, NO_x and particles from individual ships using a sniffer technique[J]. Atmospheric measurement techniques, 2014, 7(7): 1957-1968.

[57] ZHOU F, PAN S, CHEN W, et al. Monitoring of compliance with fuel sulfur content regulations through unmanned aerial vehicle (UAV) measurements of ship emissions[J]. Atmospheric Measurement Techniques, 2019, 12(11): 6113-6124.

[58] YUAN H, XIAO C, WANG Y, et al. Maritime vessel emission monitoring by an UAV gas sensor system[J]. Ocean Engineering, 2020, 218: 108206.

[59] 黄胜健. 船舶排放污染物智能监测系统研究[D]. 镇江:江苏科技大学,2017.

[60] 胡健波,朱建华,彭士涛,等. 通过监测大气污染物估算船用燃油硫含量的技术[J]. 水道港口,2018,39(5):619-625.

[61] 刘力,顾群,彭伟明,等. 基于无人机的海事立体监管体系框架[J]. 中国航海,2015,38(1):68-70,84.

[62] 杨甜甜,文元桥,黄亮,等. 船舶大气污染物岸基嗅探式自动监测系统设计与验证[J]. 中国航海,2020,43(1):115-119.

[63] HARKAT M F, MOUROT G, RAGOT J. An improved PCA scheme for sensor FDI:

Application to an air quality monitoring network[J]. Journal of Process Control, 2006, 16(6): 625-634.

[64] VÖLGYESI P, NÁDAS A, KOUTSOUKOS X, et al. Air quality monitoring with sensormap[C]//2008 International Conference on Information Processing in Sensor Networks (ipsn 2008). IEEE, 2008: 529-530.

[65] BENIS K Z, FATEHIFAR E, SHAFIEI S, et al. Design of a sensitive air quality monitoring network using an integrated optimization approach[J]. Stochastic environmental research and risk assessment, 2016, 30(3): 779-793.

[66] ZHENG J, FENG X, LIU P, et al. Site location optimization of regional air quality monitoring network in china: methodology and case study[J]. Journal of environmental monitoring, 2011, 13(11): 3185-3195.

[67] LIU M K, AVRIN J, POLLACK R I, et al. Methodology for designing air quality monitoring networks: I. Theoretical aspects[J]. Environmental Monitoring and Assessment, 1986, 6(1): 1-11.

[68] PALOMERA M J, ÁLVAREZ H B, ECHEVERRIA R S, et al. Photochemical assessment monitoring stations program adapted for ozone precursors monitoring network in Mexico City[J]. Atmósfera, 2016, 29(2): 169-188.

[69] YOO E C, PARK O H. A study on the formation of photochemical air pollution and the allocation of a monitoring network in Busan[J]. Korean Journal of Chemical Engineering, 2010, 27(2): 494-503.

[70] BALDAUF R W, LANE D D, MAROTE G A. Ambient air quality monitoring network design for assessing human health impacts from exposures to airborne contaminants[J]. Environmental Monitoring and Assessment, 2001, 66(1): 63-76.

[71] GULIA S, PRASAD P, GOYAL S K, et al. Sensor-based Wireless Air Quality Monitoring Network (SWAQMN)-A smart tool for urban air quality management[J]. Atmospheric Pollution Research, 2020, 11(9): 1588-1597.

[72] TØRSETH K, AAS W, BREIVIK K, et al. Introduction to the European Monitoring and Evaluation Programme (EMEP) and observed atmospheric composition change during 1972-2009[J]. Atmospheric Chemistry and Physics, 2012, 12(12): 5447-5481.

[73] LI M, WANG W, WANG Z, et al. Prediction of PM2.5 concentration based on the similarity in air quality monitoring network[J]. Building and Environment, 2018,

137: 11-17.

[74] LINDLEY D V. On a measure of the information provided by an experiment[J]. The Annals of Mathematical Statistics, 1956: 986-1005.

[75] HUSAIN T, KHAN S M. Air monitoring network design using Fisher's information measures—A case study[J]. Atmospheric Environment (1967), 1983, 17(12): 2591-2598.

[76] CASELTON W F, ZIDEK J V. Optimal monitoring network designs[J]. Statistics & Probability Letters, 1984, 2(4): 223-227.

[77] TRUJILLO-VENTURA A, ELLIS J H. Multiobjective air pollution monitoring network design[J]. Atmospheric Environment. Part A. General Topics, 1991, 25(2): 469-479.

[78] COCHEO C, SACCO P, BALLESTA P P, et al. Evaluation of the best compromise between the urban air quality monitoring resolution by diffusive sampling and resource requirements[J]. Journal of Environmental Monitoring, 2008, 10(8): 941-950.

[79] LOZANO A, USERO J, VANDERLINDEN E, et al. Air quality monitoring network design to control nitrogen dioxide and ozone, applied in Malaga, Spain[J]. Microchemical Journal, 2009, 93(2): 164-7172.

[80] HAAS T C. Redesigning continental-scale monitoring networks[J]. Atmospheric Environment. Part A. General Topics, 1992, 26(18): 3323-3333.

[81] KANAROGLOU P S, JERRETT M, MORRISON J, et al. Establishing an air pollution monitoring network for intra-urban population exposure assessment: A location-allocation approach[J]. Atmospheric Environment, 2005, 39(13): 2399-2409.

[82] ELBIR T. Comparison of model predictions with the data of an urban air quality monitoring network in Izmir, Turkey[J]. Atmospheric Environment, 2003, 37(15): 2149-2157.

[83] HAO Y, XIE S. Optimal redistribution of an urban air quality monitoring network using atmospheric dispersion model and genetic algorithm[J]. Atmospheric Environment, 2018, 177: 222-233.

[84] MOFARRAH A, HUSAIN T. Methodology for designing air quality monitoring network[C]// 2nd Int. Conf. on Environmental & Computer Science, Dubai, UAE. 2009: 28-30.

[85] MAZZEO N A, VENEGAS L E. Design of an air-quality surveillance system for buenos aires city integrated by a NO_x monitoring network and atmospheric dispersion models [J]. Environmental Modeling & Assessment, 2008, 13(3): 349-356.

[86] 赖锡柳. 兰州新区环境空气质量监测布点方法研究[D]. 兰州:兰州大学,2017.

[87] MOFARRAH A, HUSAIN T. A holistic approach for optimal design of air quality monitoring network expansion in an urban area[J]. Atmospheric Environment, 2010, 44(3): 432-440.

[88] MODAK P M, LOHANI B N. Optimization of ambient air quality monitoring networks [J]. Environmental monitoring and assessment, 1985, 5(1): 1-19.

[89] PIERSANTI A, VITALI L, RIGHINI G, et al. Spatial representativeness of air quality monitoring stations: a grid model based approach[J]. Atmospheric Pollution Research, 2015, 6(6): 953-960.

[90] 秦怡雯,钱瑜,荣婷婷.基于大气特征污染物的监测布点选址优化研究[J].中国环境科学,2015,35(4):1056-1064.

[91] CHEN C H, LIU W L, CHEN C H. Development of a multiple objective planning theory and system for sustainable air quality monitoring networks[J]. Science of the Total Environment, 2006, 354(1): 1-19.

[92] DRURY R T, BELLIVEAU M E, KUHN J S, et al. Pollution trading and environmental injustice: Los Angeles' failed experiment in air quality policy[J]. Duke Envtl. L. & Pol'y F., 1998, 9: 231.

[93] DYKMAN B. Los Angeles Harbor department technical comments on the proposed federal implementation plan marine/vessel/ports regulation [J]. Marine Technology and SNAME News, 1995, 32(3): 186-192.

[94] MOCERINO L, MURENA F, QUARANTA F, et al. A methodology for the design of an effective air quality monitoring network in port areas[J]. Scientific reports, 2020, 10(1): 1-10.

[95] HE L, WANG J, LIU Y, et al. Selection of onshore sites based on monitoring possibility evaluation of exhausts from individual ships for Yantian Port, China[J]. Atmospheric Environment, 2021, 247: 118187.

第2章

船舶大气污染物排放清单构建与时空分析方法

2.1 概述

排放清单是指特定区域内的大气污染排放源在某一段时间段内所排放的大气污染物总量，其作用在于帮助了解大气污染排放源的排放总量和不同类型排放源的贡献率。

船舶是一个具有其自身特点和复杂性的大系统，为实现对船舶排放大气污染物组分的有效监测，首先需要对这些污染物进行评估，利用船舶大气污染物排放测度方法，建立船舶大气污染物排放清单。船舶排放清单是交通大气污染源排放清单中建立难度最大的部门，主要因为船舶排放具备以下几个基本特征：

(1)动态排放。船舶属于清单建立难度最高的非道路移动源，与固定源相比，这类源排放时空变化迅速，除了受到静态因素影响外，还会受到速度、发动机功率等动态因素的影响，因此，在准确定量、及时更新和高分辨率方面的难度是所有污染源中最高的。

(2)多源排放。不同于其他移动源的单一发动机，船舶排放来自主机、辅机和锅炉三套系统，无法简单通过船舶行驶速度定量三套体系运行状况，需要增加更多的函数变量分别模拟排放变化。

(3)流动性强。不同于车辆、施工机械等，船舶的流动性更强，在我国注册的船舶与在我国海域行驶、周转的船舶南辕北辙。建立船舶清单时无法通过注册量进行排放估算，也难以获得外籍船舶的相关信息。因此，对于船舶这一污染源来说，区域尺度的计算难度最大。

总体来说，船舶排放的这些特征对排放清单建立提出了更高的要求，一方面需要大量基础工作获得足够可信的数据来描述船舶的流动、动态和多源运行参数，另一方面需要建立合适的技术方法对这一复杂体系，搭建不同区域尺度的排放清单。建立区域性船舶大气污染物排放清单，其作用在于帮助了解大气污染物排放源的排放总量及不同类型排放源的贡献率，从而识别出主要排放源。

2.2 基于燃油消耗量的船舶大气污染物排放估算方法

2.2.1 方法技术路线

基于燃油消耗量的船舶大气污染物排放估算方法是指：基于船舶的燃料消耗统计，根据统计数据得到各类型船舶的燃料消耗水平，同时假定发动机设备保持在正常工作状态,获取某一类型船舶的平均排放因子,然后将燃料消耗量乘以平均排放因子得到船舶排放总量。该方法通过船舶的燃料总消耗进行分组计算,因此又称为“自上而下”的方法。

基于燃油消耗的方法是根据船用燃油供应商的销售数据统计得到燃油消耗量,其准确性取决于是否能准确收集到一年当中全球或某一国家水路运输业消耗的各类型燃油量,考虑的因素较少,计算模型简单。

该方法的步骤为:首先,统计一定时空范围内的燃料油消耗量数据;其次,根据当前船舶排放控制技术水平选择合理的燃油排放因子;最后,将此燃油排放因子与船舶的燃油消耗量相乘即可得到船舶排放大气污染物的总排放量。用式(2.2-1)可表述为:

$$E_i = \sum_a \sum_m (\mathrm{FC}_{a,m} \cdot \mathrm{EF}_{a,m,i} \cdot 10^{-3}) \tag{2.2-1}$$

式中:E_i——船舶排放第 i 类污染物的排放量,t;

FC——船舶燃油消耗量,t;

EF——燃油排放因子,kg/t-燃料;

a——燃油类型编号;

m——为发动机类型;

i——大气污染物组分类型。

由于燃料的统计数据相对较为完整,因此,该方法适用于全球尺度上长时间范围源清单的计算,可以提供一个数量级相对准确的全球尺度排放清单,并且能够有效地反映出排放的历史变化趋势。

但是,在燃料的消耗分配中,通常按照船舶类型划分,忽略了船舶技术类型之间的排放差异,难以反映船舶的活动情况;且由于购买和使用燃料的地点不能统一,因此,该方法在空间上无法达到很高的精确度,所以对于污染物的排放估计不确定性会加大。如果将燃油法应用于区域尺度,则会引入较大的不确定性。Wang 等研究指出,采用燃油法这样自上而下获得的区域清单往往会低估排放量,在北美、欧洲等地,采用自下而上方法建立的区域清单值只有实际排放量的 20% ~70%。燃油法在区域尺度存在较大误差主要是因为在排放计算中如果使用地区燃料油销售量,将与实际燃料油消耗量之间存在差异。与机动车不同,大部分的机动车加油地区和消耗地区较为一致,但船舶(特别是远洋船舶)由于航行距离长,不同地区燃料油价格波动大,因此,销售量和消耗量不能匹配。例如,新加坡港常年都是燃料油销售排名第一的港口,但从货物吞吐量来看,新加坡港仅排第三,低于我国的宁波港和上海港。因此,燃油法更适用于全球尺度上源清单的计算和长时间范围纵向比较,不太适用于区域尺度的排放计算。

2.2.2 燃油排放因子

2.2.2.1 燃料的排放因子

不同类型燃料碳含量(C%)、硫含量(S%)有差异,其主要对CO_2、SO_2和PM排放因子有影响。根据CO_2和C的分子量关系,确定CO_2排放因子。假设有97.753%的S转化成了SO_2,根据SO_2和S的分子量关系,确定SO_2排放因子。颗粒物的排放与S含量有较大关联,其组成包括有机物质、炭粒、硫酸盐、灰分和水分等,目前还缺少比较全面的数据,根据IMO第3次温室气体排放研究的数据进行拟合,得到PM排放因子的计算公式。若燃料采用LNG(Liquefied Natural Gas,液化天然气)或LPG(Liquefied Petroleum Gas,液化石油气),各污染物排放因子按IMO第3次温室气体排放研究报告取值。因此,基于燃料消耗的CO_2、SO_2和PM排放因子见表2.2-1。

CO_2、SO_2和PM的燃油排放因子(kg/t-燃料)　　表2.2-1

燃料类型	C(%)	EF_{CO_2}	EF_{SO_2}	EF_{PM}
HFO	0.850	3666.67×C% =3117	1955.06×S%	216.48×S% +0.84
LEO	0.860	3666.67×C% =3153	1955.06×S%	216.48×S% +0.84
MDO/MGO	0.875	3666.67×C% =3208	1955.06×S%	216.48×S% +0.84
LNG	0.750	3666.67×C% =2750	0.02	0.18
LPG	0.825	3666.67×C% =3025	0.02	0.18

注:EF_{PM}仅针对柴油机。

2.2.2.2 设备的排放因子

设备的排放因子主要涉及NO_x、CO、非甲烷挥发性有机物(NMVOC)排放和燃气轮机、蒸汽轮机及锅炉的PM排放。参照IMO第2次温室气体排放研究,设备的燃油排放因子取值见表2.2-2。锅炉NO_x、CO和PM排放因子参照蒸汽轮机取值。

NO_x、CO、NMVOC和PM的燃油排放因子(kg-污染物/t-燃料)　　表2.2-2

IMO Tier	发动机类型	EF_{NO_x}		EF_{CO}		EF_{NMVOC}		EF_{PM}	
		ME	AE	ME	AE	ME	AE	ME	AE
0	SSD	92.82	—	2.77	—	3.08	—	—	—
	MSD	65.12	64.76	2.51	2.38	2.33	1.76	—	—
	HSD	—	51.10	—	2.38	—	1.76	—	—

续上表

IMO Tier	发动机类型	EF_{NO_x}		EF_{CO}		EF_{NMVOC}		EF_{PM}	
		ME	AE	ME	AE	ME	AE	ME	AE
Ⅰ	SSD	87.18	—	2.77	—	3.08	—	—	—
	MSD	60.47	57.27	2.51	2.38	2.33	1.76	—	—
	HSD	—	45.81	—	2.38	—	1.76	—	—
Ⅱ	SSD	78.46	—	2.77	—	3.08	—	—	—
	MSD	52.09	49.34	2.51	2.38	2.33	1.76	—	—
	HSD	—	36.12	—	2.38	—	1.76	—	—
Ⅲ	SSD	18	—	2.77	—	3.08	—	—	—
	MSD	12	12	2.51	2.38	2.33	1.76	—	—
	HSD	—	—	—	2.38	—	1.76		—
All	DF/GI	7.83	7.83	7.83	7.83	3.01	3.01	—	—
—	GT	20	—	0.33	—	0.33	—	0.2	
—	ST	6.89	—	0.66	—	0.33	—	3.05	

注:IMO Tier 0-2000年1月1日以前建造的船上安装的柴油机;SSD-低速柴油机;MSD-中速柴油机;HSD-高速柴油机;DF/GI-双燃料发动机;GT-燃气轮机;ST-蒸汽轮机;ME-主机;AE-辅机。其中,EF_{NO_x}数据适用于重油,若使用燃油为DO,则对于SSD/MSD/HSD、GT和ST的NO_x排放因子可分别乘以系数0.94、0.97和0.95进行修正。

2.3 基于船舶货物运输的船舶大气污染物排放估算方法

基于船舶货物运输的船舶大气污染物排放估算方法即贸易法,贸易法是主要根据船舶贸易量、货物运输量、集装箱运输量、船舶航线等数据,以计算船舶大气污染物排放量,具体计算方法如式(2.3-1)所示:

$$E_i = a \times X + b \times Y \tag{2.3-1}$$

式中:E_i——第i种污染物排放量,t;

X、Y——货物运输量或集装箱运输量或乘客载运量,t;

a、b——与X、Y相关排放参数。

该方法在洲际、区域尺度都有应用,Streets等人基于大型货船的船舶贸易数据,统计分析了从1988—1995年在亚洲水域航行船舶的SO_x排放量的变化趋势,但该研究忽视了其他小型货船的贸易量或客船的载客量,因此具有较大的不确定性。在国内,李志恒等依据香港水域详细的客运量、港口货物吞吐量和船舶排放量之间的关系,构建了清单计算模型,再依据深圳港的船舶贸易基础信息,构建了深圳港 2003 年的船舶排放清单。贸易法在计算船舶排放清单时,需要以较为详细的历史船舶贸易数据作为基础,但该方法是建立在大量假设前提下计算的船舶大气污染物排放清单,该方法的优点和弊端都来自它对基础数据的要求较低:一方面,可以较好地体现船队活动受经济因素的影响,也能够在数据相对空白的地区使用;另一方面,它忽视了大的区域内不同局地区域船舶贸易之间的时空差异,使得计算结果具有较大的不确定性。该方法计算的排放清单时空分辨率较低,无法准确表征区域船舶排放量的时空差异性,近年来的应用逐渐减少。

2.4 基于船舶活动轨迹的船舶大气污染物排放估算方法

2.4.1 动力法技术路线

基于船舶活动轨迹的船舶大气污染物排放估算方法又称动力法,动力法的核心是通过对船舶运行情况的实时监测,获取高分辨率的船舶动力信息,确定发动机负荷和工况,针对船舶发动机的运行工况使用不同的排放因子,建立排放清单。这种方法由于依赖于实时船舶动态信息的获取,因此直到近年才发展起来。

动力法使用的船舶动态数据主要有以下几个来源:美国船只自动化互助救助系统(Automated Mutual-Assistance Vessel Rescue System,AMVER)、国际综合海洋大气数据集(International Comprehensive Ocean Atmosphere Data Set,ICOADS)国际海事组织的远程识别与跟踪系统(Long Range Identification and Tracking,LRIT)和 AIS。前 3 个系统建立时间较早,对大西洋船只的覆盖程度更高,欧美均有学者对其数据质量进行了评估,并比较了利用其建立的船舶排放清单的准确性。美国环境保护署(Environmetal protection agency,EPA)提出的船舶排放计算模式 STEAM 也是基于 AMVER 和 ICOADS 进行了大量数据统计,建立的基于船舶航行轨迹分布概率的排放清单系统。然而这 3 个数据系统对于亚洲地区并不适用,主要原因是系统对亚洲地区船舶的渗透率较低。

AIS 诞生于 20 世纪 90 年代,是一种新型的集通信技术和电子信息显示技术为一体的数字化助航系统设备。IMO 要求大于 300GT 的船舶必须安装 AIS,因此,截至 2013 年,有 72000 艘船舶安装了 AIS。AIS 包括一套全球定位系统(Global Positioning System,

GPS)来提供实时的经纬度,以及一套 VHF(Very High Frequency,甚高频)信号发送器定期发送 GPS 信息和船舶信息。在岸边,通常有岸边基站进行数据交通;在海上,则通过卫星收集 AIS 数据。AIS 的出现,一方面极大地提高了船只覆盖率,另一方面也使得数据质量大大提高。

AIS 以 1s ~ 3min 的时间频率提供船舶活动数据信息,为计算船舶大气污染物排放量提供了基础数据支撑。基于高精度的船舶活动数据计算区域大气污染物排放清单主要包括 5 个步骤,如图 2.4-1 所示。

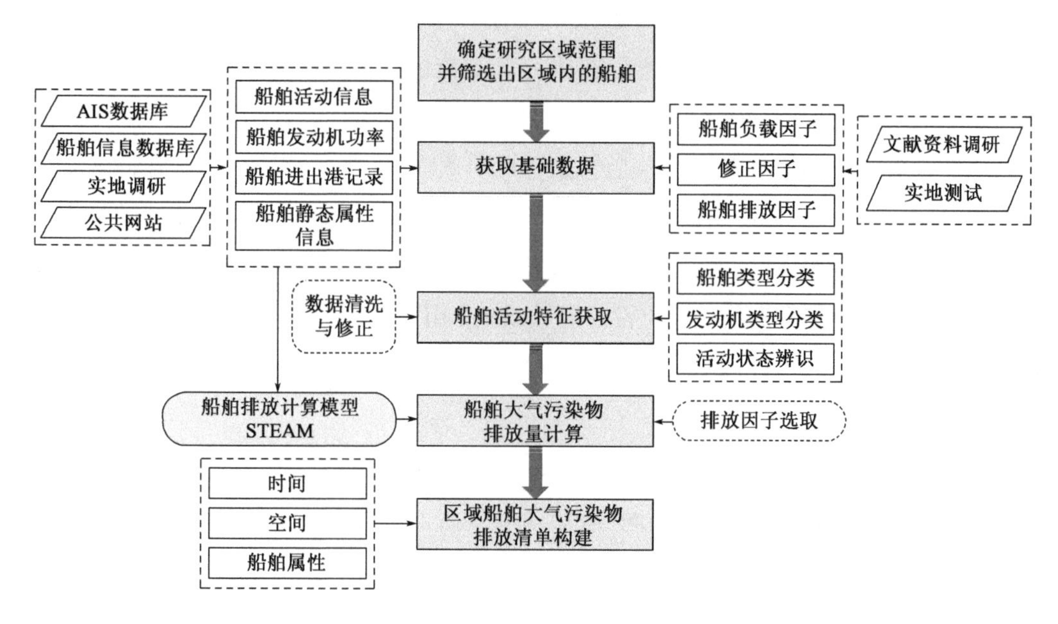

图 2.4-1　区域船舶大气污染物排放清单构建框架

(1)确定研究区域范围。明确研究区域的经纬度范围,并筛选出研究区域内的船舶的活动数据。

(2)获取基础数据。船舶大气污染物排放量的计算涉及多项参数,这些参数包括污染物排放因子和船舶静态属性数据。

(3)船舶活动特征获取。对步骤(1)中提取的船舶动态活动数据进行清洗与修正,基于船舶的航行速度和航行位置进行船舶航行状态和排放行为的辨识。

(4)船舶大气污染物排放量计算。结合已获取的各类型基础数据,基于动力法(Ship Traffic Exhaust Assessment Model, STEAM)计算船舶大气污染物排放量。

(5)区域船舶大气污染物排放清单构建。从时间、空间和船舶属性三个维度构建区域船舶大气污染物排放清单。

2.4.2 船舶活动特征的提取

2.4.2.1 基础数据获取

对研究区域范围内的 AIS 数据进行解析后,可获取大量船舶活动数据。可用于船舶大气污染物排放量计算的数据包括船舶动态航行位置、航行时间、航行速度、航向、船名、船舶、水上移动通信业务标识码(MMSI)。由于 AIS 本身的系统误差和固有缺陷,以及船员的不规范操作等一系列原因,AIS 数据中存在一部分的异常数据。因此,需要剔除异常的 AIS 数据。异常数据包括位置不在研究区域范围内的 AIS 数据点、船舶航速小于 0kn、船舶航向超过 0°~360°范围。

船舶排放清单计算静态数据包括船舶主机功率、辅机功率、锅炉功率、船舶吨位、船舶类型、船名、生产年份、船舶最大设计航速等。船舶 MMSI、船舶 IMO 码和船名可用于从船舶基础信息数据库(如劳氏数据库、海事局船舶基础信息数据库等)或公共网站查询获取以上船舶静态数据信息。正常的船舶 MMSI 由 9 位阿拉伯数字组成,IMO 号码由 7 位数字组成,对于 MMSI 或 IMO 缺失、错误的 AIS 静态信息进行剔除。

2.4.2.2 船舶活动特征识别

通常情况下,船舶航行状态不同,船舶动力设备的工作状态就不同。本节根据 AIS 提供的动态信息,对船舶航行状态进行划分,具体见表 2.4-1。

船舶航行状态划分及特征描述　　表 2.4-1

航行状态		特征描述	行驶速度
在航	巡航	船舶以巡航速度航行,航行速度一般为船舶最大速度的 90%左右,锅炉多数情况下处于关闭状态	>12kn
	机动	即加速阶段,船舶在港口的防波堤到港口的码头这部分区域内行驶时,船舶一般处于机动操作状态	1~8kn
	减速	船舶在减速区域内航行时,船舶实际航速小于船舶的巡航速度,但大于船舶的机动速度	9~12kn
锚泊		主机不工作,只有辅机和锅炉处于工作状态	<1kn
靠泊		主机不工作,只有辅机和锅炉处于工作状态(装卸货作业会用到船上装卸设备)	<1kn

2.4.3　基于AIS的船舶大气污染物排放动态测算

2.4.3.1　计算模型

基于船舶排放基础数据(船舶AIS数据和船舶基础信息)以及船舶污染物排放因子,采用Jalkanen等人提出的STEAM模型,计算船舶大气污染物排放量E_i,计算方法如式(2.4-1)所示:

$$E_i = E_{m,i} + E_{a,i} + E_{b,i} \tag{2.4-1}$$

式中:　E_i——船舶排放的第i类大气污染物量,g;

$E_{m,i}$、$E_{a,i}$、$E_{b,i}$——船舶主机、辅机和锅炉排放的第i类大气污染物量,g。

船舶主机排放的大气污染物量$E_{m,i}$的计算方法见式(2.4-2):

$$E_{m,i} = P_m \times LF_m \times LLAM \times T_m \times EF_{m,i} \tag{2.4-2}$$

式中:P_m——船舶主机功率,kW;

LF_m——主机负载因子,表示船舶主机实际输出功率与额定功率的百分比,计算方法如式(2.4-3)所示;

LLAM——主机处于低负荷状态下的调整因子,当主机负荷率低于20%时,主机的排放量明显增加,因此需要运用LLAM对LF_m进行调整,IMO提出了不同主机低负荷率对应的LLAM参考值;

T_m——主机运行的时间,h;

$EF_{m,i}$——主机的排放因子,表示主机在单位时间内的排放的第i类大气污染物数量,g/(kW·h)。

$$LF_m = (AS/MS)^3 \tag{2.4-3}$$

式中:AS——船舶实际航速,kn;

MS——船舶最大设计航速,kn。

船舶辅机排放的第i类大气污染物量$E_{a,i}$,计算方法如式(2.4-4)所示:

$$E_{a,i} = P_a \times LF_a \times T_a \times EF_{a,i} \tag{2.4-4}$$

式中:P_a——船舶辅机功率,kW;

LF_a——船舶辅机负载因子;

T_a——辅机运行的时间,h;

$EF_{a,i}$——船舶辅机排放第i类大气污染物的排放因子,g/(kW·h)。

船舶锅炉排放的第 i 类大气污染物量 $E_{b,i}$ 计算方法如式(2.4-5)所示：

$$E_{b,i} = P_b \times LF_b \times T_b \times EF_{b,i} \tag{2.4-5}$$

式中：P_b——船舶锅炉功率，kW；

LF_b——船舶锅炉的负载因子；

T_b——船舶锅炉运行时间，h；

$EF_{b,i}$——船舶锅炉排放第 i 类大气污染物的排放因子，g/(kW·h)。

2.4.3.2 污染物排放因子

船舶大气污染物排放量计算所涉及的因子包括船舶主机排放因子、主机低负荷调整因子、辅机负载因子、辅机排放因子。船舶大气污染物排放量计算中的各类污染物排放因子参数信息如下。

(1)不同的船舶主机发动机类型使用不同硫含量的燃料油，对应的各类大气污染物排放因子的参考值见表2.4-2。

船舶主机排放因子 $EF_{m,i}$ 参考值 表2.4-2

发动机类型	硫含量(%)	NO_x	SO_2	CO_2	CO	PM10	PM2.5
SSD	0.1	13.6	1.0	647		0.4	
MSD	0.1	10.6	1.1	646	1.1	0.3	0.28
HSD	0.1	9.6	4.5	710		0.9	
GT	0.1	2.9	1.6	1014		0.5	
ST	0.1	1.6	1.6	1014		0.9	
SSD	0.5	17	1.81	588.8	1.4	0.31	0.28
MSD	0.5	13.2	1.98	646	1.1	0.31	0.29
SSD	2.7	18.1	10.29	620	1.4	1.42	1.31
MSD	2.7	14.00	11.24	707	1.1	1.43	1.32

(2)船舶辅机使用不同硫含量的燃料油，对应的各类大气污染物排放因子的参考值见表2.4-3。

船舶辅机排放因子参考值 表2.4-3

燃油类型	硫含量(%)	NO_x	SO_2	CO_2	CO	PM10	PM2.5
重油	2.70	14.70	11.98	683	1.10	1.44	1.32
船用汽油	0.50	13.90	2.12	646	1.10	0.32	0.29
船用汽油	0.1	13.9	1.1	646	1.1	0.3	0.28

(3)徐文文等提出了不同类型船舶在不同航行状态下的辅机负载因子的参考值,见表2.4-4。

船舶辅机负载因子参考值　　表2.4-4

船舶类型	巡　航	机　动	停靠泊
集装箱船	0.13	0.50	0.17
散货船	0.17	0.45	0.22
普通货船	0.17	0.45	0.22
油船	0.13	0.45	0.67
客船	0.80	0.80	0.64
其他类型船舶	0.17	0.45	0.22

2.5　其他船舶排放估算方法

2.5.1　基于抽样统计的船舶大气污染物排放估算方法

2.5.1.1　方法框架

基于抽样法的区域船舶大气污染物排放清单计算方法主要包括四个步骤:①设计抽样框,抽取样本船舶;②采用动力法计算样本船舶大气污染物排放量;③基于样本船舶排放量估算区域总体船舶大气污染物排放量;④构建区域船舶大气污染物排放清单。具体方法流程如图2.5-1所示。

(1)抽取样本船舶。采用动力法计算船舶大气污染物排放量的重要保证是可获取完整的船舶动态活动数据和船舶静态属性信息。AIS可提供船舶的动态活动数据,但数据质量参差不齐,因此,首先应从总体船舶数据里剔除没有完整AIS数据的船舶。将具有完整动态活动数据信息和完整属性静态信息的船舶或部分静态数据缺失的船舶设为抽样框,依据计算精度确定抽取的总样本船舶数量。船舶的静态信息和动态信息为STEAM模型计算船舶大气污染物排放量的关键输入参数,为了保证方法的有效性,将STEAM模型中的三个主要参数(船舶数量、船舶类型以及主机功率)作为抽样框设计的依据。利用随机不放回抽样方法,依据需抽取样本数量和抽样框完成样本船舶的抽取。

(2)样本船舶大气污染物排放量计算。基于样本船舶动力设备功率信息、船舶类型以及船舶燃料油硫含量,从船舶排放因子库中选取合适的船舶排放因子;依据船舶航行速度以及周围环境信息,进行船舶航行状态的辨识;再依据样本船舶 AIS 动态活动数据以及静态数据,利用 STEAM 模型计算不同航行状态下的样本船舶大气污染物排放量。

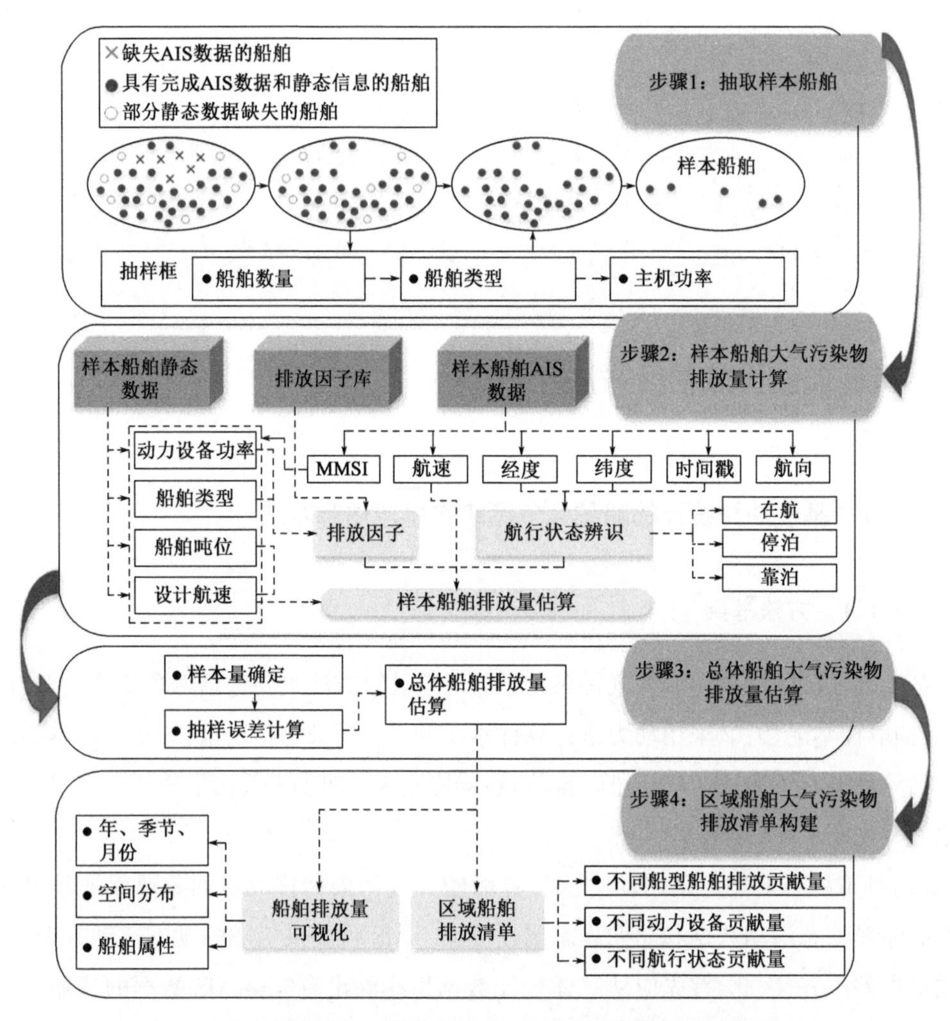

图 2.5-1 基于抽样法的区域船舶大气污染物排放清单计算方法流程

(3)总体船舶大气污染物排放量估算。利用随机抽样法中的总体估计方法,依据已计算的样本船舶大气污染物排放量,进行区域总体船舶大气污染物排放量估算。

(4)区域船舶大气污染物排放清单构建。对区域船舶大气污染物排放量的计算结果,进行时空及属性统计和可视化分析。将按照年、季节、月份、日和小时五个不同时间尺度分析不同船舶类型在不同时间尺度上的船舶排放时间变化特征;统计不同船舶类型、不同船舶动力设备、不同航行状态的船舶大气污染物排放量,并进行特征分析。

2.5.1.2 抽样框设计

采用分层随机抽样的方法进行样本船舶的采集,该方法适用于属性特征差异较大的调查对象,因此,该方法适用于船型多样且各静态属性差异大的区域船舶的研究。单位面积内船舶密度、船舶类型和船舶主机功率是动力法中影响区域船舶大气污染物排放计算结果的重要因素,综合考虑这三个影响因素,设计了三层架构的抽样框,抽样框的架构如图2.5-2所示。

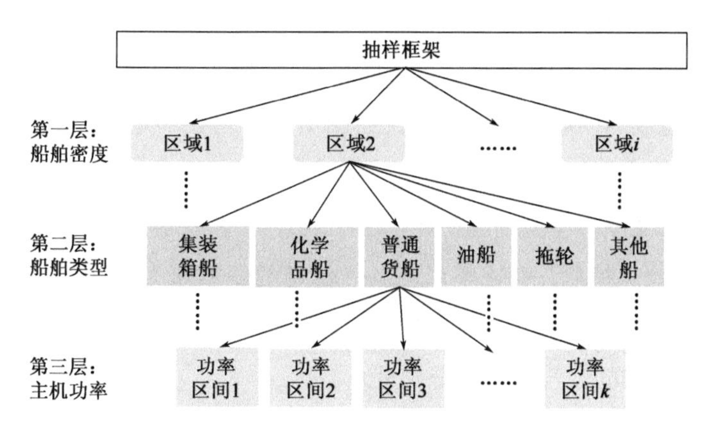

图2.5-2 样本船舶抽样框架构图

船舶密度是第一层抽样框的分类标准。研究区域在单位区域内被划分为多个船舶交通流密度相似的子区域。在每个子区域抽取的样本船舶数量的计算方法如式(2.5-1)所示:

$$n_i = \frac{\mathrm{MD}_i}{\mathrm{MD}_1 + \mathrm{MD}_2 + \cdots + \mathrm{MD}_i} \times \mathrm{SZ} \qquad (2.5\text{-}1)$$

式中:MD_i——在区域i中单位面积内船舶平均数量,艘;

SZ——在整个区域内应抽取的样本船舶总数量,艘,SZ的值的确定取决于区域船舶大气污染物排放清单计算的精度要求。

在利用STEAM模型计算船舶大气污染物排放清单时,不同船型的船舶排放因子不同。船舶的负载因子的选择受到船舶吨位的影响,不同吨位的船舶具有不同的负载因子,通常船舶类型这一参数信息比船舶吨位这一参数信息更容易获取,因此,可以分析船舶类型与船舶吨位之间的相关性,提出不同类型船舶的经验吨位信息。在第二层抽样框中,每一子区域里的船舶依据船舶类型可分为六类,分别为货船、化学品船、集装箱船、拖轮、邮轮和其他类型船舶。在第二层抽样框中,在每一子区域中应抽取的各类型船舶的数量的计算方法如式(2.5-2)所示:

$$n_{i\text{-}j} = \frac{N_{i\text{-}j}}{N_{i\text{-}1} + N_{i\text{-}2} + \cdots + N_{i\text{-}j}} \times n_i \tag{2.5-2}$$

式中：$n_{i\text{-}j}$——在子区域 i 中应抽取的船舶类型 j 的数量；

j——船舶类型；

$N_{i\text{-}j}$——在子区域 i 中的船舶类型 j 的数量。

相同类型的船舶主机功率也不尽相同，在第三层抽样框中，基于船舶的主机功率分布特征，基于 K-means 聚类分析方法，将在同一子区域内的相同类型船舶的主机功率划分为不同类。以往的研究表明，船舶主机功率与船舶的其他静态信息之间的关系可用数学方程式表达，如船舶尺寸、船舶最大设计航速、船舶阻力、螺旋桨推力效率等，这些都是船舶大气污染物排放量的影响因素，因此，船舶主机功率在一定程度上反映了船舶其他参数的信息。在第三层抽样框中，依据同一主机功率类中的总船舶数量和抽样比例，计算在同一船舶主机功率类中应抽取的样本船舶数量。

在抽样过程中，只抽取具有完整静态参数信息的船舶作为样本船舶，并利用三次样条插值的方法，将样本船舶轨迹数据插值为时间分辨率为 1s 的活动轨迹数据，最后利用 STEAM 计算样本船舶的大气污染物排放量。

2.5.1.3 区域船舶总排放量估计

分层随机抽样方法适用于存在较大差异的调查对象，而区域内的各船舶之间的排放参数具有显著差异，因此，该方法适用于区域船舶大气污染物排放量的抽样统计。具体估算方法如式(2.5-3)所示。抽样率取决于样本量的大小，为在区域内抽取样本船舶数量与区域船舶总数量的比值。估算区域内总船舶大气污染物排放量分为三个步骤：第一步为决定抽样率，依据区域内总船舶数量，计算需抽取的样本船舶数量；第二步，基于 2.5.1.2节中设计的抽样框，利用简单随机非重复抽样方法抽取样本船舶，再利用 STEAM 计算样本船舶的大气污染物排放量，然后，利用总体估算方法估算区域船舶总大气污染物排放量；最后，为了确保样本船舶抽取的随机性，在抽样比例保持不变的条件下，第二步将被重复 50 次，50 次估算的区域船舶总大气污染物排放量的平均值为最终估算值。

$$E_{\mathrm{N}} = e_{\mathrm{N}} \pm \Delta\bar{x} \tag{2.5-3}$$

式中：E_{N}——区域船舶大气污染物总排放量估算值，t；

e_{N}——不考虑误差的区域船舶大气污染物总排放量估算值，t，计算方程式如式(2.5-4)所示；

$\Delta\bar{x}$——抽样误差，t，计算方程式如式(2.5-5)所示。

$$e_N = \sum \left(\frac{E_k}{n_k} \times N_k \right) \tag{2.5-4}$$

式中：E_k——在聚类 k 中的样本船舶的大气污染物排放量，t；

N_k——在聚类 k 中的总船舶数量；

n_k——在 k 类样本类型中的样本数量。

$$\Delta\bar{x} = t \times \mu\bar{x} \tag{2.5-5}$$

式中：t——平均置信区间的参考值，Ci 给出了相应的参考值；

$\mu\bar{x}$——平均抽样误差，t，计算方程如式(2.5-6)所示。

$$\mu\bar{x} = \sqrt{\frac{s^2}{n-1} \times \left(\frac{N-n}{N-1}\right)} \tag{2.5-6}$$

式中：n——样本数量；

N——总体数量；

s^2——样本方差，t，计算方程如式(2.5-7)所示。

$$s^2 = \frac{\sum(\mathrm{Std}_k \times n_k)}{n} \tag{2.5-7}$$

式中：k——样本类型；

Std_k——在 k 类样本集中的样本的方差，t。

2.5.2 考虑水文气象环境的船舶大气污染物排放估算方法

船舶大气污染物排放量计算中用的速度值应为船速(ship speed)，即风浪流影响之前的对水速度，而船舶 AIS 提供的速度信息指的是航速(speed over ground)，即风浪流影响之后，表现出来的对地速度，因此，需要结合风浪流数据，对 AIS 中的航速信息进行修正得到船速。下面介绍如何结合风、浪、流信息对 AIS 中的航速信息进行修正得到船速。

图 2.5-3、图 2.5-4 分别为风、流对船舶运动影响的示意图。

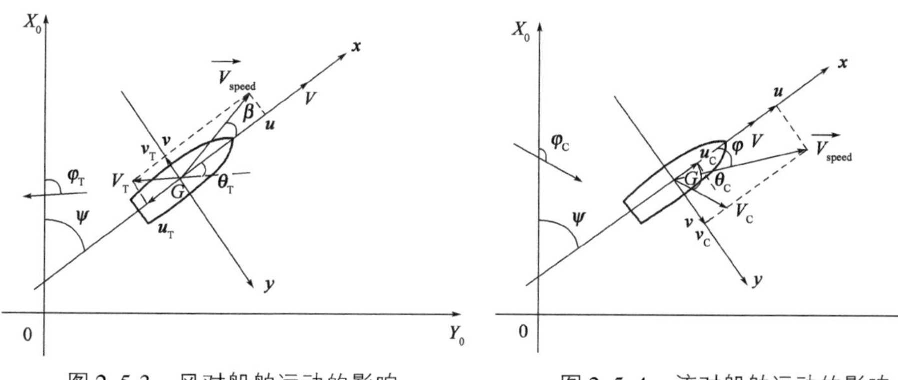

图 2.5-3　风对船舶运动的影响　　　图 2.5-4　流对船舶运动的影响

图 2.4-3 和图 2.4-4 中均有两个坐标系，其中，OX_0Y_0 为惯性坐标系，G_{xy} 为船体坐标系。图 2.4-2 中，V 为船速，V_T 为风致漂移速度，V_{speed} 为 AIS 航速；u、v 为 V_{speed} 的分量；u_T、v_T 为 V_T 的分量；θ_T 为风舷角。图 2.4-4 中，V_C 为模拟预报的流速；u_C、v_C 为 V_C 的分量；θ_C 为流舷角。

第一步，计算环境场中的风、流因素对船舶速度的影响情况。假设 $\overrightarrow{V_1}$ 为风、流因素影响前的速度，则有下面的关系式：

$$\overrightarrow{V_{speed}} = \overrightarrow{V_1} + \overrightarrow{V_T} + \overrightarrow{V_C} \tag{2.5-8}$$

即有：

$$\begin{cases} u = V_1 + V_C\cos\theta_C - V_T\cos\theta_T \\ v = V_C\sin\theta_C - V_T\sin\theta_T \\ \overline{V}_{speed} = \sqrt{u^2 + v^2} \end{cases} \tag{2.5-9}$$

进一步可得到下面的式子：

$$\begin{aligned} V_1 &= \sqrt{V_{speed}{}^2 - v^2} - V_C\cos\theta_C + V_T\cos\theta_T \\ &= \sqrt{V_{speed}{}^2 - (V_C\sin\theta_C - V_T\sin\theta_T)^2} - V_C\cos\theta_C + V_T\cos\theta_T \end{aligned} \tag{2.5-10}$$

第二步，计算浪的影响。设风浪流修正后的速度为 V，即要在 V_1 的基础上除去波浪造成的影响，根据船舶失速公式，有下面的关系式：

$$V = [V_1 + (K_1h + K_2h^2 - K_3qh)G] / [1 + (K_1h + K_2h^2 - K_3qh)K_4D] \tag{2.5-11}$$

式中：q——船首向与波浪来向之间的夹角；

h——波高；

D——船舶实际排水量；

K_i——船舶各性能参数值，$K_1 = 0.745$，$K_2 = 0.05015$，$K_3 = 0.0045$，$K_4 = 1.35 \times 10^{-6}$；

G——经验系数。

根据 AIS 中航速信息和得到的船舶航行区域的风、浪、流信息，利用上述式(2.5-10)和式(2.5-11)，即可推算出船速大小及风浪流影响之前的对水速度，进而对船舶大气污染物排放量进行计算。

考虑水文气象环境的船舶大气污染物排放清单的具体计算过程如下：

(1)对船舶 AIS 数据进行解析、清洗、重构等一系列处理，得到船舶静态信息(船舶、船舶编号等)和动态信息(船舶航行速度、航行时间等)。

(2)从其他船舶信息数据库获取船舶动力设备功率信息，并结合海洋环境场中的风、浪、流等信息,利用上述的船舶速度修正模型对 AIS 中的航速信息进行修正得到船速。

(3)计算得到主机负荷因子,再结合获取的船舶航行时间、航行状态、不同类型废气排放因子、辅机负荷因子等信息,利用 2.4.3 节中的计算模型计算出船舶排放的大气污染物排放量。

具体计算流程如图 2.5-5 所示。

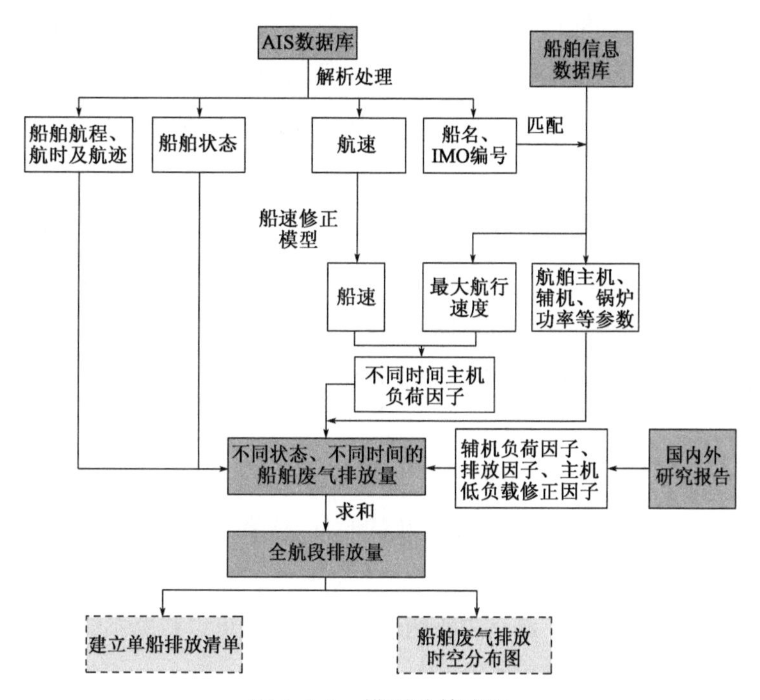

图 2.5-5　模型计算流程

2.6　船舶大气污染物排放估算方法不确定性分析

2.6.1　算法理论误差分析

现阶段,广泛使用的船舶大气污染物排放估算方法是基于船舶活动轨迹的计算方法,该方法的主要误差来自以下几个方面:

(1)由于我国还没有对船舶排放因子及负荷因子进行系统的研究,本项目采用的排放因子数据来源于 IMO 及国外研究结论,但我国船舶的发动机性能、燃料使用等情况与国际上存在差异,使得直接引用国外排放因子可能会带来较大的不确定性。

(2)研究区域内船舶燃料油品质参差不齐,特别是燃料硫含量对于 SO_x 和 PM 的排放量有很大的影响。

(3)负荷因子的误差:

①船舶主机负荷因子为船舶航行时的实际航速与最大航速比值的三次方,当船舶航行时的实际航速较小时,负荷因子的值是偏小的。此外,在计算时,需要对从 AIS 信息中提取的航速数据进行插值平滑处理,这一过程也会产生误差。此外,需要将处理后的航速信息(对地速度)结合实时的风海洋环境场信息转化成船速信息(对水速度),才能用于船舶排放量的计算,而实时海洋环境场信息可以用耦合模式进行模拟,但与实际状况还是存在差异的,因此会造成一定的误差。但可以选取长时间尺度,取平均值以减小误差。

②船舶辅机主要用于照明,此外对于油轮还用于货油加热、保温等,辅机负荷因子与船速关系不大,其获取主要参考美国环保署的研究报告。但由于辅机工况确定难度较大,一般只能根据经验来确定,所以辅机负荷因子的确定误差较大,特别是对于多台辅机的船舶来说,有多少台辅机处于工作状态往往随实际情况而定,因此为计算带来一定的误差。

③锅炉的作用主要是加热,相对于辅机而言误差比较小,可以根据给出的船上锅炉单位油耗进行计算,一般认为主机停止运转的时候,或者主机功率低于额定功率的 20% 时(此时,主机余热不足以对货油进行加热)才使用。如果船舶的锅炉功率很小,或者主要用是废气锅炉,较少用燃油,那么在船舶废气计算中就可以忽略不计。但是,因此也会造成一定的误差。

(4)英国的劳氏船级社(Lloyd's Register of Shipping,LR)是一个非常重要的船舶发动机功率信息数据来源,它建立了世界上最大的船舶档案数据库。然而也有大量船舶缺乏相关档案信息或船舶档案中只有部分信息,资料完整度较差,可靠性不强,对于这些船舶,需要参考国外相关研究报告中相似类型和载重吨级船舶的主机功率信息,综合进行选取确定其主发动机功率。然后采用主机和辅机功率比值的经验系数来估算辅助发动机功率。所以,计算中选用的发动机功率往往与实际功率之前存在较大的误差,从而影响计算的准确度。

(5)目前对船舶,节能减排有清洁能源使用、岸电使用、发动机尾气处理等措施,这些措施均会减少船舶废气排放量,但是本书未将这些减排措施考虑在内,对建立清单也会造成一定的误差。

2.6.2　AIS 数据质量对船舶大气污染物排放量估算的影响

船舶 AIS 为计算高精度的船舶大气污染物排放清单提供了基础数据支持，但船舶 AIS 信息在发送过程中会存在丢包现象和实际信息发送操作不规范等问题，导致 AIS 信息存在接收时间间隔过长、部分信息不完整的现象。这种由于 AIS 信息本身时间分辨率出现的问题，会对船舶大气污染物排放量的计算精度造成影响。一般在基于 AIS 数据计算船舶大气污染物排放量时，首先会利用空间数据插值的方法对原始的 AIS 数据插值处理，使之成为分钟级、秒级的时间分辨率。船舶航行在港口区域或内河水域时，船舶航行速度和船舶航行状态变化频繁，因此，分钟级的时间分辨率的 AIS 数据会丢失部分船舶活动信息。为分析船舶 AIS 数据的时间分辨率对船舶活动信息映射的影响，选取减速和加速状态下的两艘航行船舶的 AIS 数据作为分析样本，利用三次样条插值的方法，将两段样本船舶轨迹分别插值为 1s 和 3min 时间分辨率的轨迹数据。图 2.6-1 展示了船舶 AIS 数据在不同时间分辨率下，映射的船舶航行速度变化信息。

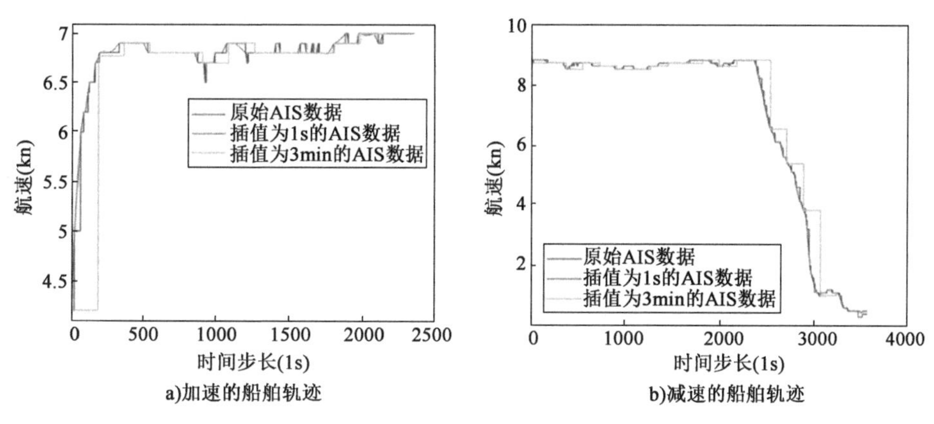

图 2.6-1　不同时间分辨率的 AIS 数据映射的船舶航行速度的变化信息

从图 2.6-1 中可以看出，当船舶 AIS 数据的时间分辨率为 3min 时，会丢失部分船舶航行过程中的相关映射信息。1s 时间分辨率的 AIS 数据能很好地映射船舶航行相关变化信息。实验表明，低时间分辨率的 AIS 数据会明显丢失船舶航行过程中的速度变化信息。

为具体探究船舶 AIS 数据的时间分辨率对船舶大气污染物排放量计算结果的影响，以四艘船舶的航行轨迹作为样例，利用 2.4.3 节中基于 AIS 的船舶大气污染物排放动态测算方法，计算四艘船舶的 AIS 轨迹在不同时间分辨率下的 SO_2 排放量。四艘船舶的排放基础参数信息见表 2.6-1，船舶 SO_2 排放因子、排放低负荷排放修整因参考第 2.4.3

节。利用三次样条插值方法,将四艘船舶的轨迹插值为 1s、30s、60s、90s、120s、150s、180s、210s、240s、270s 和 300s 不同时间分辨率的轨迹数据,基于 1s 时间分辨率计算的船舶 SO_2 排放量和基于其他时间分辨率计算的船舶 SO_2 排放量的相对误差值,结果如图 2.6-2所示。

四艘船舶的基础参数信息　　表 2.6-1

船舶编号	主机功率(kW)	辅机功率(kW)	船舶类型
Ship1	368	22	货船
Ship2	145	12	货船
Ship3	162	13	货船
Ship4	1519	90	货船

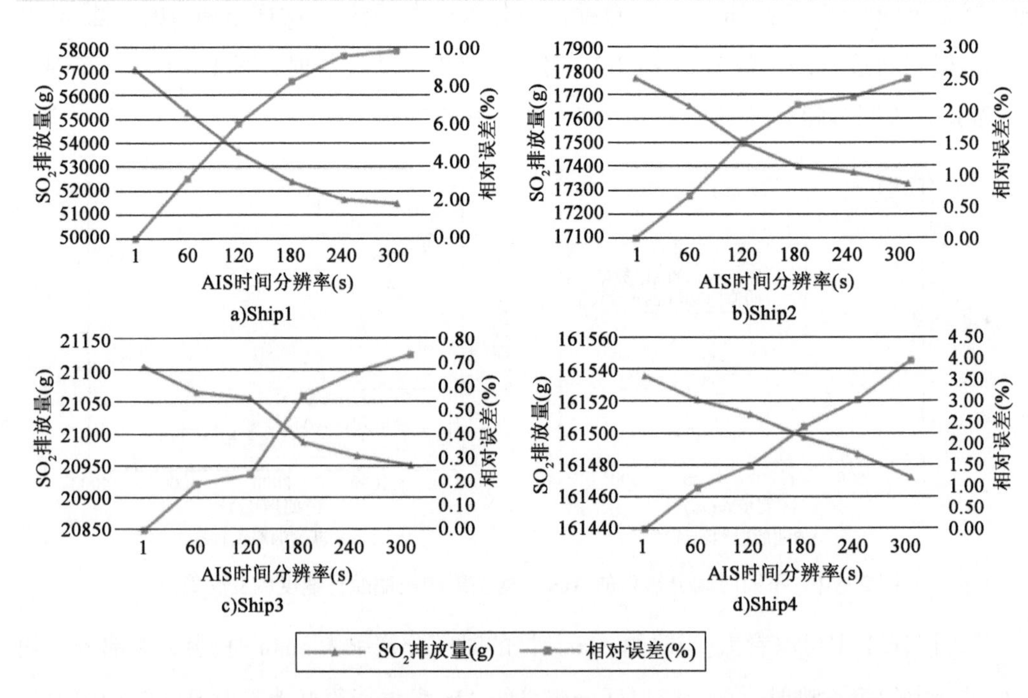

图 2.6-2　不同时间分辨率的船舶 AIS 数据对计算船舶 SO_2 排放量的影响

在图 2.6-2 中,三角形折线表示当 AIS 插值为不同时间分辨率的活动数据后,计算的船舶 SO_2 排放量,方形的折线表示基于 1s 时间分辨率的 AIS 数据与基于其他时间分辨率的 AIS 数据计算的船舶 SO_2 排放量。整体而言,计算的船舶排放 SO_2 计算结果随着 AIS 数据时间分辨率的提高而上升的,这主要是因为高分辨率的 AIS 数据反映了更为具体的船舶航速和船舶航行状态的变化信息。四艘船舶 1s 时间分辨率的 AIS 数据中的船舶平均航速与原始 AIS 数据中的船舶平均航速的差值分别为 0.527kn、0.24kn、0.046kn

和 0.115kn。AIS 数据时间分辨率的变化对 Ship1 排放的 SO_2 的计算结果的影响最大，这是由于 Ship1 在整个航行过程中，航行速度的变化相较于其他船舶更为频繁。实验结果表明，AIS 数据的时间分辨率是影响船舶大气污染物排放清单估算的关键因素，因此，为提高计算精度，将原始的船舶 AIS 数据插值为 1s 时间分辨率，以代入模型中计算船舶大气污染物排放量。

2.6.3　水文气象环境对船舶大气污染物排放量估算的影响

由 2.5.2 节可知，船舶 AIS 数据提供的船舶速度信息为航速，该速度数在水文气象环境影响之后的船舶航行速度，为对地的速度。而用于计算船舶大气污染物排放量的船舶航行速度为船速，即考虑水文气象环境影响前的对水的速度。因此，为分析水文气象环境对船舶大气污染物排放量估算的影响，以两艘船舶作为样例，对两艘船舶各选两个航次，分别采用考虑水文气象环境影响前、后的船舶航行速度估算船舶大气污染物排放量，计算并分析两者计算结果之间的相对误差。每个实例航次的具体信息见表 2.6-2，各个航次的船舶航行轨迹信息如图 2.6-3 所示。

四个实例航次的具体信息　　表 2.6-2

序　号	船　名	起始时间	结束时间
实例 1	散货船 SI	2014 年 1 月 21 日 9:57	2014 年 1 月 22 日 6:25
实例 2	散货船 SI	2014 年 3 月 20 日 23:43	2014 年 3 月 22 日 18:31
实例 3	客滚船 SII	2014 年 7 月 13 日 7:43	2014 年 7 月 14 日 4:37
实例 4	客滚船 SII	2014 年 7 月 30 日 7:25	2014 年 7 月 31 日 14:38

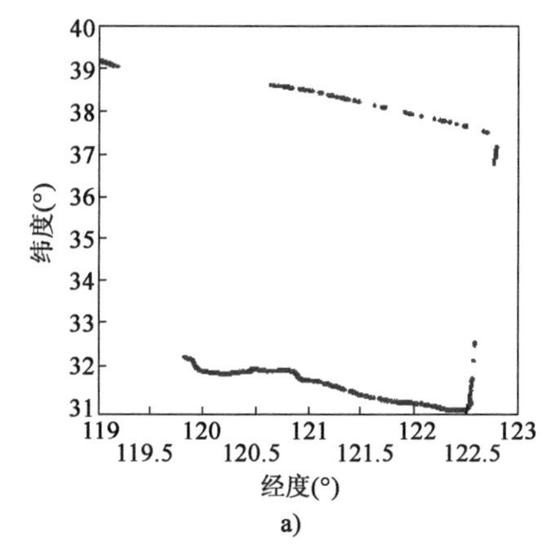

a)

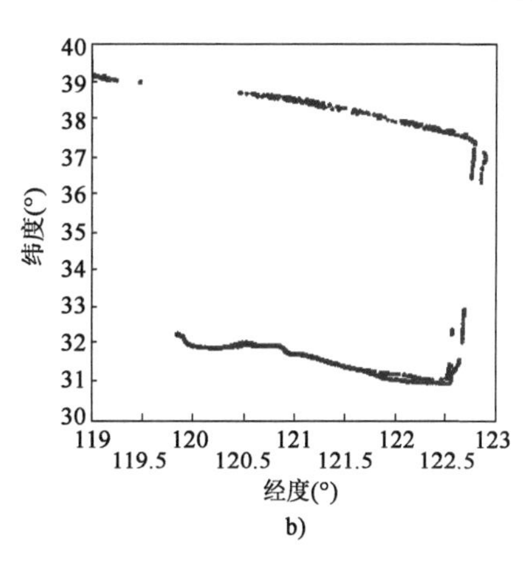

b)

图　2.6-3

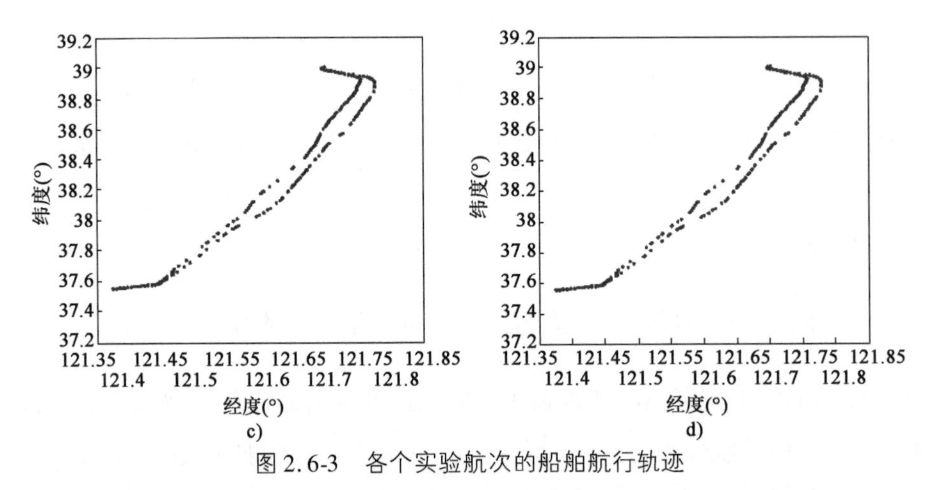

图 2.6-3 各个实验航次的船舶航行轨迹

注：a）和 b）为散货船 SI 的两个航次的航行轨迹图，c）和 d）为客滚船 SII 的两个航次的航行轨迹图。

利用考虑水文气象环境前、后的船舶大气污染物排放估算模型，分别计算两艘样本船舶在四个航次中分别排放的 CO_2、CO、SO_x、NO_x、PM 五种污染物质量。其中，实时的水文气象环境数据来自 Asia-Pacific Data-Research Center of the IPRC（International Pacific Research Center）。两艘样本船舶分别在两个航次航行过程中，排放的五种船舶大气污染物数量的计算结果见表 2.6-3。其中，A 组为未考虑水文气象环境的船舶大气污染物排放估算模型的计算结果，B 组为考虑了水文气象环境的船舶大气污染物排放估算模型的计算结果。

两艘样本船舶在两个航次中排放的大气污染物质量（单位：t）　　表 2.6-3

组别		CO_2	CO	SO_x	NO_x	PM
航次 1	A	188.89	0.1517	2.33	3.64	0.40
	B	192.57	0.1546	2.64	3.71	0.41
航次 2	A	324.23	0.2603	5.77	6.25	0.69
	B	320.18	0.2570	5.40	6.17	0.68
航次 3	A	97.41	0.0782	1.68	1.88	0.21
	B	95.91	0.077	1.63	1.85	0.20
航次 4	A	101.89	0.0818	1.58	1.96	0.22
	B	104.57	0.0840	1.65	2.01	0.22

如表 2.6-3 所示，以 CO_2 为例进行具体说明。对于航次 1，利用两种模型计算的 CO_2 排放量分别为 188.89t 和 192.57t；对于航次 2，利用两种模型计算的 CO_2 排放量分别为 324.23t 和 320.18t；对于航次 3，利用两种模型计算的 CO_2 排放量分别为 97.41t 和 95.91t；对于

航次4,利用两种模型计算的 CO_2 排放量分别为101.89t和104.57t。为验证以上计算结果的准确性,基于船舶活动轨迹的船舶大气污染物排放量估算方法的计算结果除以基于2.2节中基于燃油消耗量的排放因子,反推出船舶在整个航次中的船用燃料油消耗量,并将船用燃料油消耗量的推算值与实船航次报表中燃油消耗的记录值进行对比,对比分析结果见表2.6-4。

船用燃料油消耗量推算结果对比

表2.6-4

组别		项目	CO_2 3.114t/t	实际油耗(t)
实例1	A	油耗(t)	60.66	67
		误差(%)	-9.46	
	B	油耗(t)	61.84	
		误差(%)	-7.70	
实例2	A	油耗(t)	104.12	97.4
		误差(%)	6.90	
	B	油耗(t)	102.81	
		误差(%)	5.41	
实例3	A	油耗(t)	31.28	29.2
		误差(%)	7.02	
	B	油耗(t)	30.80	
		误差(%)	5.48	
实例4	A	油耗(t)	32.72	35.5
		误差(%)	-6.51	
	B	油耗(t)	33.58	
		误差(%)	-5.41	

从表2.6-4中的结果对比可以看出,采用考虑水文气象环境修正后的船速的计算结果比直接采用AIS提供的船舶航速的计算结果误差小。从 CO_2 排放量推算的油耗结果来看,航次1的计算误差由-9.46%下降至-7.70%,误差减小18.60%;航次2的计算误差由6.90%下降至5.41%,误差减小21.59%;航次3的计算误差由7.02%下降至5.48%,误差减小21.94%;航次4的计算误差由-6.51%下降至-5.41%,误差减小16.90%。通过实验分析,验证了在利用船舶活动轨迹数据估算船舶大气污染物排放量时,水文气象环境对于估算结果是存在影响的,且考虑水文气象环境,可有效地减小船舶大气污染物排放量的估算误差。

2.7 船舶大气污染物排放可视化分析

在单船大气污染物排放测度的基础上,可进一步研究区域船舶排放清单的建立,并对清单结果进行分析,包括分类统计得到基于船舶类型、发动机类型、行驶模式的排放分担率,以及从不同范围尺度进行可视化分析,包括空间分布、时间分布和基于船舶类型的可视化。这些统计分析和可视化分析可为船舶废气排放数据的进一步研究提供更加直观的途径,可识别出排放的高值区、重点时段以及污染的重点船舶,为相应监管策略和减排措施的制定提供可靠的参考依据。

2.7.1 船舶大气污染物排放可视化分析框架

在船舶排放清单计算的基础上,对区域内船舶大气污染物排放进行可视化分析,框架如图 2.7-1 所示。

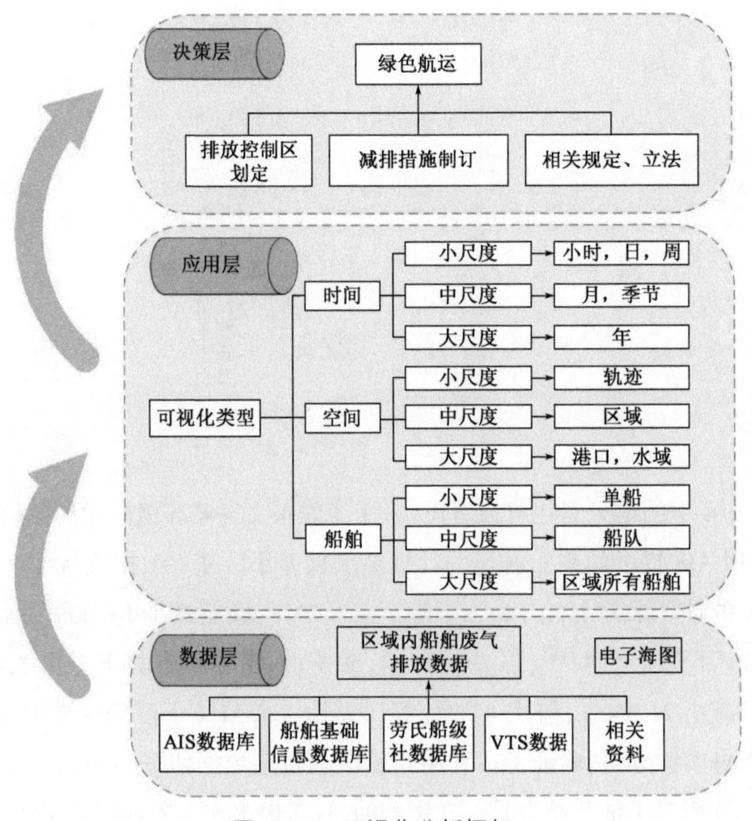

图 2.7-1 可视化分析框架

(1)数据层。利用船舶 AIS 数据库、船舶基础信息数据库、劳氏船级社数据库、船舶交通服务(Vessel Traffic Service,VTS)数据等获取船舶活动水平数据,对船舶活动特征进行分类,利用基于船舶活动情况的动力法计算得到区域内船舶废气排放数据。

(2)应用层。基于船舶废气排放数据,对区域内船舶废气排放进行不同类型的可视化分析,包括空间分布可视化,时间分布可视化和基于船舶属性的可视化,并根据分析的范围、尺度不同,空间可视化分为单船的,局部区域的及整个港口水域的;时间可视化分为小时、天、月及全年等;基于船舶属性的可视化则可针对单船、船队或区域内所有船舶。

(3)决策层。基于可视化分析的结果对区域船舶废气排放有更直观的认识,如根据空间分布得出排放高值区,根据时间分布确定排放重点时段,根据基于船舶属性的可视化识别出污染的重点船舶等,从而为排放控制区的划定和排放控制措施的制定及相关立法提供理论技术支持和参考依据。

2.7.2 船舶大气污染物排放可视化分析方法

2.7.2.1 空间统计方法

空间分配可为网格化的清单提供输入数据,而网格化的排放清单可用于分析研究废气排放的空间分布特征,识别出船舶废气排放高值区域,从而为排放控制区的划定和减排控制措施的制定提供坚实可靠的科学支持。本书进行空间分配的具体方法如下:

(1)对研究区域进行网格化处理,确定网格的数量和每个网格的大小。

(2)收集研究区域内所有船舶在某一时间段内的活动轨迹,记录所有轨迹点的经纬度坐标和航行速度信息。同时,需对重要航道、泊位、码头等进行标记,以便对研究区域有更好的空间掌握,为分析研究区域内船舶废气排放的空间分布特征提供数据基础。

(3)利用地理信息系统(Geographic Information System,GIS)技术根据经纬度坐标,将轨迹点对应到各网格中;对于航行速度信息,确定每个轨迹点对应的航行状态。

(4)用 2.4.3 节中的模型进行计算,并将不同船舶在同一轨迹点的大气污染物排放量进行累加得到每个轨迹点的排放总量;进而根据这些已知排放量的轨迹点在网格内的分布情况,计算得到每个网格内的大气污染物排放量,从而生成网格化的排放清单。

2.7.2.2 时间统计方法

时间分配是区域性船舶废气排放清单建立和应用的重要组成部分,是指基于废气排放计算结果,利用能够反映废气排放源的时间变化特征的有关参数,将总的年度排放量按照尺度不同,分解为季节排放量、月排放量、日排放量和小时排放量,进而识别废气排放的季节、月份、日和小时变化特征,从而为不同时间段船舶废气的治理提供理论基础和支撑。

首先,收集船舶轨迹,并记录每个轨迹点的时间信息,精确到秒(s)。对于月份变化,可利用不同月份的船舶活动数据分别进行计算,得到不同类型船舶每个月的废气排放量,进而分析不同类型船舶废气排放的月变化特征。对于日变化,可选取某一个月,按照轨迹点的时间信息,统计得到每天的废气排放量,从而对不同类型船舶废气排放的日变化特征进行分析。对于某些类型的船舶,如客船,其载客的性质决定其活动频率会有明显的小时变化,因此,有必要进行更小尺度的时间分配。同样地,选取某一天,将这一天的轨迹点按其时间信息分配到各小时,统计得到每小时的废气排放量,进而对不同类型船舶废气排放的小时变化特征进行分析。

2.7.2.3 基于船舶属性的统计分析

1)基于船舶类型的统计分析

不同类型的船舶由于发动机类型不同、使用的燃料不同,导致其废气排放特征也各不相同。为了解不同船舶类型对污染物总量的排放贡献情况,计算出每一类型船舶废气排放量的总和,并得到各类型船舶的废气排放量在所有船舶总废气排放量中所占的比例,该比例与船舶的数量密度和活动频次有着密切的关系。各船舶类型排放贡献率的计算有助于识别出排放的重点船舶类型,为大气污染物的治理提供参考依据。

2)基于单位载重吨排放量的统计分析

船舶废气排放不仅与船舶类型密切相关,还与船舶载重吨有很大的关系。为对不同类型船舶大气污染物排放有更深入的了解,将船舶废气排放量除以载重吨,得到单位载重吨排放量,并得到每一船舶类型的单位载重吨排放量的总和,其与对应船舶类型的船舶总数量的比值即为该船舶类型的单位载重吨排放量平均值,该值可在一定程度上表征某船舶类型的排放特性,从而识别出高强度的排放船舶,可作为排放监管的重点。

2.8　船舶大气污染物排放清单估算及时空分析实例

2.8.1　单船大气污染物排放估算与排放轨迹分析

采用2.4.3节中提出的基于AIS的船舶大气污染物排放动态测算方法,并利用2.5.2节中的考虑水文气象环境的船速修正模型,以深圳港的几艘典型船舶作为试验样本,从不同船舶总吨位与船舶大气污染物排放速率的关系、不同总功率的船舶与船舶大气污染物排放速率的关系、船舶进出港状态与船舶大气污染物排放速率的关系三个维度进行了分析。

2.8.1.1　船舶总吨位与船舶大气污染物排放速率的关系

以SO_2为例,不同总吨位区间的船舶排放轨迹如下。

从图2.8-1 ~ 图2.8-4中可以看出,在工况(航速)近似的情况下,总吨位较大的船舶大气污染物排放速率更高。航速在14kn时,MP THE BRADY与MS EAGLE两船的总吨位比值和排放速率比值较为一致;MSC MAYA与MOL TRADITION由于吨位近似,所以在工况近似的情况下,其排放速率也较为接近。

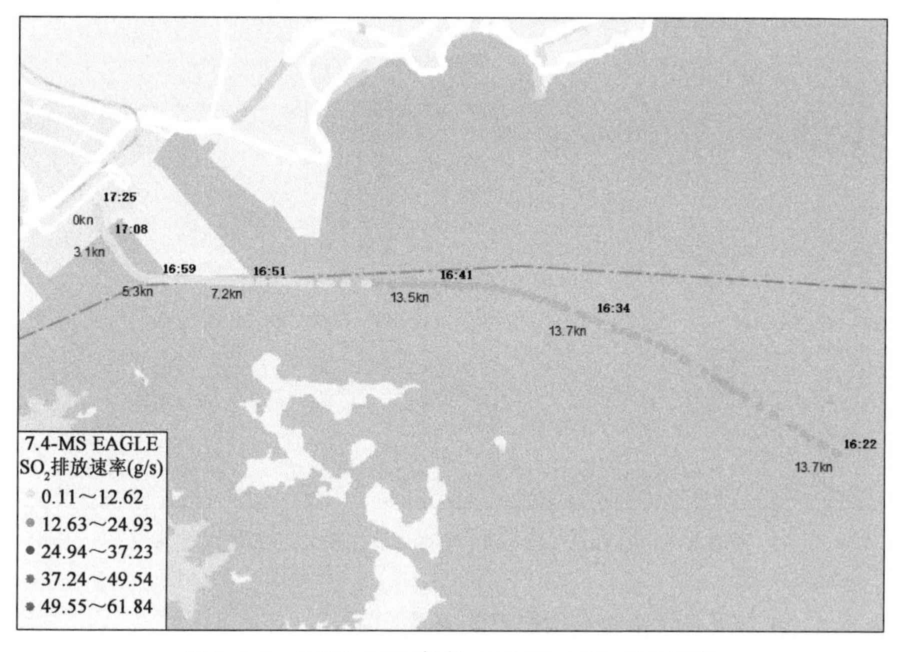

图2.8-1　50000t以下船舶(28927t)SO_2排放速率

注:7.4-MS EAGLE中,7.4表示7月4日,MS EAGLE为船名,余下类同。

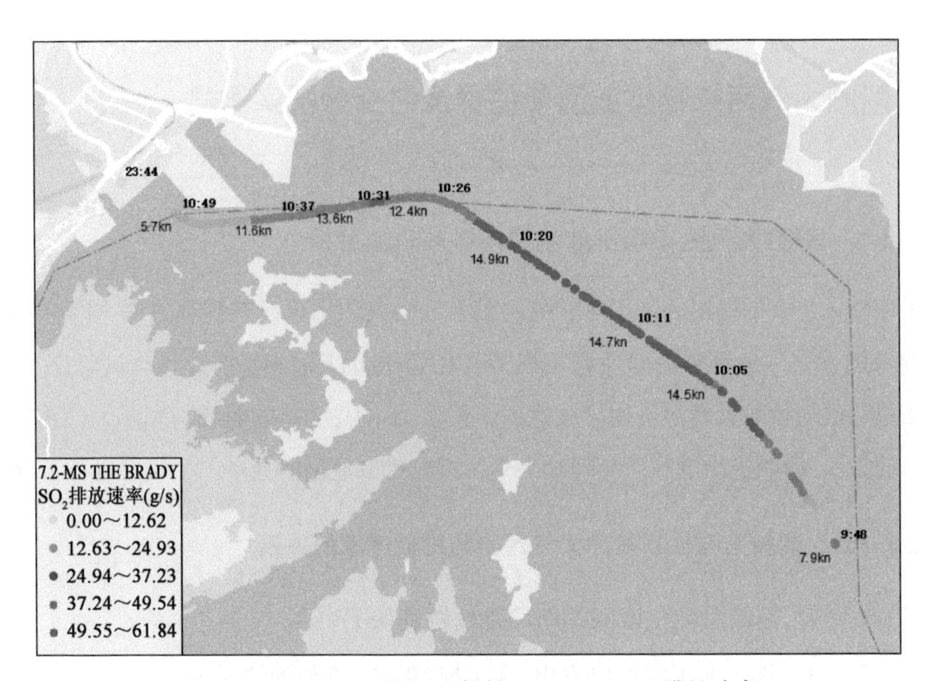

图 2.8-2　50000～100000t 船舶（54214t）SO_2 排放速率

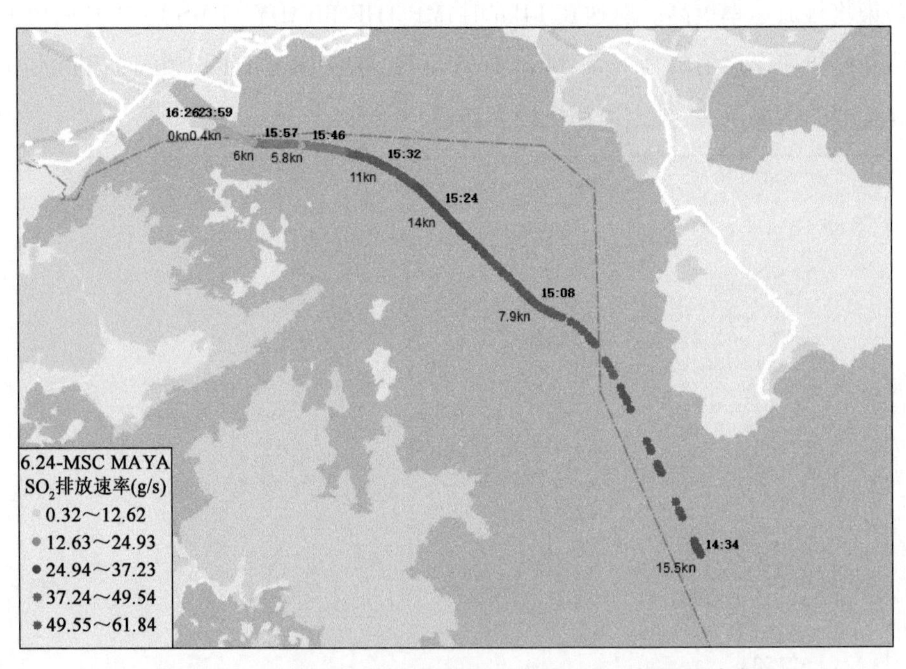

图 2.8-3　100000～200000t 船舶（192237t）SO_2 排放速率

2.8.1.2　总功率与污染物排放速率的关系

以 SO_2 为例，不同主机总功率区间的船舶排放轨迹如下。

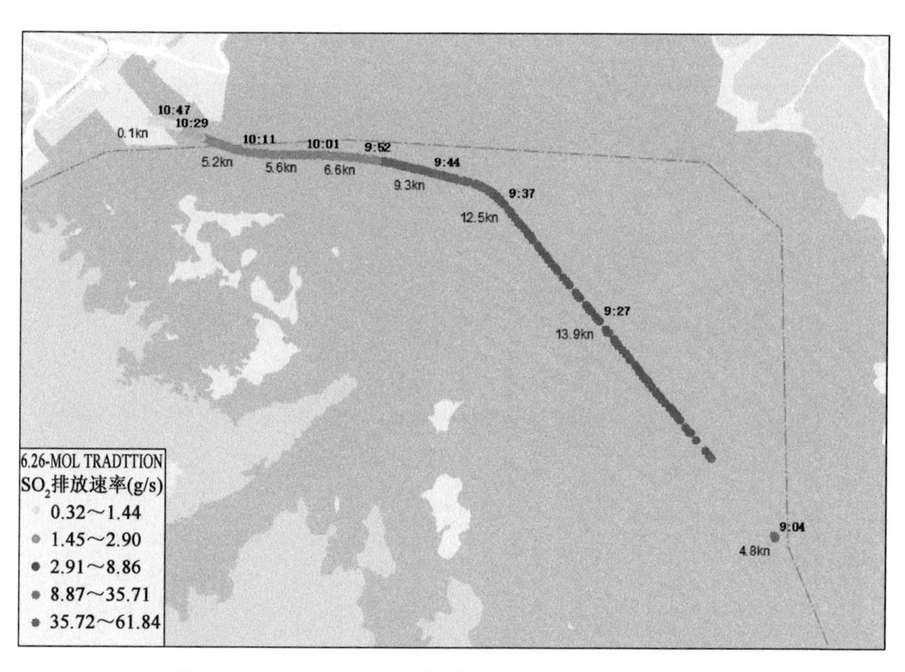

图 2.8-4　200000t 以上船舶（210678t）SO_2 排放速率

从图 2.8-5 ~ 图 2.8-8 中可以看出，在工况（航速）近似的情况下，主机总功率较大的船舶污染物排放速率更高。以 MOL TRADITION 与 MS EAGLE 两船为例，航速在 14kn 时，两船的主机总功率比值和排放速率比值基本一致。

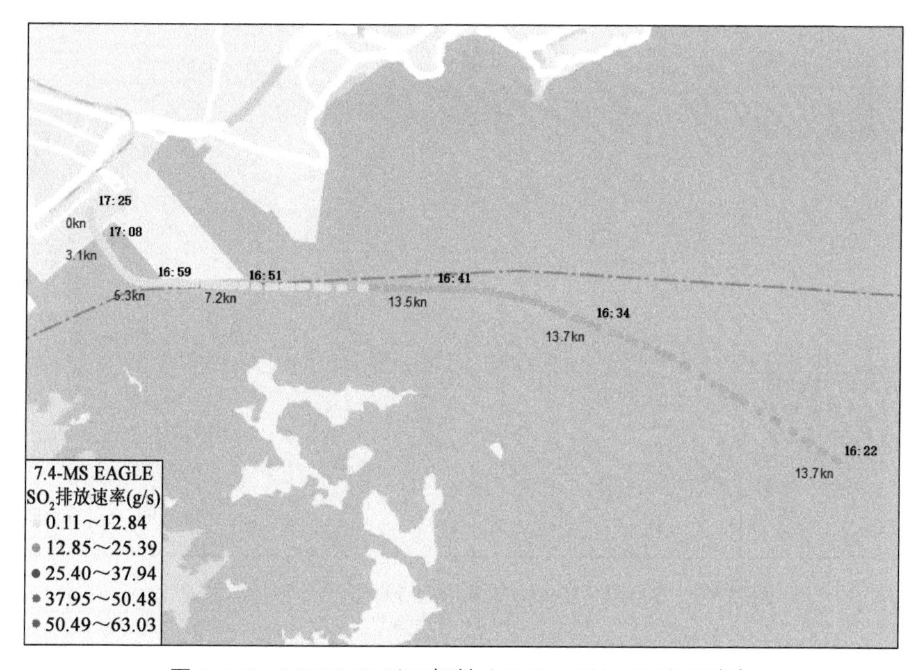

图 2.8-5　30000kW 以下船舶（25270kW）SO_2 排放速率

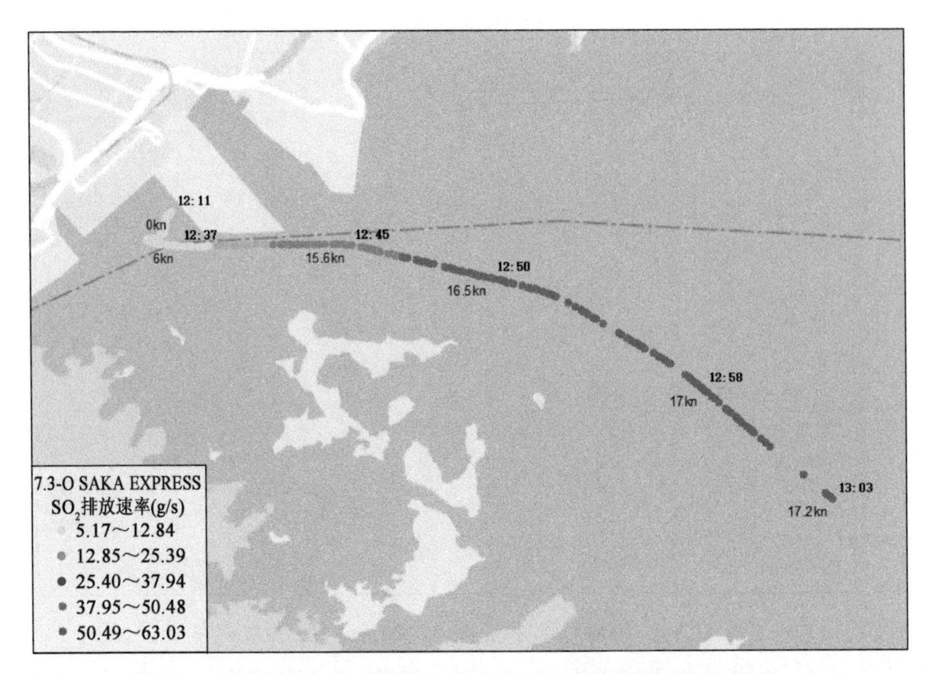

图 2.8-6　30000～50000kW 船舶（34500kW）SO_2 排放速率

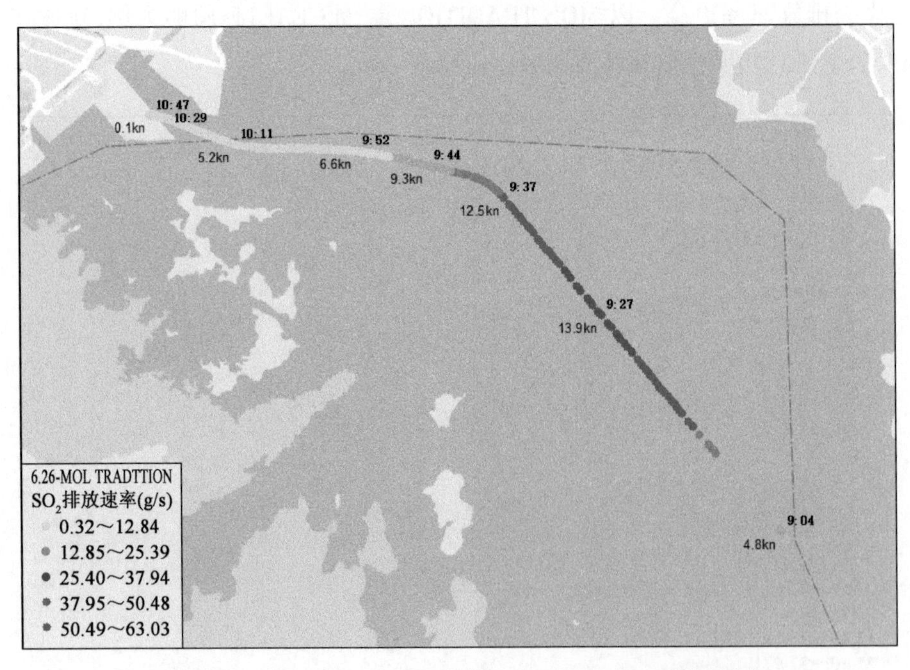

图 2.8-7　50000～70000kW 船舶（59250kW）SO_2 排放速率

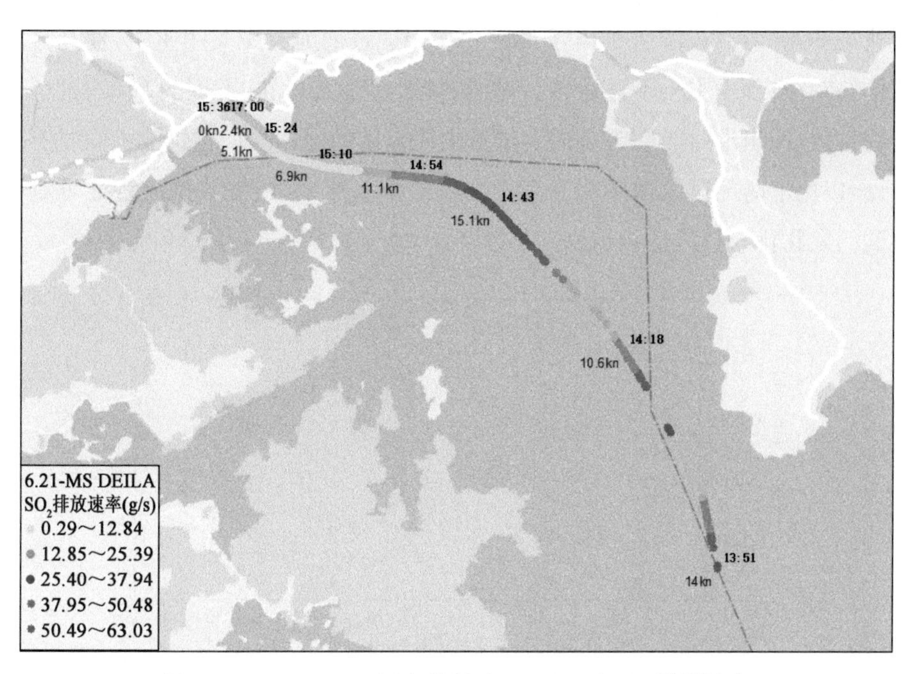

图2.8-8　70000kW以上船舶（72240kW）SO_2排放速率

在不同工况下，SO_2排放速率与总吨位以及主机总功率的关系如图2.8-9～图2.8-12所示。可以看出，在确定的工况条件下，排放速率与总吨位以及主机总功率之间大致呈现出线性关系，即船舶在进入巡航状态后，其污染物排放速率可根据航速来进行大致的估算，从而对其排放行为进行识别。

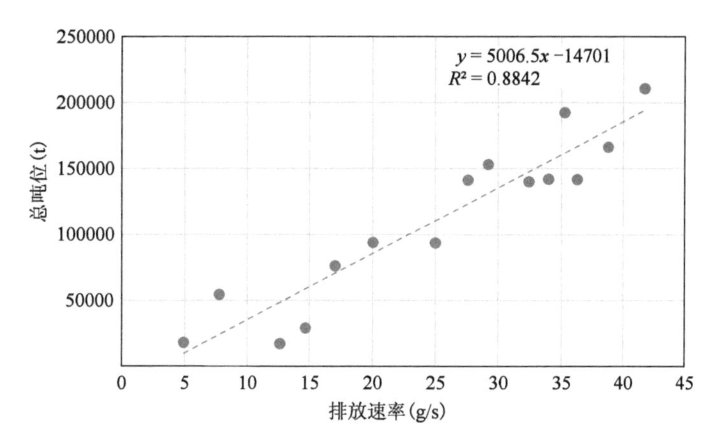

图2.8-9　航速12～14kn时SO_2排放速率与总吨位的关系

2.8.1.3　船舶进出港情况的分析

根据主机的运转情况以及船舶货物运载情况的不同，船舶进出港的污染物排放行为是有所区别的，即船舶在低速航行时的污染物排放速率不同。以SO_2为例，船舶进出港的排放轨迹如图 2.8-13、图 2.8-14 所示。由于船舶进港前会先关闭主机，使其自然降速到达泊位，在此过程中主机不再运转，污染物排放也随之停止，此时，仅有辅机运转产生的污染物排放；而出港时船舶起步需要依靠主机提供动力，此时，主机辅机同时产生污染物排放，所以出港时的排放速率明显高于出港的排放速率，根据该排放特征可对船舶进出港时的污染物排放行为进行识别。

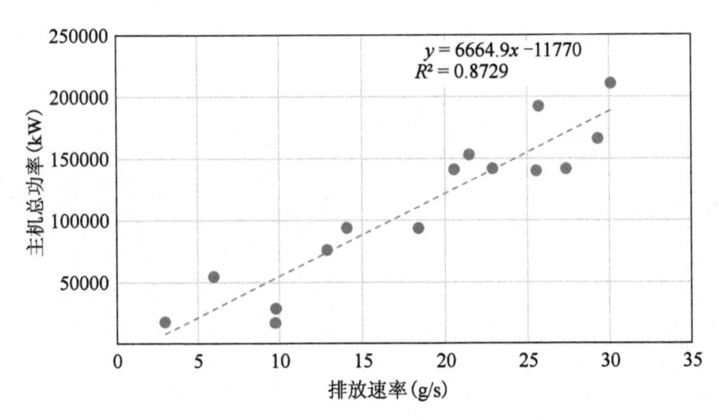

图 2.8-10　航速 10～12kn 时 SO_2 排放速率与主机总功率的关系

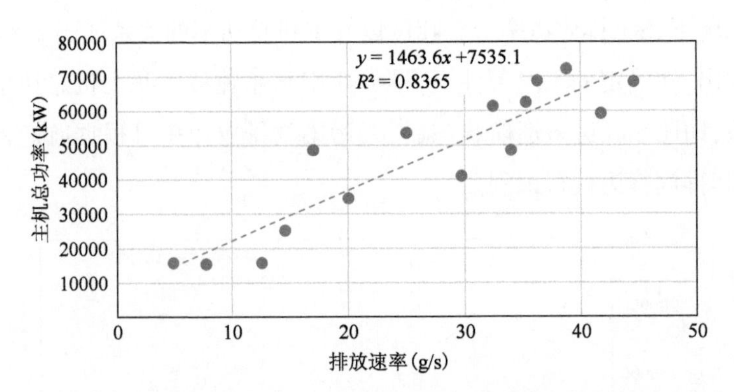

图 2.8-11　航速 12～14kn 时 SO_2 排放速率与主机总功率的关系

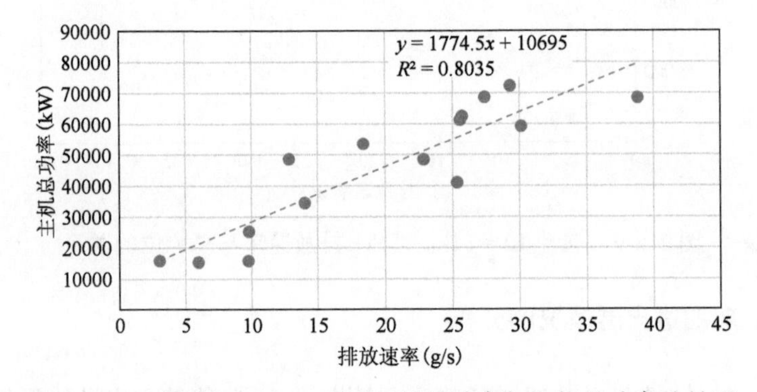

图 2.8-12　航速 10～12kn 时 SO_2 排放速率与主机总功率的关系

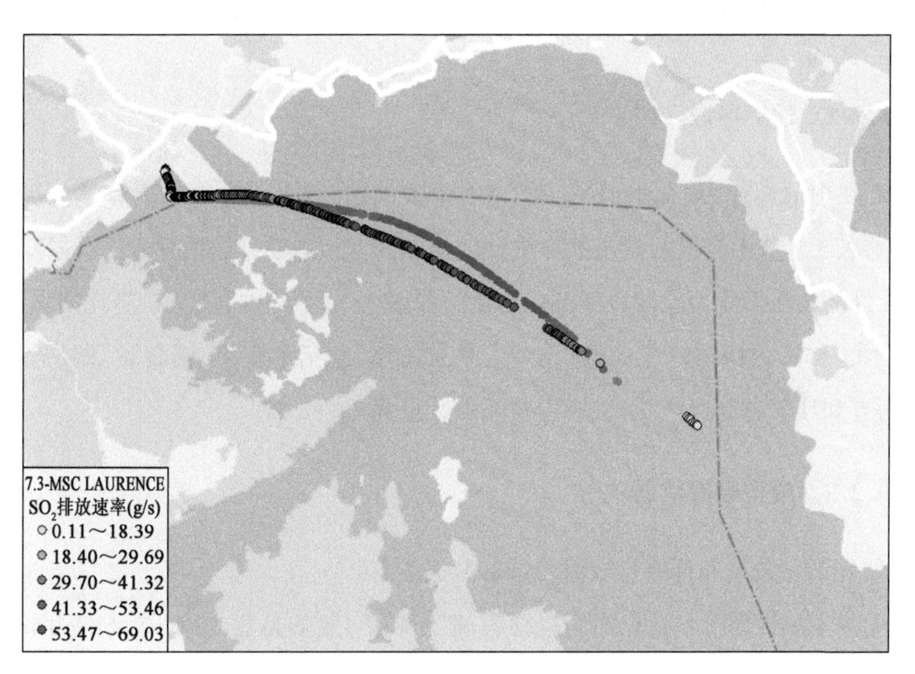

图 2.8-13　MSC LAURENCE 进出港对比（有黑色边框为出港轨迹）

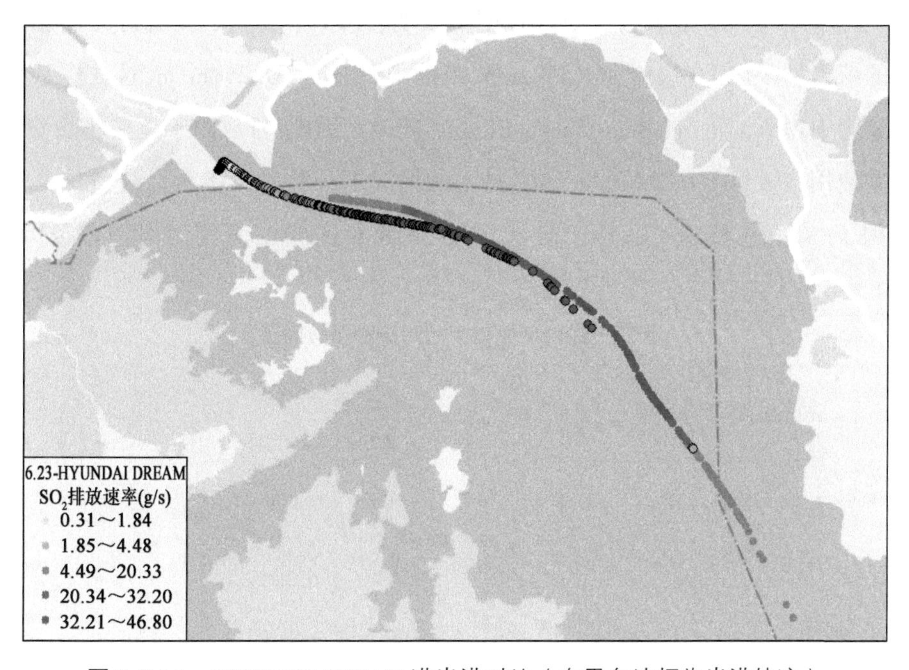

图 2.8-14　HYUNDAI DREAM 进出港对比（有黑色边框为出港轨迹）

2.8.2 内河区域船舶大气污染物排放清单估算与时空分析实例

2.8.2.1 研究区域介绍

长江在中国具有“黄金水道”之称,在中国的水上交通运输中承担着重要的角色。采用本书2.5.1节中介绍的基于抽样统计的船舶大气污染物排放估算方法,计算在2018年2—5月的长江干线去除部分江苏段水域的船舶大气污染物排放量。研究区域的具体范围为105.557~119.233°E和28.851~32.476°N,包括重庆市、湖南省、湖北省、安徽省、江西省和江苏省部分区域,区域内总船舶数量为34788艘。

2.8.2.2 模型基础数据

1)船舶活动数据和排放排放清单静态数据信息

船舶静态属性信息包括船舶主机功率、船舶吨位、船舶类型、船旗国、制造年份等,这些信息可从海事局等相关单位获取或在公共网站上查询。

2)排放因子

长江海事局提供的船舶燃料油检查记录表明,2018年长江干线航行的船舶使用的燃料油的硫含量多位于0.1%~0.5% m/m范围内,均值为0.2% m/m,且大多数船舶发动机类型为中速柴油机(Medium Speed Diesel, MSD),因此,排放因子是在船舶安装中速柴油机并使用硫含量为0.2% m/m的燃料油的情况下计算的。参考以往研究提供的船舶排放因子参考值,整理了适用于长江干线2018年的船舶大气污染物排放因子,见表2.8-1。

长江干线内河船舶大气污染物排放因子 表2.8-1

动力源	污染物						
	NO_x	SO_2	PM 2.5	PM 10	HC	CO	CO_2
主机(FSC:0.2%),MSD发动机	11.56	0.81	0.32	0.30	0.5	1.10	683
辅机(FSC:0.2%),MSD发动机	12.00	0.86	0.29	0.26	0.40	1.10	683

3)负载因子

将船舶分为货船、化学品船、集装箱船、拖船、油船和其他船舶,其中,依据《中华人民共和国海船船员适任考试和发证规则》,依据货船的吨位,将货船划分为五种类型，分别为 GT≥1600t、1600t > GT≥600t、600t > GT≥200t、200t > GT≥50t 和 50t > GT。参考徐文文的研究成果，整理了不同类型船舶的主机和辅机的负载因子的参考值，见表 2.8-2。

长江干线船舶负载因子[9]

表 2.8-2

动力设备	航行状态	货船			化学品船	集装箱船	拖轮	油船	其他船
		GT≥600t	600t > GT ≥200t	200t > GT					
主机	巡航	0.274	0.390	0.375	0.369	0.274	0.431	0.64	0.343
	机动	0.089	0.169	0.154	0.096	0.089	0.144	0.314	0.10
辅机	巡航	0.430	0.430	0.430	0.430	0.430	0.430	0.430	0.430
	机动	0.430	0.430	0.430	0.430	0.430	0.430	0.430	0.430
	停/靠泊	0.430	0.430	0.430	0.430	0.430	0.430	0.430	0.430

2.8.2.3　抽取样本船舶

设置抽样比例为 10%，再依据 2.5.1 节中提出的样本船舶抽样框抽取样本船舶。第一层抽样框是依据在单位面积内的船舶密度对研究区域进行分段，长江干线船舶上中下游船舶密度分别占总密度的比例分别为 0.4155、0.3928 和 0.1917，再计算应从各个子区域中抽取的样本船舶数量。

在第二层的抽样框中，船舶被分为六种类型，在每个子区域内具有完整的船舶静态数据和动态活动数据的各船舶类型数量如图 2.8-15 所示，当同一艘船舶的整个航行轨迹经过多个子区域时，这艘船将被多次统计。从图 2.8-15 中可以看出，货船研究区域范围内的主要船舶类型。基于各子区域范围内的各类船型占子区域总船舶数量的比值，再计算应从各自区域内抽取各个船舶类型的数量。

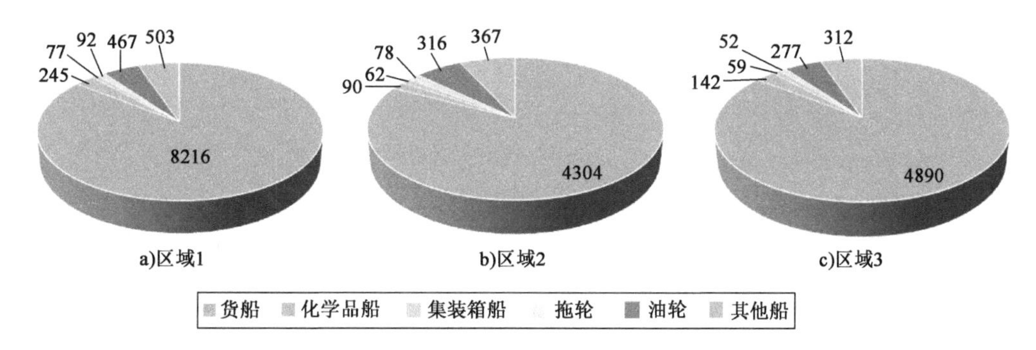

图 2.8-15　三个子区域中具有完整静态数据和动态数据的各类型船舶数量

相同类型船舶的主机功率大小也具有显著的差异,因此,采用 K-means 聚类分析的方法将相同类型船舶依据主机功率分为不同类,图 2.8-16、图 2.8-17 和图 2.8-18 分别展示了三个不同区域内不同船舶类型的主机功率聚类分析结果。基于各类主机功率的船舶占各类型船舶的比值,计算需要从各类主机功率船舶里抽取的样本船舶数量。

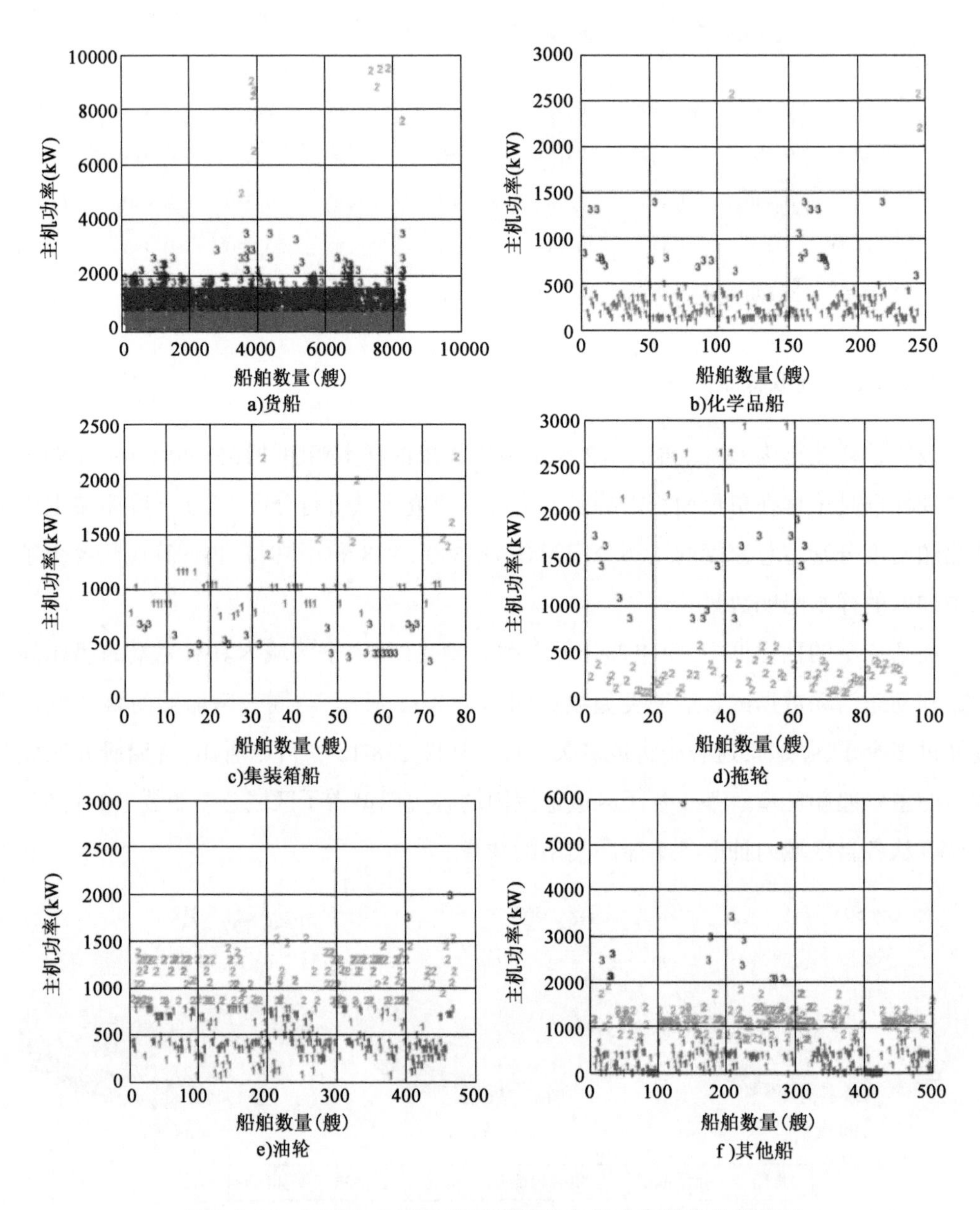

图 2.8-16 区域 1 中不同类型船舶的主机功率聚类分析结果

(不同灰度表示不同类的主机功率,后同)

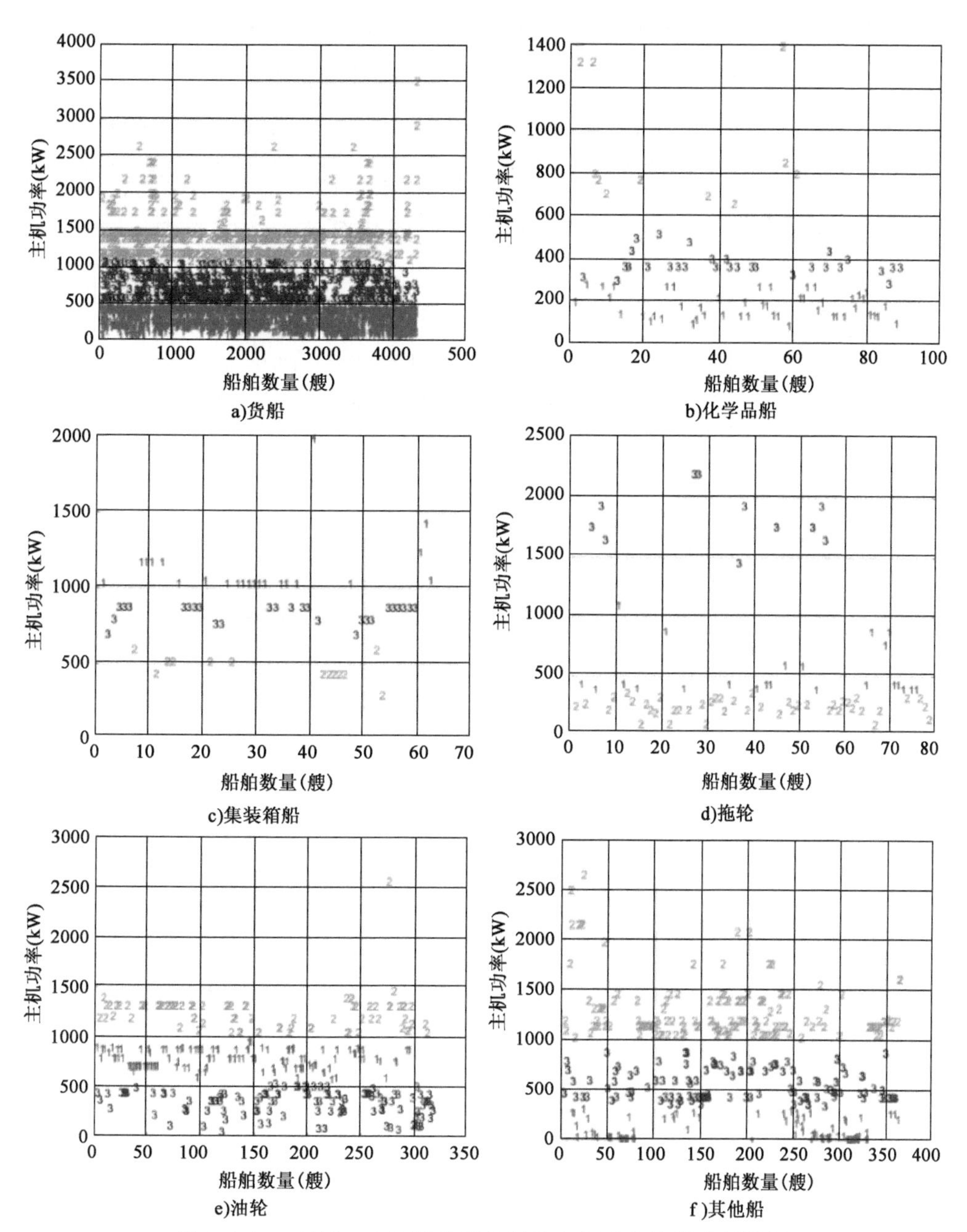

图2.8-17　区域2中不同类型船舶的主机功率聚类分析结果

2.8.2.4　长江干线船舶大气污染物清单构建

基于样本框抽取样本船舶，再利用STEAM模型计算抽取的样本船舶的大气污染物排放量，然后，利用2.4节中提出的基于船舶活动轨迹的船舶大气污染物排放估算方法，估计2018年1—5月长江干线船舶大气污染物排放量，统计结果见表2.8-3。研究区域

内总体船舶排放的 SO_2、CO、CO_2、PM2.5 和 NO_x 分别为 3.44×10^2t、4.09×10^2t、2.56×10^5t、1.01×10^2t 和 4.63×10^3t。图 2.8-19 展示了不同月份船舶大气污染物排放量占总船舶大气污染物排放量的比值，可以看出，4 月和 5 月的船舶大气污染物排放量明显大于 1 月和 3 月的大气污染物排放量，这是由于 1 月和 3 月部分水上货物运输贸易受到春节的影响而停止，因此，船舶大气污染物排放量也随之下降。

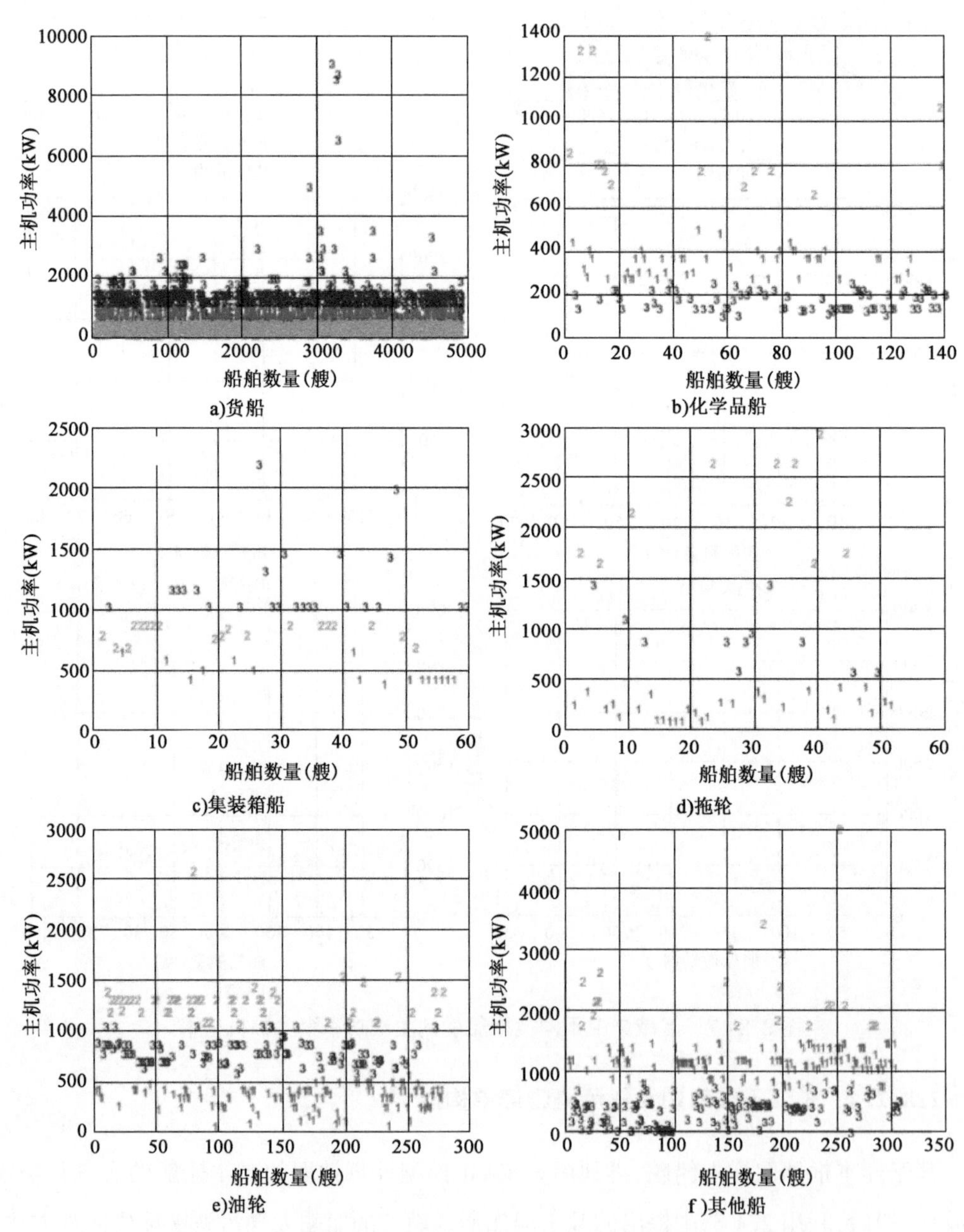

图 2.8-18　区域 3 中不同类型船舶的主机功率聚类分析结果

长江干线 2018 年 2—5 月船舶大气污染物排放量(单位:t)　　表 2.8-3

月份(月)	SO_2	CO	CO_2	PM2.5	NO_x
1	72.50	89.66	55996.01	22.02	1007.18
2	66.54	79.31	49663.26	19.68	898.62
3	105.34	121.12	76069.25	30.36	1375.43
4	99.90	119.65	74910.84	29.65	1350.56
合计	344.28	409.74	256639.36	101.71	4631.79

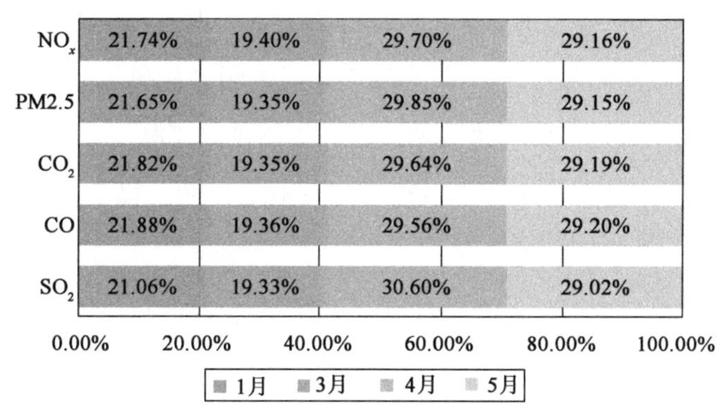

图 2.8-19　不同月份船舶大气污染物排放量占总船舶大气污染物排放量的比值(缺少 2 月数据)

表 2.8-4 展示了 4 个月内不同类型船舶排放大气污染物数量。不同类型船舶的污染物排放量与船舶数量和船舶活动特征密切相关。由表 2.8-4 可知,货船是长江干线最主要的大气污染物排放源,其次是油轮。为了识别高排放的船舶类型,统计分析了各类型船舶大气污染物排放量占总排放量的百分比,结果如图 2.8-20 所示。与其他船舶相比,集装箱船和化学品船对长江干线空气污染的贡献较小。

区域内不同类型船舶的大气污染物排放量(单位:t)　　表 2.8-4

船舶类型	SO_2	CO	CO_2	PM2.5	NO_x
货船	245.43	276.51	173910.58	69.78	3151.64
化学品船	4.46	6.01	3729.20	1.44	66.72
集装箱船	8.16	10.97	6814.45	2.64	121.92
拖轮	4.81	6.50	4039.36	1.55	72.27
油轮	38.20	51.54	32002.70	12.33	572.58
其他船	43.22	58.21	36143.07	13.97	646.66
合计	344.28	409.74	256639.36	101.71	4631.79

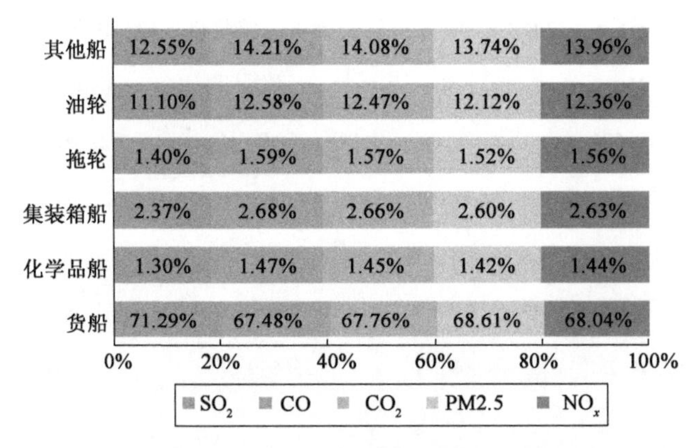

图 2.8-20　各类型船舶大气污染物排放量占总排放量的百分比

计算结果表明,在时间维度上,7 月为深圳港区船舶排放热点监测月份;在空间维度上,深圳港区范围内盐田港和蛇口港为两个重点船舶排放监测港口;在属性维度上,货轮尤其是集装箱货轮为深圳港区主要大气污染物排放贡献源。这为船舶大气污染物排放监测奠定了理论模型和基础数据支撑。

2.8.3　港口区域船舶大气污染物排放清单估算与时空分析实例

2.8.3.1　研究区域介绍

深圳市属热带和亚热带季风气候区,气候资源十分丰富。由于地处低纬度,面临广阔的海洋,因此,海洋和大陆均对深圳市的气候有非常明显的影响。冬季(12—2 月) 普遍盛行东北风或北风,来自北方既寒冷又干燥的空气,经过长途跋涉以后,增温、增湿,强度大为减弱,到达深圳时风速已经变小、温度偏高,所以冬季较温暖。但个别年份在寒潮来临时,也可出现霜冻天气。春季(3—5 月) 是过渡季节,气温和降水均处在上升时期。正因为此时是冷暖天气交替的变化季节,所以它的不稳定性很大。有的年份会出现春光明媚的春天,而有的年份却会出现持续的低温阴雨倒春寒天气;在某些年份因为雨季来得迟,可能出现持续性的干旱。但从常年的情况来看,雨季在 4 月便开始了,各地先后进入前汛期。夏季(6—8 月)受海洋气团的影响,普遍吹偏南风,带来丰沛的雨水。6 月是深圳前汛期的降雨高峰期,各地出现暴雨的机会甚多。秋季(9—11 月) 冷空气开始影响深圳,气温逐渐下降。此时多晴朗天气,少降水,开始进入干季,热带气旋活动的次数减少。

采用本书中 2.4 节基于船舶活动轨迹的船舶大气污染物排放估算方法,以深圳港 2017 年四季典型排放月份(4 月、7 月、10 月和 1 月)为例,以这四个月份深圳港区内船舶 AIS 活动数据为基础,验证基于船舶活动数据的区域船舶大气污染物排放清单计算方法的有效性,并分析深圳港区四季船舶大气污染物排放时空及属性分布特征。关注的船舶大气污染物组分共包含五种,分别为 SO_2、NO_x、PM10、PM2.5 和 CO。

2.8.3.2　船舶排放清单时间统计分析

利用 2.4 节中提出的基于船舶活动轨迹的船舶大气污染物排放估算方法,对深圳港区水域在 2017 年 1 月、4 月、7 月、10 月四个典型月份的船舶大气污染物排放量进行统计分析,不同月份各类型污染物排放量统计结果见表 2.8-5,图 2.8-21 对统计结果进行了可视化表达。从图 2.8-21 中可见,在这 4 个典型月的统计中,4 月、7 月、10 月的污染物总量以及各种不同污染物在同一个月中所占比例无明显差异,但这 3 个月的污染物总量明显高于 1 月的污染物总量。结合深圳市的地理位置,其气候特征属南亚热带季风气候,呈现夏长短冬的气候特点,其夏季持续时间平均从 4 月延续至 11 月。该统计也充分反映了在其天气条件良好的状况下,航运活动较冬季更为密集的特点。

2017 年深圳港 4 个典型月份船舶大气污染物排放量统计(单位:t)　　表 2.8-5

月份(月)	SO_2	NO_x	CO	PM10	PM2.5
1	12.5	210.4	15.6	9.7	8.6
4	77.1	605.2	45.9	27.7	24.9
7	212.9	635.3	47.5	28.6	25.7
10	220.1	619.3	46.5	27.1	24.3
合计	522.6	2070.2	155.5	93.1	83.5

以 SO_2 为例,对 2017 年 1 月、4 月、7 月、10 月四个典型月的排放量进行统计(图 2.8-22),也可以明显看出,4 月、7 月、10 月的 SO_2 排放量分别为 77.1t、221.9t、220.1t,显著高于 1 月的 12.5t,这也与深圳市的气候特点以及航运特点相吻合。

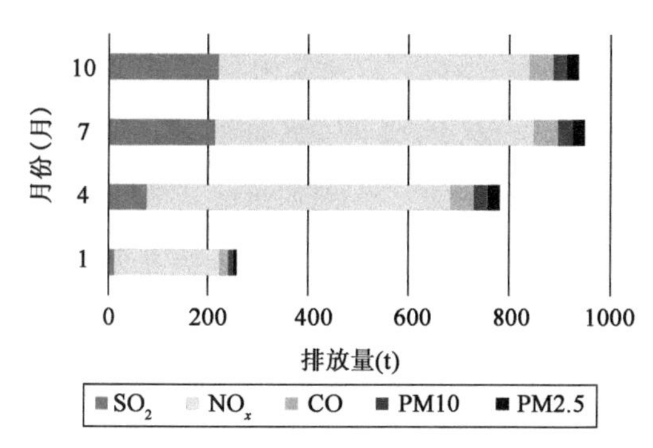

图 2.8-21　2017 年深圳港 4 个典型月份船舶大气污染物排放量

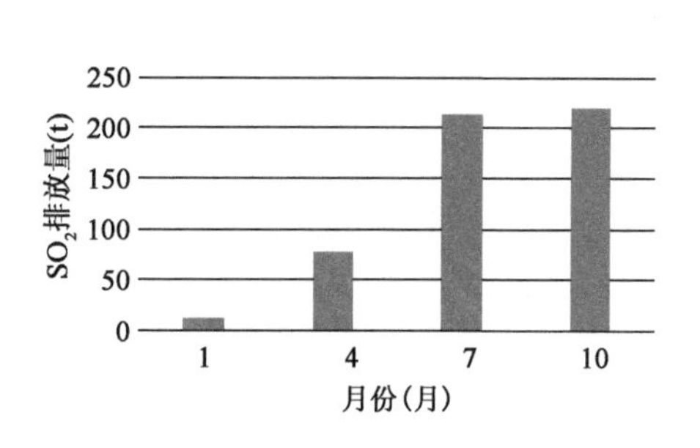

图 2.8-22　2017 年深圳港 4 个典型月份 SO_2 排放总量

2.8.3.3 船舶排放清单空间分布统计

结合研究区域内的港区和航道布局、不同类型船舶的活动特点全面分析研究区域内船舶大气污染物排放的空间分布特征，得到高精度精细化的船舶大气污染物排放源清单，识别区域内高排放港口和航道，为港口水域船舶大气污染物排放监管和控制提供科学的依据。

2.8.3.4 基于船舶属性的排放清单统计

1）船舶类型

不同类型的船舶由于发动机类型、使用燃料类型以及船体结构设计等具有显著的差异，导致其污染物排放特征也不同。为研究不同类型船舶排放污染物对区域污染的贡献情况，在本小节中，将4个典型月份的 SO_2、NO_x、CO、PM10、PM2.5 五种污染物按船舶种类进行排放特征分析。每个月内不同污染物中各类型船舶排放量见表2.8-6。图2.8-23展示了四个典型月份不同船型排放各类型污染物的分担比例。可以看出，货轮（包括集装箱轮和非集装箱轮）的排放量占比最大，两种船型的排放量共占总排放量的65.85%～78.85%，其中，集装箱货轮占总排放量的21.21%～55.95%，非集装箱货轮占总排放量的21.45%～44.64%。其次是其他类型船舶占比最大，其排放量占总排放量的11.16%～20.83%，由于深圳港区的区位特点，一方面深圳港区有着丰富的外贸资源，另一方面又在内陆拥有发达的水路驳运系统，导致了其船舶种类构成的多元化，在大量的远洋和国内货轮之外还包括了相当数量的内河船舶，这也是其污染物排放量能达到这一占比的主要原因。除此以外，客轮、油轮的排放贡献比分别为1.41%～6.68%、6.99%～10.57%。

2017年深圳港4个典型月份各类别船舶污染物排放量统计（单位：t）　　表2.8-6

月份（月）	船舶种类	SO_2	NO_x	CO	PM10	PM2.5
1	客轮	9.80	33.90	3.20	1.10	1.10
	油轮	62.37	154.40	12.64	6.35	5.82
	其他类型船舶	131.55	272.50	24.35	10.20	8.85
	集装箱货轮	253.50	626.60	28.90	43.70	38.80
	非集装箱货轮	174.18	560.2	50.51	16.75	15.03
4	客轮	22.00	60.50	5.60	1.90	1.80
	油轮	57.30	151.55	12.77	5.91	5.43
	其他类型船舶	118.35	263.95	24.05	9.20	8.05
	集装箱货轮	230.60	602.40	29.40	42.10	37.4
	非集装箱货轮	166.65	633.6	58.68	17.29	15.82

续上表

月份(月)	船舶种类	SO_2	NO_x	CO	PM10	PM2.5
7	客轮	16.30	60.60	5.50	1.70	1.70
	油轮	52.82	151.95	13.10	5.43	4.97
	其他类型船舶	117.15	276.05	25.40	9.30	8.20
	集装箱货轮	224.00	615.40	31.40	42.50	37.70
	非集装箱货轮	175.73	707.50	65.60	18.77	17.23
10	客轮	39.60	81.40	7.10	3.00	2.70
	油轮	51.91	148.69	12.59	5.50	5.08
	其他类型船舶	102.95	254.55	23.30	8.35	7.40
	集装箱货轮	241.70	585.30	26.70	40.40	35.80
	非集装箱货轮	156.74	613.86	56.21	16.65	15.32

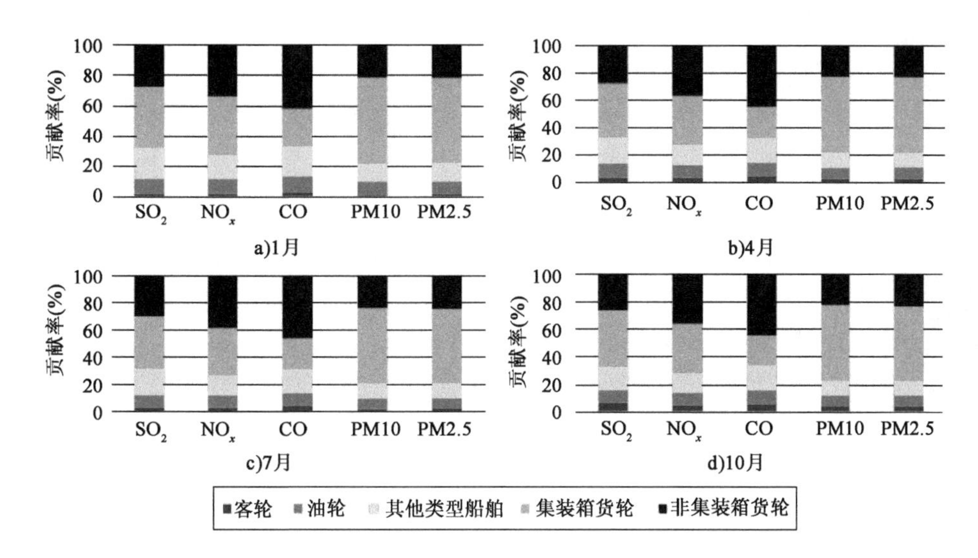

图2.8-23　四个典型月份不同船舶类型对污染物排放的贡献率

2)发动机类型

船舶在不同航行状态,其动力设备的运行状态也各不相同,为分析船舶各类型动力设备排放大气污染物的贡献值,对深圳港2017年4各典型月份不同动力设备的排放贡献率进行统计,结果见表2.8-7、图2.8-24。其中普通行驶状态下排放量所占比例最大,为25.94%~73.66%。停泊、机动行驶和慢速行驶这三种状态下排放比重相当,在2%~36%范围内。从图中还可以看出,停靠泊和机动行驶对CO的贡献率大于对其他污染物的贡献率,由于机动状态和停靠泊状态下船舶发动机的负载低,此时燃料燃烧不充分产生导致CO排放量上升。

2017 年 4 个典型月深圳港各航行状态船舶大气污染物排放量(单位:t)　　表 2.8-7

月份(月)	航行状态	SO_2	NO_x	CO	PM10	PM2.5
1	停靠泊	9.6	289.4	27.0	1.5	1.4
	机动行驶	41.6	352.0	34.3	14.1	13.0
	慢速行驶	80.7	214.7	15.4	11.8	10.9
	普通行驶	499.5	791.5	42.9	50.7	44.4
4	停靠泊	10.3	310.6	29.0	1.6	1.5
	机动行驶	47.7	423.8	42.0	16.1	14.9
	慢速行驶	105.1	286.6	20.9	15.3	14.2
	普通行驶	431.7	691.0	38.6	43.3	37.9
7	停靠泊	11.9	360.8	33.7	1.8	1.7
	机动行驶	53.7	473.4	47.4	17.3	16.0
	慢速行驶	126.1	336.6	23	19.2	17.5
	普通行驶	394.4	640.8	37	39.4	34.7
10	停靠泊	10.8	324.9	30.3	1.7	1.5
	机动行驶	43.4	372.1	37.3	13.2	12.2
	慢速行驶	92.7	251.6	18.5	12.5	11.7
	普通行驶	446.1	735.3	39.6	46.4	40.9

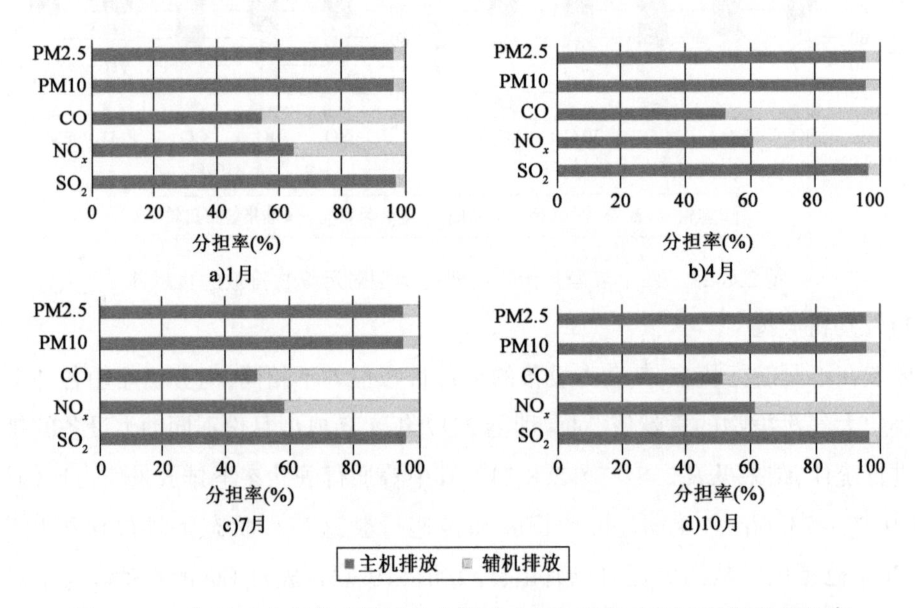

图 2.8-24　船舶动力设备在排放的各组分大气污染物在不同月份的分担率

本章参考文献

[1] WANG C, CORBETT J J, FIRESTONE J. Modeling energy use and emissions from North American shipping: Application of the ship traffic, energy, and environment model[J]. Environmental Science & Technology, 41(9): 3226-3232.

[2] WANG C, CORBETT J J, FIRESTONE J. Improving spatial representation of global ship emissions inventories[J]. Environmental Science & Technology, 2008, 42(1): 193-199.

[3] STREETS D G, GUTTIKUNDA S K, CARMICHAEL G R. The growing contribution of sulfur emissions from ships in Asian waters, 1988—1995[J]. Atmospheric Environment, 2000, 34(26):4425-4439.

[4] 李智恒,何龙.船舶污染物排放清单估算方法研究[J].广西轻工业,2011,27(5):79-80.

[5] JALKANEN J P, BRINK A, KALLI J, et al. A modelling system for the exhaust emissions of marine traffic and its application in the Baltic Sea area[J]. Atmospheric Chemistry and Physics, 2009, 9(23): 9209-9223.

[6] IMO. Third IMO Greenhouse Gas Study 2014: Executive Summary and Final Report[R]. London, 2015.

[7] ICF International, 2009. Current Methodologies in Preparing Mobile Source Port Related Emissions Inventories[R]. ICF International, United States, 2009.

[8] European Commission. Quantification of emission from ships associated with ship movements between ports in the European Community[R/OL]. 2002. https://ec.europa.eu/environment/air/pdf/chapter1_ship_emissions.pdf.

[9] 徐文文,殷承启,许雪记,等.江苏省内河船舶大气污染物排放清单及特征[J].环境科学,2019,40(6):2595-2606.

[10] STAVRAKOU T, MÜLLER J F, SMEDT I D, et al. Evaluating the performance of pyrogenic and biogenic emission inventories against one decade of space-based formaldehyde columns[J]. Atmospheric Chemistry and Physics, 2009, 9(3): 1037-1060.

[11] LIU Y, LIU J, QIN D, et al. Online energy management strategy of fuel cell hybrid

electric vehicles based on rule learning[J]. Journal of Cleaner Production, 2020, 260: 121017.

[12] STAVRAKOU T, MÜLLER J F, SMEDT I D, et al. Evaluating the performance of pyrogenic and biogenic emission inventories against one decade of space-based formaldehyde columns[J]. Atmospheric Chemistry and Physics, 2009, 9(3): 1037-1060.

[13] ZHANG L, MENG Q, FWA T F. Big AIS data based spatial-temporal analyses of ship traffic in Singapore port waters[J]. Transportation Research Part E: Logistics and Transportation Review, 2019, 129: 287-304.

[14] CI B, RULE R O. Confidence intervals[J]. Lancet, 1987, 1(8531): 494-7.

[15] FAN Q, ZHANG Y, MA W, et al. Spatial and seasonal dynamics of ship emissions over the Yangtze River Delta and East China Sea and their potential environmental influence [J]. Environmental science & technology, 2016, 50(3): 1322-1329.

第3章

船舶大气污染物排放监测技术与系统

3.1 概述

船舶大气污染排放监测是水域及沿岸环境保护工作的眼睛。它可以侦查船舶排放有害物质的来源、分布、数量、动向、转化及消长规律等，为降低乃至消除危害、改善沿岸居民生活环境和身体健康提供资料。

船舶大气污染物排放监测工作一般可分为三类。一是瞬时的船舶污染源的监测，这是对船舶烟囱口排出的废气的检测，目的是了解船舶排放大气污染物是否符合现行排放标准的规定；二是对区域范围内船舶排放的长时间连续监测，目的是了解和掌握区域环境污染的情况，进行船舶排放造成的大气污染评价，并提出警戒限度，通过长时间地定期监测积累数据，为进一步修订和充实船舶排放标准及制定环境保护法规提供科学依据，同时还可为预测预报创造条件。另外，研究船舶排放的有害物质在大气中的变化，如二次污染物的形成（光化学反应等），以及某些大气污染的理论等，均需要以监测资料为依据；除了定期定点地进行船舶排放大气污染物的一般监测外，还要有为了某一目的进行特定指标的监测，即第三类为特定目的的监测。它要求选定船舶排放的某一种或多种污染物进行特定目的的监测。例如，为了研究船舶是否使用合规燃料油的监测，而基于物料平衡理论，通过监测船舶排放的 CO_2 和 SO_2 浓度，以估算船舶使用燃料油的硫含量。这就需要对监测设备的能力提出不同的要求，包括监测浓度阈值范围、监测精度、采样频率等要素。或为了研究船舶排放对沿岸居民身体健康的影响，调查船舶排放的大气污染物对周围居民呼吸道的危害等，进行这种监测时首先应选定对上呼吸道有刺激作用的污染物 SO_2、H_2SO_4、悬浮颗粒物等作为监测指标，再选定一定数量的人群进行监测。

在进行船舶大气污染各项监测时，必须提出一个重要问题，就是如何取得能反映实际情况并有代表性的监测结果。这就需要对采样点、采样时间、采样频率、气象条件、地理特点、船舶排放特征以及采样方法、监测方法、监测仪器、监测数据处理分析方法等进行综合考虑。故船舶大气污染排放监测工作是一项科学性很强的工作，必须在监测工作开展前进行周密的调查，并制定出完善的监测方案。

我国《船舶大气污染物排放监测通用要求》中规定的船舶大气污染物排放监测方式按照方法原理的差异，分为燃油硫含量检测、光学遥感监测和烟羽接触式监测三种类型。其中，光学遥感监测技术包括紫外差分吸收光谱法、傅里叶红外光谱法、拉曼激光雷达法等技术。

3.2　船舶燃油硫含量检测

3.2.1　检测方法简介

船舶燃油监测系指利用便携式监测设备登船对船用燃油硫含量进行现场检测或现场抽取船舶燃油样品,送至专业的检测机构进行船用燃油硫含量检测的监测方式。燃油硫含量检测开始前应收集被测船舶基本信息、船舶已采取的减少大气硫排放措施、检测环境条件、检测设备信息等。船舶燃油硫含量检测方法主要有人工文书检查和基于监测设备的检测,主要设备包括 X 射线荧光光谱技术和紫外荧光技术两类。

3.2.2　船用燃油硫含量检查要求

1)文书检查

应结合现场监督和安全检查工作,对船舶的轮机日志、燃油供受单证等材料进行检查。具体检查内容如下:

(1)轮机日志:核查船舶换油起止日期、时间和船舶经纬度等信息记录是否完整规范;核查换油起止船舶位置、燃油硫含量及低硫燃油使用量是否满足控制区要求;核查每一燃油舱中燃油的存量记录是否完整规范。

(2)燃油供受单证:核查是否持有燃油供受单证,单证记录的燃油是否符合要求。

(3)燃油转换程序:核查是否持有书面燃油转换程序,该程序是否符合船舶安全管理体系要求,燃油转换操作记录是否规范完整。

2)燃油检查

(1)对于文书检查不合格、有违规记录,或者经监测存在违规嫌疑的船舶,海事管理机构应进行船舶燃油检测。

(2)对于文书检查合格、无违规记录且无违规嫌疑的船舶,海事管理机构可进行船舶燃油抽检。

(3)对于需要进行燃油样品检查的船舶,海事管理机构应安排执法人员上船进行燃油样品取样,并送至具备国家规定资质的检测单位进行检测,由检测单位出具检测结果。

具体检测流程包括取样、送检、检测报告和核查四个步骤:

①取样:执法人员可参照《MARPOL 公约》附则Ⅵ中规定的燃油取样指南[MEPC. 96

(47)号决议],结合实际情况,从被检测船舶管路中取样,或使用船舶燃油样品。如从管路中进行取样,样品为至少3份,每份样品量不少于400mL。

②送检:海事执法人员应在取样后2个工作日内将样品送至燃油检测单位,燃油检测单位按照《MARPOL公约》附则Ⅵ中的附录Ⅵ规定的验证程序,以及现行有效的国家标准明确的检测方法进行样品检测。如果不能立即送往燃油检测单位,应将样品封存在低温、遮光和安全的地方。

③检测报告:检测报告应当给出油品的硫含量,也可同时给出其他影响安全和环境保护的油品指标值,并和《船用燃料油》(GB 17411—2015)等国家标准中列明的数值进行比较。

④核查:海事执法人员应在接到检测报告后,确认船舶燃油是否满足排放控制区方案要求。

3.2.3 船舶燃油检测方法

3.2.3.1 X射线荧光光谱法

X射线荧光光谱法包括能量色散X射线荧光光谱法和单波长X射线荧光光谱法。

1)能量色散X射线荧光光谱法

能量色散X射线荧光光谱法适用于测定船用柴油、渣油等样品的硫含量。测定时,仪器的X射线源会发射射线束,油品中的硫原子在射线束中被激发,产生特征X射线荧光,经X射线探测器对能量为2.3keV的硫Kα特征谱线强度进行光子计数,与标准样品的计数对比,进而得到样品中硫含量,其结果用质量分数表示。

该方法测定快速、准确,试样基本不需要进行处理。方法具有自动化程度高、分拆速度快、可检测固液态试样及可连续测量样品等优点。缺点是检测结果受基体效应干扰大,样品的温度也会对测定结果产生影响,仪器本身价格昂贵、维护成本高,同时检测限高,不适用于微量硫的检测。

2)单波长X射线荧光光谱法

将具有合适波长可以激发硫的K层电子的单色X射线照射待测试样,硫化合物发出波长为0.5373nm的KαX射线荧光,该荧光被一固定的单色器收集进而被探测器检测,通过标准曲线计算试样中的硫含量。

本方法与能量色散X射线荧光光谱法有着相同的优点,检测原理是直接测定硫元素的X射线强度，故而可测定产品中不同形式的硫元素，测定过程中不须转化样品状态，不消耗惰性气体，不需要高温操作。该方法分析速度快、样品用量少、操作简便，非常符合现代化生产分析的需要，可进行大批量产品的分析工作，有利于产品质量控制。方法适合在线检测，在进出口检验方面有着较好的应用前景，方法准确性和再现性良好。该方法的测定结果准确性除受到测试环境、样品组成、薄膜及样品盒等操作条件的影响外，样品本身的基体效应对测定结果的影响更为明显。

3.2.3.2　紫外荧光法

紫外荧光法的原理是样品经进样器注入裂解管后，随载气进入高温段，在此处与氧气反应，其中的硫化物被氧化成二氧化硫，二氧化硫经紫外光照射转化为激发态，回到基态时，释放出的荧光被光电倍增管检测，根据得到的信号值计算出样品的硫含量。仪器装置图如图3.2-1所示。

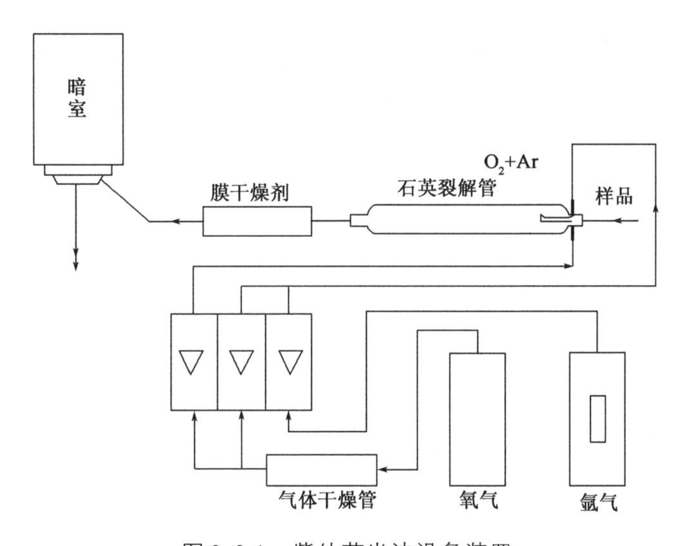

图3.2-1　紫外荧光法设备装置

该方法是目前燃料油硫含量检测使用最多的方法，仪器自动化程度高，内部重要部件均从国外进口，保证了检测结果的准确性。方法精密度高，在检测痕量硫方面具有显著的优势。仪器的分析条件如裂解温度、气体流量、进样量或标准曲线的建立等会影响分析结果，实验时应根据需要优化各项参数。经实验研究，轻质油品中可能存在的氯、氮及常规金属元素（铅、铁、锰等）对硫含量测定结果均有一定的影响，当试样中氮元素质量分数不大于100μg/g，铅、铁、锰元素质量浓度不大于26mg/L，硅元素质量浓度不大于100mg/L时，对硫含量的检测无明显影响。

3.3 光学遥感监测技术

3.3.1 紫外差分吸收光谱法

3.3.1.1 方法原理

20 世纪 70 年代，Ulrich Platt 首次提出 DOAS 对于大气层痕量气体浓度的测量方法后，DOAS 广泛用于大气环境污染监测，该技术适用于在该波段有吸收特征光谱的污染气体，在船舶废气排放监测领域，可用于监测船舶 SO_2、NO_2的排放。在实验室中，可以通过将其他所有影响因素的吸收从光路中移除，从而确定痕量气体的浓度。然而，在大气监测环境中，多种复杂的影响因素造成了监测的困难。DOAS 技术基于被测气体具有明显的差分吸收结构，以被测气体的吸收光谱特性作为基础，根据窄带吸收强度推演微量气体浓度，这消除了其他气体的干扰影响，很好地克服了这个困难。

DOAS 技术是以痕量气体分析方法 Lambert-Beer 定律为基础，Lambert-Beer 模型表示为如下形式：

$$I(\lambda) = I_0(\lambda) \cdot e^{-\delta(\lambda) \cdot c \cdot L} \tag{3.3-1}$$

式中：$I_0(\lambda)$——发射光源的初始强度；

$I(\lambda)$——初始光源穿过大气厚度为 L、浓度为 c 后，监测器监测到的光源强度；

$\delta(\lambda)$——波长为 λ 的吸收截面。

Lambert-Beer 模型示意图如图 3.3-1 所示。

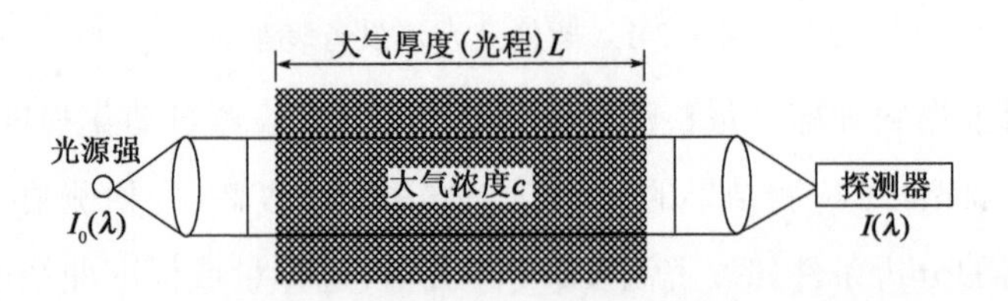

图 3.3-1　Lambert-Beer 模型示意图

在大气污染物测量过程中，待测大气由多种气体和一些粉尘颗粒混合物组成，当光线穿过待测气体时，光线在吸收特定的痕量气体和气体本身引起的瑞利散射后，无法直接基于 Lambert-Beer 模型测量气体浓度组分，因此，扩展后的 Lambert-Beer 模型考虑了大气中影响光源强度的各种因素，扩展模型如下形式：

$$I(\lambda) = I_0(\lambda) \cdot \exp\{-L \cdot [\sum(\delta_j(\lambda) \cdot c_j) + \varepsilon_R(\lambda) + \varepsilon_M(\lambda)]\} \cdot A(\lambda) \tag{3.3-2}$$

式中：$I_0(\lambda)$——发射光源的初始强度；

c_j——第 j 种微量气体的浓度；

$\delta_j(\lambda)$——波长为 λ 的吸收截面，大气湍流的影响称为 $A(\lambda)$；

$I(\lambda)$——发射光源穿过大气后检测器所监测到的光源强度；

$\varepsilon_R(\lambda)$——厚度为 L 的气体引起的瑞利散射特性；

$\varepsilon_M(\lambda)$——厚度为 L 的气体引起的米氏散射的特性。

其中，大气中气体对光产生的散射作用被称作瑞利散射（Rayleigh Scattering），大气中颗粒物对光产生的作用被称作米氏散射（Mie Scattering），可以把颗粒物和气体产生的散射作用等价作为吸收作用。

DOAS 监测方法的特征在于被测气体对 UV-VIS（紫外可见光吸收光谱）范围具有差分吸收作用，将光谱的吸收截面分为两部分，分别是随波长 λ 缓慢变化的宽带截面 $\delta_{j0}(\lambda)$，以及随波长 λ 快速变化的窄带截面 $\delta_j'(\lambda)$，由此可得波长为 λ 的吸收截面，表示如下：

$$\delta_j(\lambda) = \delta_{j0}(\lambda) + \delta_j'(\lambda) \tag{3.3-3}$$

将式（3.3-3）代入式（3.3-2），可以获得气体和粉尘干扰下的气体浓度计算模型，表示如下：

$$I(\lambda) = I_0(\lambda) \cdot \exp\{-L \cdot [\sum(\sigma_{jn}(\lambda) \cdot c_j)]\} \cdot \\ \exp\{-L[\sum(\sigma_{jw}(\lambda) \cdot c_j) + \varepsilon_R(\lambda) + \varepsilon_M(\lambda)]\} \tag{3.3-4}$$

式（3.3-4）的前半部分体现出了痕量气体差分吸收产生的影响，为快变化部分。后半部分为宽带吸收部分，包括大气中瑞利散射、米散射以及慢变化的吸收过程产生的影响。$\sigma_{jn}(\lambda)$ 为差分吸收截面。假设在没有痕量气体差分吸收的情况光强为 $I_0'(\lambda)$，则在这种情形下，有：

$$I_0'(\lambda) = I_0(\lambda) \cdot \exp\{-L[\sum(\sigma_{jw}(\lambda) c_j) + \varepsilon_R(\lambda) + \varepsilon_M(\lambda)]\} \tag{3.3-5}$$

将 $I_0'(\lambda)$ 代入式（3.3-4），则有：

$$I(\lambda) = I_0' \cdot \exp\{-[(L \cdot (\sum(\sigma_{jn}(\lambda) \cdot c_j)]\} \tag{3.3-6}$$

$$c_j = \frac{\ln\left[\frac{I_0'(\lambda)}{I(\lambda)}\right]}{\sigma_{jn}(\lambda) \cdot L} \tag{3.3-7}$$

式（3.3-7）中的分母即为求得的差分光学厚度，将通过实验室精确测定的气体标准光谱即标准拟合参考光谱与处理后得到的差分吸收光谱进行最小二乘拟合。在光程 L 已知的条件下,可获得该波段内每种吸收气体的浓度c_j。被动 DOAS 使用太阳光这一自然光源,较难直接获得光程数据,故根据推理计算可同时获得多种气体的斜柱总量。

3.3.1.2 方法特点及应用

DOAS 遥感监测技术以紫外-可见光作为光源,与其他气体浓度监测方法相比,具有以下几点优势:

(1)可实现在同一光谱波段同时监测多种类型的废气排放污染物;

(2)在选取合适光谱波段的基础上,监测精度高,可监测气体浓度低于 1nmol/m^3 的污染物;

(3)监测范围可从 100m 到 12km,且监测的浓度反映的是一个区域的平均污染浓度,监测结果比单点监测方法更具有代表性。

所以,DOAS 监测技术是当前大气环境污染主流监测手段之一,国内外研究学者近年来对 DOAS 监测方法做了一些应用研究。例如,U. Platt 等人基于 DOAS 卫星遥感监测方法对斯里兰卡到印度尼西亚的船舶 NO_2的排放进行了持续六年的观测,观察结果显示船舶排放线与船舶航迹基本一致。Wang 等人首次采用机载 MAX-DOAS(多轴差分吸收光谱仪)对意大利北部的波河流域的 SO_2进行了为期两天的监测,并同地面监测结果进行比较分析,两种监测方法的监测结果具有很好的一致性,机载空中监测的优势在于可依据风向风速快速地移动监测器位置和高度,有效提高监测结果的准确度。

在中国,上海复旦大学于 1999 年最早开始展开 DOAS 对城市大气环境监测应用研究。杨素娜等人运用主动 DOAS 和被动 DOAS 联合监测的方法,对上海地区 NO_2进行了为期一年的大气 NO_2监测,实验结果表明,对流层 NO_2垂直柱密度能够较好反映整层大气 NO_2污染情况。冯海亮等人基于 DOAS 技术,通过改进 SO_2标准吸收截面的获取,通过光路反射设计和深紫石英镜片改进气体池结构,设计了一种 SO_2浓度检测分析仪。目前,DOAS 监测方法在船舶排放监测领域还处于试验阶段。复旦大学在 2016 年对上海黄浦江吴淞口水域船舶 SO_2排放浓度开展了基于主动 DOAS 的试验检测,在深圳市盐田港区也开展了船舶排放源识别试验。DOAS 技术在工业污染和城市道路交通监测领域的应用已趋于成熟,为 DOAS 技术在船舶排放监测研究奠定了良好的理论和应用基础。被动式 DOAS 支持远距离监测使用,但其价格较高,无法分辨重叠的烟气来源,对天气的依赖程度高,适合在晴天使用,在阴天和夜间无法使用,因此,适用于船舶较少的船舶监测区域或船舶到港时间较为固定的港口或码头区域。主动式 DOAS 支持在夜间使用,但监测范围较被动式要小,因此适用于内河狭长型航道监测。

3.3.2　傅里叶红外光谱法

3.3.2.1　方法原理

傅里叶变换红外光谱(Fourier Transform infrared spectroscopy,FTIR)是利用分子振动偶极距变化对红外光谱特征吸收这一特性,通过迈克尔逊干涉仪将两束红外光相互干涉,形成干涉光与样品作用。FTIR 监测仪主要由五大部分构成,分别是红外光源、光阑、迈克尔干涉仪、检测器以及多次反射气体池。其中,迈克尔干涉仪是核心设备,它决定了 FTIR 监测仪的最高分辨率以及仪器其他部件的性能。干涉仪将红外光源发出的光转换为干涉光,进而照射被检测气体,再由光电探测器接收光信号,经过傅里叶变换之后得到气体的实际吸收光谱,从而反演出被检测气体的浓度信息。FTIR 光谱仪内部结构如图 3.3-2 所示。

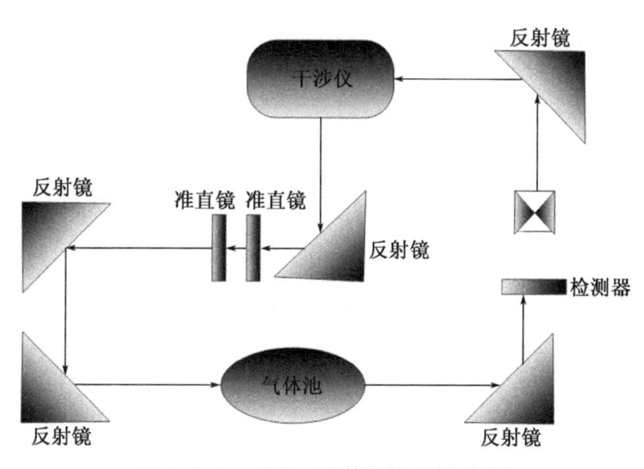

图 3.3-2　FTIR 光谱仪结构流程图

3.3.2.2　方法特点及应用

20 世纪 70 年代发展起来的 FTIR 在红外光谱分析方面有着显著的优势,不需用光栅或棱镜等分光元件,不需用光谱扫描即可获取全谱数据,从而实现对多种气体的同时检测。随着光源、干涉仪、检测器等的改进研究,傅里叶变换红外光谱获得了飞速的发展,20 世纪 90 年代,根据系统光源配置的不同,开放光路傅里叶变换红外光谱仪可以分为单站式与双站式两种方式,适用于大面积无组织面源监测。近年来,掩日通量法傅里叶红外监测技术(SOF-FTIR)成为主流的发展方向,SOF-FTIR 通过分析经过气体吸收后的太阳光吸收光谱,识别反演气体浓度。NDACC 的红外工作团队一直用 SOF-FTIR 对合肥地区的大气痕量气体整层浓度廓线进行反演。

我国在基于傅里叶变换红外光谱仪进行气体浓度方面的观测和应用研究较少，主要是中国科学院安徽光学精密机械研究所引进国外的 FTIR 红外光谱仪进行的一系列应用研究。徐亮等通过自行组建的开放光程 FTIR 系统对北京城区夏、冬两季的大气的 CO 和 CO_2进行连续的监测。高明亮等基于 FTIR 技术解决了多组分气体定量分析的实际问题，并取得了很好的实验效果，且从多元校正模型的角度研究提高了气体检测精度。

目前，FTIR 在船舶废气排放监测方面的应用还处于理论研究阶段。该方法与常规技术相比，具有以下特点：

(1)远距离对痕量气体进行实时监测或进行区域性的跟踪测量；

(2)不需采样，无须烦琐和危险的取样手续；

(3)检测种类多，可快速分析多组分混合物；

(4)7×24h 全自动无人值守，自动识别气体种类、反演浓度、自动报警；

(5)快速进行排放源头的定点定位、核定污染范围及其在大气中的分布和扩散趋势；

(6)监测范围广、速度快、灵敏度高，便于长期动态监测。

傅里叶变换光谱扫描成像技术不仅能够得到目标的光谱信息，而且能够获取目标的二维空间分布信息，形成数据立方体，通过搭载在多种移动平台上，能大范围机动探测，探测距离可达几公里，是气体探测的理想技术手段。

3.3.3 激光雷达法

3.3.3.1 方法原理

大气测污激光雷达，基于差分吸收激光雷达(Differential Absorption Lidar，DIAL)技术研制，根据待测的气体分子对特定波长的激光具有一定的吸收特性，以此来测量该气体的浓度。

DIAL 发射两种波长非常接近的激光脉冲，其中一个激光脉冲的波长位于待测气体的吸收峰，其波长记为 λ_{on}；另一种波长位于待测分子的吸收谷，波长记为 λ_{off}。待测气体会强烈吸收波长为 λ_{on}的激光，但是对波长位于 λ_{off}的激光吸收很小甚至不会吸收。

对两种波长的回波信号强度进行反演，通过对两个波长回波强度进行差分，可以确定在测量路径上，不同探测距离处的待测气体分子的浓度。

在高度 z 处待测气体分子的密度可以表示为：

$$N(z)=\frac{1}{2[\gamma(\lambda_{on},T)-\gamma(\lambda_{off},T)]}\left\{\frac{d}{dz}\left[-\ln\frac{P(\lambda_{on},z)}{P(\lambda_{off},z)}\right]+B_a+E_A+E_M\right\} \tag{3.3-8}$$

式中：$\gamma(\lambda_{on},T)$、$\gamma(\lambda_{off},T)$——温度为 T 时，待测气体分子在波长 λ_{on}、λ_{off} 处的吸收截面；

$P(\lambda_{on},z)$、$P(\lambda_{off},z)$——对应波长在高度 z 处的激光雷达信号；

B_a、E_A、E_M——大气后向散射、大气气溶胶小光、大气分子消光引起的修正项。

因为在差分吸收激光雷达系统中，λ_{on} 和 λ_{off} 相差很小，所以 B_a、E_A、E_M 可以忽略不计。同时，由于实际中激光雷达信号是离散的，在反演待测气体浓度时，常取差分距离 Δz 来计算 $z \sim z+\Delta z$ 之间的平均值，所以，待测气体浓度最终的反演公式为：

$$N(z)=\frac{1}{2\Delta z[\gamma(\lambda_{on},T)-\gamma(\lambda_{off},T)]}\ln\frac{P(\lambda_{on},z+\Delta)P(\lambda_{off},z)}{P(\lambda_{off},z+\Delta)P(\lambda_{on},z)} \tag{3.3-9}$$

因此，基于以上分析，大气测污激光雷达可以通过激光与大气作用的后向散射回波信号，反演出感兴趣的大气污染物的浓度信息。

3.3.3.2 方法特点及应用

依据激光与大气作用的方式和探测目的的差异性，在激光技术和探测技术发展推动下，衍生出了不同类型的激光雷达。不同类型的激光雷达监测系统的相关要素、监测能力以及监测要素见表3.3-1。

各类激光雷达应用 表3.3-1

雷达类型		激光束波长	监测要素		监测范围(km)
			直接要素	间接要素	
弹性激光雷达	直接探测	Ruby(λ=694.3nm,347.2nm) Nd:YAG (λ=1064nm,532nm,355nm) XeF(λ=351nm)	粉尘/云/烟	高层大气温度/风速	10～50
	零差探测/光外差探测	CO_2(λ=10.6μm) Nd:YAG(λ=1064nm) Ho:YAG(λ=2.1μm)	气溶胶散射产生的多普勒频移	风速	15
	边缘技术	Nd:YAG(λ=1064nm)	气溶胶散射产生的多普勒频移	风速	3～5

续上表

雷达类型	激光束波长	监测要素		监测范围(km)
		直接要素	间接要素	
差分吸收激光雷达	Dye, CO_2, excimer, OPO, Ti:Sapphire	$SO_2/O_3/C_2F_4/NH_3/CO/CO_2/HCl$……	温度/气压	1~5
共振荧光激光雷达	Dye N_2 (λ=337nm) Ne	高层大气监测(OH/Na/K/Li/Ca/Ca+)/浮油	—	1~90
喇曼激光雷达	Ruby(λ=694.3nm,347.2nm) N_2(λ=337nm) Nd:YAG (λ=1064nm, 532nm,355nm)	$SO_2/NO/CO/H_2S/C_2H_4/CH_4/H_2CO/H_2O/N_2/O_2$……	温度	1~5

激光雷达技术以其分辨率高、低空探测性能好、体积小等特点被广泛应用于大气环境监测领域,目前已经成为对大气、海洋和陆地进行高精度遥感探测的重要手段。LIDAR监测方法可以实现对大气污染物的大范围、实时、动态的三维测量,对于船舶大气污染物排放监测应用研究具有很好的借鉴意义。国外 LIDAR 监测方法在船舶废气排放监测方面应用已经较为成熟,目前国内的相关研究较少。2006 年,荷兰首次成功使用移动式 LIDAR 对斯海尔德河口的远洋船舶 SO_2的排放进行了五天监测,发现违规排放船舶 24 艘,在监测结果中,最高排放达到了 37g/s。Berkhout A J C 等人以荷兰为研究区域,综合比较分析了通过使用雷达与巡逻船采集船舶燃油样品相结合和仅通过使用巡逻船抽样检查船舶燃油质量两种监测方式的成本和效益,分析得出使用雷达监测方式,船舶总监测率由 14% 提升至 80%,船舶监测超排率由 3% 提升至 11%,表明 LIDAR 监测船舶尾气排放有显著的效果。香港城市大学研发了基于互联网结合 LIDAR 技术,设计了可移动式船舶排放监测系统。

综上所述,可以看出 LIDAR 朝着小型化、智能化、低功耗、高精度的方向发展。LIDAR监测船舶废气排放对于天气的依赖度较高,这种方法适用于晴朗干燥、合适的风速,且观测站位于下风向的监测情况,不适用于阴雨天监测,且监测扫描面应尽可能地与风向相垂直,如图 3.3-3 所示。LIDAR 监测覆盖面广,可实现排放违规嫌疑船舶的自动识别和锁定,但其造价、维护、系统耗材的更新费用高,因此,LIDAR 适用于码头泊位集中的港区,或船舶交通量大的航道区域。

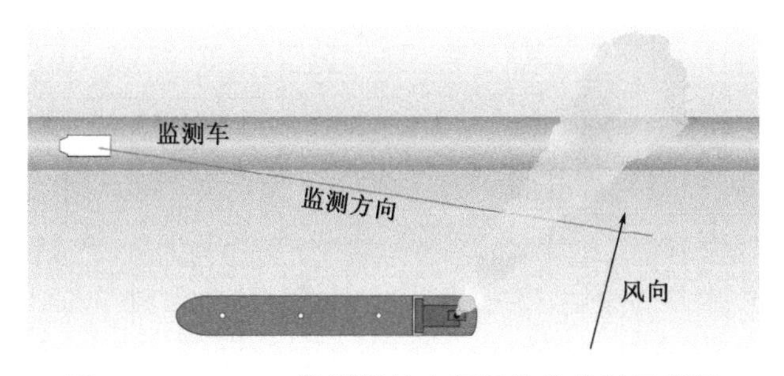

图 3.3-3　LIDAR 监测船舶大气污染物排放示意图

3.4　烟羽接触式监测技术

3.4.1　方法原理

烟羽接触式监测方法是利用高精度的嗅探式气体分析仪，实现对 CO_2、SO_2 和 NO_x 等船舶排放大气污染物组分高精度在线监测，该技术需要直接接触船舶排放的烟羽，即接触式嗅探法。该方法实现的原理是，由于船用燃油中的碳含量十分稳定（约为 87%），因此，船舶排放的大气污染物中 CO_2 和 SO_2 的浓度比值稳定，等于燃油中的碳元素和硫元素的摩尔比值，且不会因污染物扩散稀释而改变。因此，可以通过监测船舶下风向所排放的污染物中 CO_2 和 SO_2 浓度比值，直接估算燃油硫含量[具体计算方法如式（3.4-1）所示]。这就是烟羽接触式监测法的基本原理，其方法示意图如图 3.4-1 所示。

$$FSC = \frac{S}{\text{fuel}} = \frac{M_S \times A(S)}{M_C \times A(C)} \times 87 = \frac{M_S}{M_C} \times 0.232 \qquad (3.4\text{-}1)$$

式中：S——燃料油中硫的质量，kg；

fuel——燃料油质量，kg；

$A(S)$——硫原子的相对原子质量，为 32；

$A(C)$——碳原子的相对原子质量，为 12；

M_S——船舶排放 SO_2 监测浓度，ppb[1]；

M_C——船舶排放 CO_2 的监测浓度，ppb。

3.4.2　方法特点及应用

嗅探式监测技术主要有三类：固定式监测、移动式监测和便携式监测。各类型嗅探式监测技术的特点见表 3.4-1。

[1] 1ppb = 1μg/L，余同。

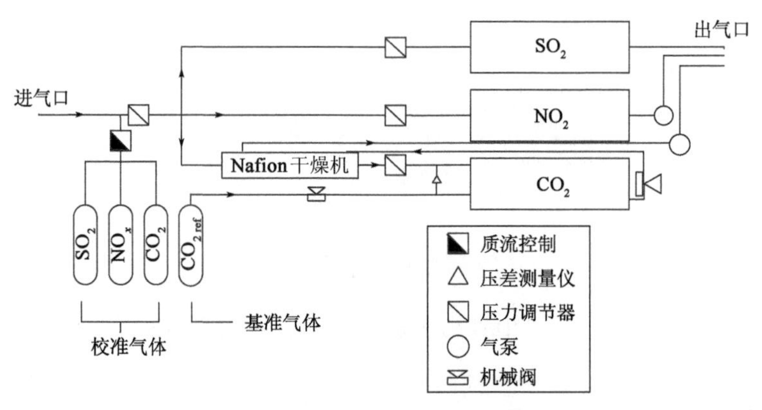

图 3.4-1　烟羽接触式监测方法示意图

各类嗅探式监测技术的特点　　表 3.4-1

监测方法	方法优势	应用限制条件	适用环境
固定式监测	成本低廉、技术成熟、自动化程度高	自动化程度低、监测位置和气象条件对监测结果影响较大	常年主导风向为海向陆的港区
移动式监测	监测速度快、适用范围广	成本高、专业操纵性要求高、不适用于阴雨天、监管覆盖范围较低	水文气象环境不复杂的水域
便携式监测	体积小巧、便于携带、检测速度快、精度高	要登船使用	排气口容易攀爬或预留有检测口通道的船舶

随着船舶排放控制区监管需求日益明显，近年来，欧洲一些国家（例如瑞典、荷兰、芬兰、比利时、德国）将嗅探式气体分析仪安装在岸基、桥梁等固定平台上实现对船舶烟羽的定点监测，或将其装载于船舶、无人机、直升机等移动平台上实现船舶烟羽的移动监测，如图 3.4-2 所示。

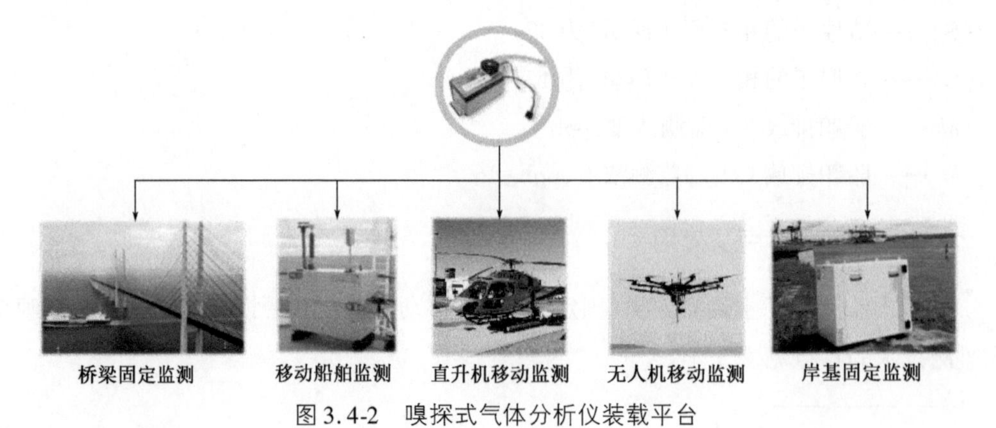

图 3.4-2　嗅探式气体分析仪装载平台

欧美国家已经有许多气体嗅探式遥测设备步入应用量产阶段。例如，美国 Thermo Scientific 公司生产的 450 型二氧化硫分析仪，采用脉冲荧光技术，可对环境空气中的 SO_2 浓度进行在线连续测量，其设备如图 3.4-3 所示。

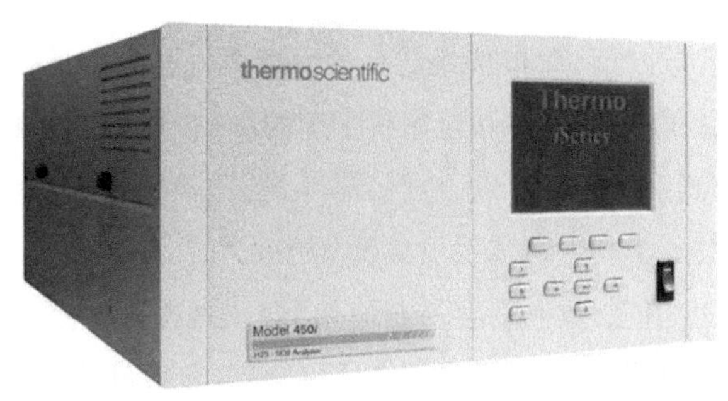

图 3.4-3　Thermo Scientific 公司生产的 450 型二氧化硫分析仪

目前，我国的部分科研机构和监测设备企业也已经在利用嗅探技术监测船舶排放的应用方面做了初步尝试。2018 年，武汉理工大学自主研发了岸基固定嗅探式船舶尾气排放监测设备（图 3.4-4），该设备实现了 SO_2、CO_2、$NO/NO_2/NO_x$ 等船舶排放气体组分的高精度在线监测与智能溯源。运用该设备在深圳盐田港对过往船舶进行了为期两个月的连续监测，实现结果表明，该设备适用于在港口水域对船舶排放的烟羽进行远距离的在线遥测。且此次试验运用无人机搭载微型嗅探式气体分析仪，跟踪船舶排放烟羽，采集并检测气体污染物浓度信息，如图 3.4-5 所示。分别对固定式监测结果、移动式监测结果与船用燃料油抽样油检数据进行对比分析，结果表明，移动式监测较固定式监测技术具有更高的可靠性。

图 3.4-4　岸基固定嗅探式船舶排放监测试验图

图 3.4-5　无人机搭载的移动嗅探式船舶排放监测试验图

3.5 基于遥感的船舶大气污染物排放监测技术

对大气污染物状况进行调查和监测是有效治理大气污染的前提。由于大气污染受污染源分布、污染物性质、气象条件和地形状况等的影响,其时空变化很大。而常规地基观测船舶大气污染监测手段能够准确而直接地得到气体浓度信息,但气体浓度受时空变化的影响较大。因此,虽然利用地基手段监测船舶大气污染可以达到较高的精度,但只能观测单点上方的浓度信息,数据不容易获取,还会受地基观测点个数和空间分布的限制,难以得到大区域、长时期全面而准确的结果,且需投入大量的人力和物力。遥感技术具有覆盖范围广、持续时间长以及方便快捷等优势,可以弥补传统地基观测时空覆盖不足的问题。因此,遥感技术已成为监测大气污染的一种重要手段,也是环境遥感中的主要研究领域。其中,卫星遥感适合大尺度的痕量气体探测,航空机载遥感适合中小尺度气体监测,对比利用卫星监测气体能达到更高的分辨率。

高光谱(Hyperspectral)遥感是在多光谱遥感技术的基础上发展起来的,具有很高的光谱分辨率,且在部分光谱区间是连续分布的,可以探测到比常规遥感更精细的地物信息和大气吸收特征,提高遥感高定量分析的精度和可靠性。大气分子和粒子成分在反射光谱波段反映强烈,能够被高光谱仪器监测。因此,高光谱遥感在大气污染研究中具有更大的优势。

3.5.1 遥感监测技术原理

痕量气体遥感包括太阳后向散射和近红外辐射。采用太阳后向散射进行痕量气体遥感监测是利用辐射强度穿过大气的衰减程度确定痕量气体数量。这种衰减用 Beer 定量进行描述:

$$I_\lambda = I_{\lambda,0}\,e^{\delta_\lambda \Omega_s} \tag{3.5-1}$$

式中:I_λ、$I_{\lambda,0}$——收集到的和无吸收时 λ 波段的反射强度;

δ_λ——指气体的吸收剖面;

Ω_s——通道中痕量气体的大气总量。

痕量气体反演是利用监测仪接收到痕量气体中吸收的太阳辐射程度来计算痕量气体的数量。反射过程包括两部分,一部分是光谱拟合确定辐射通道的大气量,另一部分是辐射传输计算确定大气辐射通道。光谱拟合涉及的具体问题包括光谱区域选择(即大窗口)、太阳参考光谱的选择、波长校准和仪器特征等。辐射传输计算在紫外和可见光波段非常重要。在这些波段中,地表反射小于5%。分子散射是后向散射的主要组成部分。此外,气溶胶尤其是吸收性能也能很大程度影响仪器的灵敏度。

3.5.2 数据来源

2014年7月,美国发射了Aura卫星用于开展大气研究的近极地、太阳同步轨道卫星,轨道高度705km,倾斜角98.2°,过境时间13时45分,一天大概绕地飞行14或15圈。该卫星共搭载了4个对地观测仪,分别如下:

(1)高分辨率动态肢测仪(High Resolution Dynamics Limb Sounder, HRDLS)。

HRDLS用于观测O_3、水蒸气、甲烷等气体的长波辐射,获得全天的全球大气剖面图,也可以测量平流层和对流层。由于特殊原因,观测仪80%观测通道堵塞,使用率大大降低。

(2)微波肢测仪(Microwave Limb Sounder,MLS)。

MLS也用于O_3等痕量气体监测。MLS具有相对较高的分辨率,可以观测到平流层以下的大气剖面,使得其他三个观测仪的观测数据与气象数据的结合成为可能,从而将对流层和平流层的臭氧区分开来,以能够研究对流层和平流层臭氧的化学过程。

(3)对流层光谱仪(Tropospheric Emission Spectrometer, TES)。

TES是在红外波段测量痕量气体。TES不仅可以接收地表辐射,还可以接收大气发射的太阳光,所以可以提供全球实时剖面图。

(4)臭氧监测仪(Ozone Monitor Instrument, OMI)。

OMI通过观测地表和大气的后向散射辐射获取信息,采用天底观测技术,主要用于监测大气中各种成分的浓度水平和垂直廓线,包括CH_4、CO、O_3、NO_2、HCHO、BrO、OCLO、SO_2、卤化物等痕量气体,以及气溶胶、云、表面紫外辐射的探测。OMI具体参数性能见表3.5-1。OMI包含一个可见光通道和两个紫外通道,分别为VTS、UV-1、UV-2,波长覆盖范围为270~500nm,平均光谱分辨率为0.5nm,每天覆盖全球一次,SO_2在紫外光谱具有3个光谱吸收带,吸收率最高的是在340~400nm区间,而OMI的UV-2通道(307~383nm)以及极窄波段采样相结合的方法使遥感卫星能够准确地反演近地面SO_2,是目前最优秀的SO_2大气监测方法。

OMI主要参数 表3.5-1

名称	参数	名称	参数
光谱范围	270~500nm	光谱采样点个数	2~3
扫描宽度	2600km	功率	66W
平均光谱分辨率	0.5nm	视场角	114°
光谱分辨率	1.0~0.45nm	星下点空间分辨率	13km×24km

OMI 传感器提供四种数据产品，分别是 Level-0、Level-1B、Level-2 和 Level-3。Level-0、Level-1B、Level-2 都是轨道条带数据，Level-3 是一定时间内覆盖全球的经过处理的 Level-2网格数据。Level-2 产品包括臭氧数据产品，云、气溶和地表紫外辐射产品，以及痕量数据产品。每个 Level-2 数据只包含一次轨道数据，每天产生大约 14 个文件，而 OMI Level-3 是全球网格化大气数据产品，以归一化的网格对 Level-2 数据进行平均。数据来自美国国家航空航天局 NASA 官网（http://mirador. gsfc. nasa. gov/）。OMI 主要产品的具体描述见表 3.5-2。

OMI 主要产品具体描述 表 3.5-2

数据产品	描述
Level-0	原始数据
Level-1B	辐射和几何校正后的产品，存储 HDF4 分层数据格式
Level-2	条带数据，带地理定位的物理参数数据产品，每个文件一个轨道
Level-3	一定时期内（天际或月际）平均覆盖全球的网格化数据，利用归一化网格（0.25°×0.25°，0.5°×0.5°，1°×0.25°）对 Level-2 数据的平均；每个网格数据文件包括像元数量、最大值、最小值和均方差等统计参数

3.5.3 气体浓度反演方法

船舶排放的 SO_2 对大气环境的影响是目前饱受关注的热点领域，本小节以 SO_2 反演算法为例进行介绍。SO_2 反演算法主要有差分吸收光谱方法、线性拟合方法、PCA、BRD 四种算法。

差分吸收光谱方法原理是将光谱中的快变和慢变部分分开，通过最小二乘法计算得到 SO_2 的斜柱浓度，之后利用先验公式计算大气质量分子（Air Mass Factor, AMF），利用 AMF 将斜柱浓度转化为垂直柱浓度。由于卫星接收到的是来自气球表面的反射和大气中各种成分散射形成的辐射，一些痕量气体在某些波段的吸收变化会比较大，而大气的各种散射变化相对缓慢，就可以将变化剧烈的和变化缓慢地区别开来。

线性拟合算法是利用多个离散波段，即以臭氧含量观测仪的波长为中心的 6 个波段和集中在 SO_2 吸收横截面最小和最大值之间波长在 310.8～314.3nm 的 4 个波段，总共 10 个波段，利用这些波段的紫外线来测量 SO_2。线性拟合算法的基本原理是通过先验模型和离散波段差异推导出地球物理参数，物理参数分别是大气臭氧量、二氧化硫量以及地面有效反射率。之后使用拟合多项式进行波段残差计算，最终获得 SO_2 柱量值。

由于 SO_2 和 O_3 对紫外辐射都具有比较强的吸收作用，所以需要在反演 SO_2 柱量值过

程中排除 O_3的干扰作用。考虑到在波长为 310 ~ 340nm 紫外波段处 SO_2 吸收比 O_3更加强烈,BRD 算法就是采用吸收的波峰和波谷的三个波长对,将 O_3 总量和假设波长无关的 LER(Lambertian Effective Reflectivitity)作为辐射传输模型的输入,与三个波长对的卫星天顶辐射观测值计算残差实现 SO_2柱总值反演,实现提取信息的有效和最大化,从而获得 SO_2柱量值,并且把这个值作为 Pb 波段臭氧理论值,与实际值对比产生残差定义 SO_2柱量值。

PCA 算法是一种数据降维算法,主要思想是将 N 维特征映射到全新构造出来的正交特征 K 维上,这 K 维特征就是主成分。而具体反演 SO_2的原理是由于 SO_2在大气中含量比较少,表征 SO_2的主成分不会出现在前几个重要的主成分中,所以提取的前 n 个主成分,用于表征非 SO_2的影响。再利用辐射传输模型计算权重函数,函数和 SO_2柱浓度的乘积用来表征 SO_2。经过研究,利用 OMI 仪器高光谱观测特性,选取 310.5 ~ 340nm 波段的天定观测光谱,提取与 O_3吸收、地标反射率、仪器噪声、Ring 效应等因素的主成分,建立线性反演关系式,直接获取垂直柱量值。PCA 算法有效降低了 BRD 算法的噪声,为卫星大气遥感提供了一种新的手段。

本章参考文献

[1] 刘倩倩,付阳,曲岩. 能量色散 X 射线荧光光谱法测定硫含量的影响因素及控制措施[J]. 质量与认证,2021(7):57-59.

[2] 杨瑞彬. 单波长色散 X 射线荧光光谱法测定高硫油品中微量氯[J]. 化学分析计量,2018,27(6):56-59.

[3] LV Z, LIU H, YING Q, et al. Impacts of shipping emissions on PM2.5 air pollution in China [J], Atmospheric Chemistry and Physics, 2018, 18: 15811-15824.

[4] PLATT U. Differential Optical Absorption Spectroscopy (DOAS) [J]. SIGRIST M W, Air Monitoring by Spectoscopic Techniques, Chemical Analysis, New York, 1994.

[5] HÖNNINGER G, FRIEDEBURG C V, PLATT U. Multi axis differential optical absorption spectroscopy (MAX-DOAS) [J]. Atmospheric Chemistry and Physics, 2004, 4(1): 231-254.

[6] PLATT U P D. Differential Optical Absorption Spectroscopy: Principle sand Applications [J]. German: Springer, 2008.

[7] BEIRLE S, PLATT U, VON G R, et al. Estimate of nitrogen oxide emissions from shipping by satellite remote sensing[J]. Geophysical Research Letters, 2004, 31(18).

[8] WANG P, RICHTER A, BRUNS M, et al. Airborne multi-axis DOAS measurements of tropospheric SO_2 plumes in the Po-valley, Italy[J]. Atmospheric Chemistry and Physics, 2006, 6(2): 329-338.

[9] 杨素娜,王珊珊,王焯如,等.利用被动 DOAS 和主动 DOAS 研究城市大气 NO_2污染[J].复旦学报(自然科学版),2011,50(2):199-205.

[10] 冯海亮, 王应健, 黄鸿,等. 基于 DOAS 技术的 SO_2浓度分析仪研究[J]. 激光技术, 2016, 40(5):722-726.

[11] FULLER M P, GRIFFITHS P R. Diffuse reflectance measurements by infrared Fourier transform spectrometry[J]. Analytical chemistry, 1978, 50(13): 1906-1910.

[12] DANON A, STAIR P C, WEITZ E. FTIR study of CO_2 adsorption on amine-grafted SBA-15: elucidation of adsorbed species[J]. The Journal of Physical Chemistry C, 2011, 115(23): 11540-11549.

[13] SELIMOVIC V, YOKELSON R J, WARNEKE C, et al. Aerosol optical properties and trace gas emissions by PAX and OP-FTIR for laboratory-simulated western US wildfires during FIREX[J]. Atmospheric Chemistry and Physics, 2018, 18(4): 2929-2948.

[14] 翁诗甫.傅里叶变换红外光谱仪[M].北京:化学工业出版社, 2005.

[15] YUAN T, CHENG L, YOU W S, et al. Retrieval of Atmospheric CO_2 and CH_4 Variations Using Ground-Based High Resolution Fourier Transform Infrared Spectra[J]. Journal of Spectroscopy, 2015.

[16] 徐亮,刘建国,高闽光,等.FTIR 遥测北京城区大气中的 CO 和 CO_2浓度[J].大气与环境光学学报,2007(3):219-222.

[17] 高明亮. 基于傅里叶变换红外光谱技术的多组分气体定量分析研究[D].合肥:中国科学技术大学,2010.

[18] KOCH G J, BARNES B W, PETROS M, et al. Coherent differential absorption lidar measurements of CO_2[J]. Applied optics, 2004, 43(26): 5092-5099.

[19] KOVALEV V A, EICHINGER W E. Elastic lidar: theory, practice, and analysis methods[M]. John Wiley & Sons, 2004.

[20] ABSHIRE J B, RIRIS H, WEAVER C J, et al. Airborne measurements of CO_2 column absorption and range using a pulsed direct-detection integrated path differential absorp-

tion lidar[J]. Applied Optics, 2013, 52(19): 4446-4461.

[21] KORB C L, GENTRY B M, WENG C Y. Edge technique: theory and application to the lidar measurement of atmospheric wind[J]. Applied Optics, 1992, 31(21): 4202-4213.

[22] BERKHOUT A J C, SWART D P J, HOFF G R, et al. Sulphur dioxide emissions of oceangoing vessels measured remotely with Lidar[J]. 2012.

[23] BRINKSMA E J, PINARDI G, VOLTEN H, et al. The 2005 and 2006 DANDELIONS NO_2 and aerosol intercomparison campaigns[J]. Journal of Geophysical Research: Atmospheres, 2008, 113(D16).

[24] VOLTEN H, BRINKSMA E J, BERKHOUT A J C, et al. NO_2 lidar profile measurements for satellite interpretation and validation[J]. Journal of Geophysical Research: Atmospheres, 2009, 114(D24).

[25] BOSELLI A, MARCO C, MOCERINO L, et al. Evaluating LIDAR sensors for the survey of emissions from ships at harbor[C]//Practical Design of Ships and Other Floating Structures. Springer, Singapore, 2019: 784-796.

[26] BERKHOUT A J C, SWART D P J, HOFF G R V D, et al. Sulphur dioxide emissions of oceangoing vessels measured remotely with Lidar[J]. Rijksinstituut Voor Volksgezondheid En Milieu Rivm, 2012.

第4章

船舶大气污染物排放监测数据处理、分析与应用

4.1 船舶大气污染物排放监测数据常规处理与分析

4.1.1 数据与误差的分布规律

4.1.1.1 监测结果的准确度与精密度

1)监测数据准确度与误差

对于监测对象的测定,监测对象的真实值是存在的,但可能该真实值未能被知晓。监测数据准确度是指在特定条件下获得的监测结果与真值之间的符合程度,准确度由分析的随机误差和系统误差决定,它能反映分析结果的可靠性。要想提高分析结果的准确度,不仅需要改善分析的精密度,同时要消除系统误差。准确度通常用误差来衡量,误差越小,准确度越高。误差的表示方法有以下两种,分别为绝对误差和相对误差,计算方法如下:

$$\text{绝对误差} = \text{监测值} - \text{真实值} \tag{4.1-1}$$

$$\text{相对误差} = \frac{\text{绝对误差}}{\text{真实值}} \times 100\% \tag{4.1-2}$$

绝对误差值反映监测值与真实值的差值,不能用于不同含量时准确度的比较。相对误差反映的是误差在真实值中所占的比例,所以可用于不同含量时监测准确度的比较。

2)精密度与偏差

在实际监测分析工作中,真实值不易获取,因此,用多次测量的均值 $\bar{x}$ 表示真值的近似值,某一监测值 x_i 与多次监测均值 $\bar{x}$ 之差称为绝对偏差,以 d_i 表示。

$$d_i = x_i - \bar{x} \tag{4.1-3}$$

$$\text{相对偏差} = \frac{d_i}{\bar{x}} \times 100\% \tag{4.1-4}$$

误差和偏差是两个完全不同的概念,误差是以真实值为基础,衡量监测值的准确度;偏差是以多次监测结果的平均值为基础,衡量精密度。

3)灵敏度

一种监测方法或监测设备的灵敏度是指单位浓度或单位量的待测物质的变化所引起的仪器响应值或其他指示量的变化程度,在实际工作中,常以校准曲线的斜率度量灵敏度。一个方法的灵敏度可因试验条件的变化而变化,在一定试验条件下,它具有相对的稳定性。

4)监测下限和监测上限

监测下限是指对某一特定的分析方法在给定的可靠程度内可以从样品中监测待测物质的最小浓度或最小量。监测上限是指与校准曲线直线部分的弯曲点相应的浓度值。

《船舶大气污染物排放监测通用要求》中规定了各类型船舶大气污染物排放监测设备的监测能力,具体如下:

(1)对于船舶燃料油硫含量检测设备规定如下:基于能量色散 X 射线荧光光谱法的监测设备测量范围不小于 0.0017%(17mg/kg)~4.60%(46000mg/kg),基于波长色散 X 射线荧光光谱法检测设备的测量范围不小于 0.0003%(17mg/kg)~4.60%(46000mg/kg)。

(2)烟羽接触式监测设备的监测能力依据监测距离的差异,做了差异化的规定,具体见表 4.1-1。

烟羽接触式监测设备的监测能力规定　　表 4.1-1

监测距离(m)	监测指标	最小量程范围(μmol/mol)	测量精确度	检测限
<20	SO_2	0~5	±10nmol/mol	<10nmol/mol
	CO_2	0~10000	±20μmol/mol	<300μmol/mol
20~50	SO_2	0~2	±5nmol/mol	<5nmol/mol
	CO_2	0~5000	±5μmol/mol	<300μmol/mol
>50	SO_2	0~0.5	±0.1nmol/mol	<1nmol/mol
	CO_2	0~5000	±0.5μmol/mol	<300μmol/mol

另外,对于光学分析法,国际理论与应用化学联合会(IUPAC)对检测下限 L 作了如下的规定,可测量的最小分析信号 x_L 依据下式确定:

$$x_L = \bar{x}_b + K \cdot s_b \tag{4.1-5}$$

$$L = \frac{x_L - \bar{x}_b}{s} = \frac{K \cdot s_b}{s} \tag{4.1-6}$$

式中:$\bar{x}_b$——空白多次测量的平均值;

s_b——空白多次测量的标准偏差;

K——根据一定置信水平确定的系数,对光谱分析 $K=3$;

s——方法的灵敏度。

4.1.1.2　监测数据与误差的统计分布规律

在船舶大气污染物排放监测与分析过程中,监测方法的选择、监测设备、操作管理人员的熟练度等都会影响监测效果,成为监测误差的来源。即使采用的方法最可靠,监测设备是最精密的,操作者也是最熟悉的,而且监测过程也是经过了精心设计的,但在同样条件下对船舶大气污染物进行监测时,每次监测的结果也不完全相同,会出现误差。

依照误差原因,误差可以分为三类,分别为系统误差、偶然误差和过失误差。系统误差是由于某些比较固定的原因,如监测方法、设备等所引起的,它对监测结果的影响比较固定,其大小可以测出,并且通过试验可以设法消除其中一部分或全部;过失误差只要在监测过程中多方警惕,细心操作,也是可以避免的。即使在消除了系统误差和过失误差的基础上,在对同一监测对象监测过程中,用同一监测设备在同一监测条件下进行监测时,其结果也有所不同,但当监测的次数足够多时,可以发现监测值及其偶然误差出现的机会服从统计规律。因为监测数据和误差符合统计学规律,所以能用统计方法处理监测数据及其有关问题。

4.1.2 监测数据的统计处理

4.1.2.1 总体和样本

总体是被研究对象的全体,在船舶大气污染物监测工作中,我们监测的一个区域的船舶大气污染物排放,就是我们监测的总体。但是我们不可能对整个区域的船舶大气污染物排放都进行监测,而是取其中某一区域具有代表性的船舶排放污染气体进行监测。在统计学中,把这种代表总体的试样叫作样本。统计方法就是解决如何用样本研究总体的问题。

4.1.2.2 基于统计量的计算

1)总体平均水平的代表值

从总体中抽取一个样本,对这个样本进行测定时,得到一组数据:$x_1, x_2, x_3, \cdots, x_n$。用这组数据表示总体平均水平的方法有下列两种。

(1)样平均值。

样平均值是表示样本平均水平的最常用的方法,是多次测定结果的算术平均值,统计学上也叫作“样本均值”,用 $\bar{x}$ 表示:

$$\bar{x} = \sum_{i=1}^{n} \frac{x_i}{n} = \frac{x_1 + x_2 + x_3 + \cdots + x_n}{n} \tag{4.1-7}$$

(2)中位数。

当样本的测得次数太多时,为了简化计算,也可用中位数表示样本的代表值。此法是将样本的测得值按从小到大的顺序排列后，用最中间的数表示样本的平均水平。当测定次数为奇数时去最中间的数，当测定次数为偶数时，取最中间两个数的平均值，即中位数 M 分别由下式选定或计算：

n 为奇数时：

$$M = 第\frac{n+1}{2}个测得值 \tag{4.1-8}$$

n 为偶数时：

$$M = \frac{1}{2}\left[第\frac{n}{2}个测得值 + \left(\frac{n}{2}+1\right)个测得值\right] \tag{4.1-9}$$

样本均值 $\bar{x}$ 和中位数 M 都是表示总体平均水平的统计量。一般说，当数据呈正态分布时，两者是一致的。样本均值在剔除了极端值（特大值和特小值）后，可以得到较为正确的结果，否则，会受到极端值的影响。中位数不受极端值的影响。但是，在数据不是正态分布时或测定次数较少时，可能出现较大的偏差。由于它的计算简单，所以应用方便。

2）衡量数据离散程度

（1）极差。

极差也称全距，是一组测得值 $x_1,x_2,x_3,\cdots,x_n$ 中，最大值（$x_{\max}$）与最小值（$x_{\min}$）之差，用 R 表示。

极差法是衡量数据离散程度（即波动性）的最简单的方法。但因没有充分利用全部数据所提供的情报，所以可靠性差。不过计算简单，也常使用。

（2）平均偏差。

平均偏差反映的是全部数据的总的偏差。若用 $|d_1|,|d_2|,|d_3|,\cdots,|d_n|$ 表示各个测得值的绝对偏差的绝对值，则平均偏差 $\bar{d}$ 由下式计算：

$$\bar{d} = \frac{1}{n}\sum_{i=1}^{n}|d_i| = \frac{1}{n}(|d_1|+|d_2|+|d_3|+\cdots+|d_n|) \tag{4.1-10}$$

（3）标准偏差。

在误差正态分布曲线中，由平均值到曲线转折点间沿横轴的距离成为标准偏差（或标准差），以 S 表示，其值由式（4.1-11）计算可得：

$$S = \frac{\sqrt{\sum_{i=1}^{n}d_i^2}}{n-1} = \frac{\sqrt{\sum_{i=1}^{n}(x_i-\bar{x})^2}}{n-1} \tag{4.1-11}$$

（4）相对标准偏差。

相对标准偏差又称变异系数，是标准偏差占平均值的百分数，表示偏差值对平均值

的相对大小,用 CV 表示:

$$CV = \frac{S}{\bar{x}} \times 100\% \tag{4.1-12}$$

上述统计量 R、$\bar{d}$、S 和 CV 都能定量说明监测数据的离散程度。它们的值越大,说明数据越分散,即测定结果的精密度越差。反之,则精密度越高。

4.1.3 监测数据的回归处理与相关分析

在船舶大气污染排放监测中,会存在一定联系的变量,这种联系可以分为确定关系和相关关系两类。确定关系即为可以按公式明确表示变量之间的联系,相关关系即为变量之间既有关,又无确定关系。由于影响监测过程和监测结果的因素较多,加之受监测误差的影响,使得变量之间的关系不可能按照某一公式的函数关系确定,需要引入回归分析的方法,找出变量间的相互关系。

回归分析是研究变量间相互关系的统计方法。确定变量间相互关系的公式称为回归方程式,在大气污染物监测质量保证和质量控制中最为常用的是一元线性回归分析方法,可用来确定监测分析方法的校准曲线方程,研究表达不同污染指标之间、不同监测方法之间的相互关系或差别,以评价不同监测方法、不同污染监测指标、不同监测环境的监测结果等。

4.2 各类型船舶大气污染物排放监测数据专业处理与分析

4.2.1 光学遥感监测数据分析方法

4.2.1.1 紫外差分吸收光谱式监测数据分析方法

1)光谱分析

光谱分析过程基于 DOAS 原理,使用比利时航空物理研究所(BIRD-IASB)开发的 QDOAS 光谱拟合软件,分析观测获得的散射太阳光谱。对痕量气体分析前必须要确定待测气体的分析波段。首先,需要进行敏感性分析试验,确定 SO_2 和 NO_2 的拟合波段。

由于 SO_2 的特征吸收波段的太阳光强较弱,且易受 SO_2 吸收的干扰,因此,不同的研究中对 SO_2 反演波段的选取也范围不一。在波段小于 305nm 时,O_3 的强吸收会影响到

SO_2 测量,使得测量的信噪比较大;当波段大于325nm波长时,SO_2 的差分吸收信号变弱。SO_2 在300~325nm处的吸收截面如图4.2-1所示。

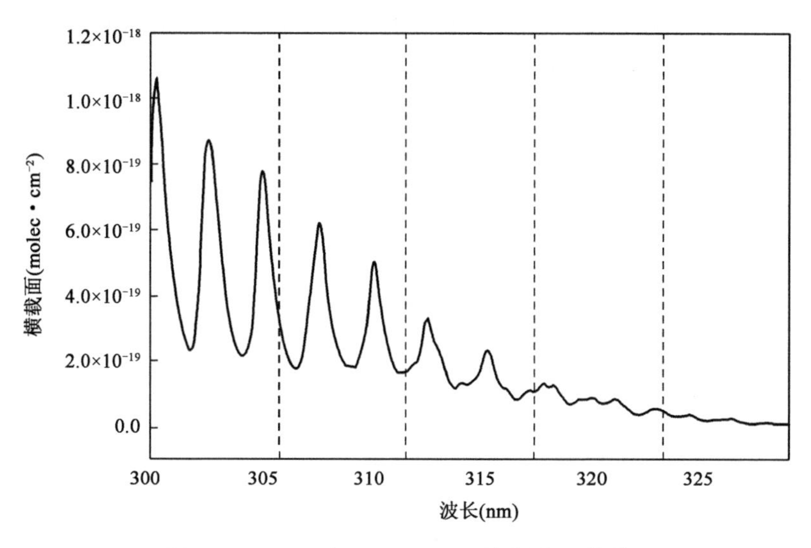

图4.2-1 SO_2 在300~325nm波段内吸收截面

参考已有的敏感性试验,借鉴国内外研究中使用的光谱仪波段,将在305~325nm波段范围内选取 SO_2 气体最合适的反演波段。利用QDOAS对 SO_2 的斜程柱浓度进行分析,待选择的波段分别为305~317.5nm、307.5~320nm、307.3~325nm、310~320nm、315~325nm。根据以往研究中的敏感性分析试验结果,试验中综合考虑的因素包括未拟合光谱残差的均方根(Root Mean Square,RMS)以及反演误差等因素,试验结果表明,305~317.5nm的计算方案存在最大的RMS,其余的波段反演的RMS均在 1×10^{-3} 以内。此外,307.5~320nm方案中误差最小,315~325nm方案的误差最大,因此,选取拟合波段为307.5~320nm。

2)差分斜程柱浓度反演

多轴DOAS能对不同俯仰角的大气进行观测,其中天顶方路的光路中包含最少的 NO_2 和 SO_2 气体,反演过程中将MAX-DOAS在俯仰角90°处测得的光谱作为Fraunhofer参考光谱,从而进一步得到 SO_2 和 NO_2 的DCSD。

对于反演结果,筛选依据一般为光谱拟合残差小于0.001,由于 NO_2 的特征吸收结构更加明显且该反演波段光强较大,故 NO_2 的光谱拟合残差整体小于 SO_2。根据筛选条件,在各地区的观测试验中,NO_2 的数据有效率在90%以上,而由于在太阳天顶角较大时,光强较弱,因此 SO_2 的数据有效率为60%~80%。

当大气中的待分析气体浓度较高时,采集到的光谱中包含更明显的气体吸收结构,

图4.2-2展示了在清洁大气下以及污染大气环境下，SO_2和NO_2的拟合情况。当仪器观测角度朝向开阔的海洋，在无船舶经过时，可认为是较为清洁大气，其中图4.2-2a）和图4.2-2b）分别为清洁时刻的SO_2和NO_2的光谱拟合情况，黑线为实测光谱，红线为参考光谱。此时的SO_2和NO_2的DSCD值分别为2.24×10^{16}molec/cm^2、1.61×10^{16}molec/cm^2，RMS分别为4.66×10^{-4}和2.72×10^{-4}。而图4.2-2c）和图4.2-2d）则分别为船舶排放时刻的SO_2和NO_2的光谱拟合情况，黑线为实测光谱，红线为参考光谱。此时的SO_2和NO_2的DSCD值分别为8.11×10^{16}molec/cm^2、3.08×10^{16}molec/cm^2，RMS分别为4.61×10^{-4}和2.09×10^{-4}。

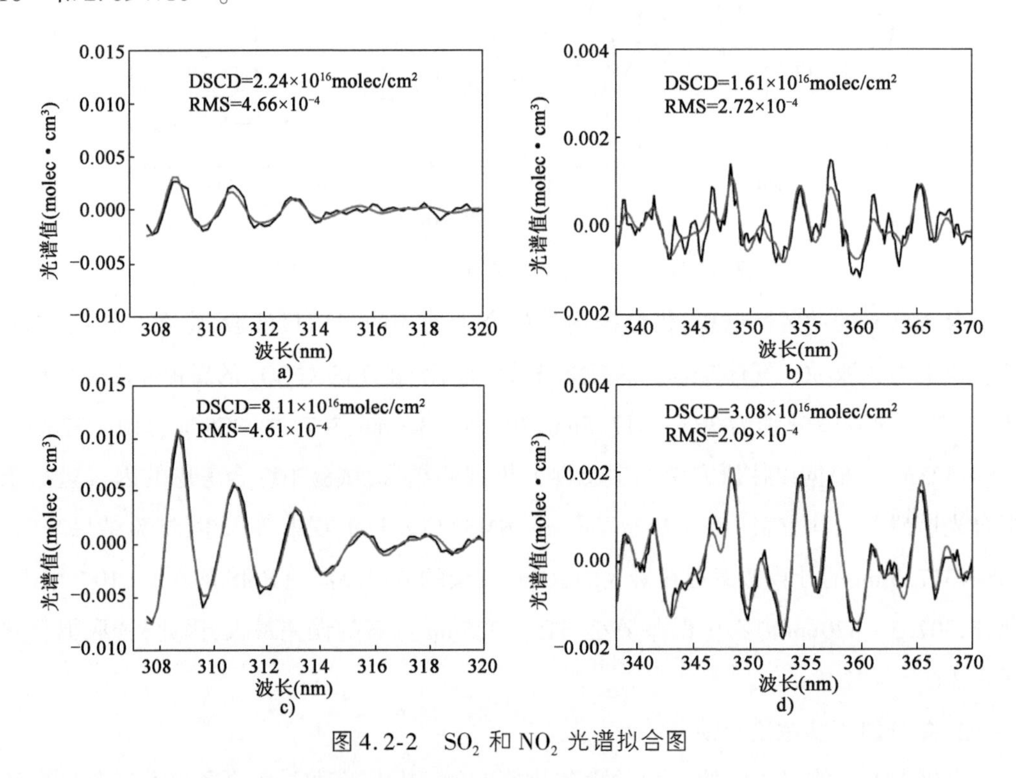

图4.2-2　SO_2和NO_2光谱拟合图

4.2.1.2　傅里叶红外光谱式监测数据分析方法

根据红外光谱的基本原理，开放光路条件下红外光谱仪仅能获取目标气体成分的浓度程长积值，因此，利用该方法显示的监测结果均为浓度程长积值。目前，系统光谱测量部分覆盖1500～700cm^{-1}，能够对船舶排放的NO_2、CO_2、SO_2进行监测。具体监测数据分析方法为：首先，在试验光谱基础上，提取目标光谱特征，并与实验室获取的吸收系数谱线进行比对，判断是否存在目标成分；再基于物料平衡理论，采用船舶排放的SO_2和CO_2的监测浓度的比值，估算船用燃料油硫含量，具体估算公式如式（4.2-1）所示。

$$FSC = \frac{S}{\text{fuel}} = \frac{M_S \times A(S)}{M_C \times A(C)} \times 87 = \frac{M_S}{M_C} \times 0.232 \tag{4.2-1}$$

式中：S——燃料油中硫的质量，kg；

fuel——燃料油质量，kg；

$A(S)$——硫原子的相对原子质量，为32；

$A(C)$——碳原子的相对原子质量，为12；

M_S——船舶排放 SO_2 监测浓度，ppb[1]；

M_C——船舶排放 CO_2 的监测浓度，ppb[2]。

当采用式(4.2-1)估算船用燃料油硫含量时，首先需要基于以下三个假设条件：

(1)船用燃料油油品质量参差不齐，因此，需要假设不同硫含量的船用燃料油中的含碳量都是87%左右，该假设点已通过油品检测实测试验结果验证了其可行性。

(2)燃料油中的碳元素和硫元素在燃烧后都转化为了 CO_2 和 SO_2，其他碳氧化物和硫酸盐的比例忽略不计。该假设点来源于物料平衡公式，当在短时间扩散情景下，船舶排放的大气污染物并未完全融入背景中时，该假设点是成立的，政府间气候变化专门委员会(Intergovernmental Panel on Climate Change，IPCC)证明了液体的碳氧化率在98%以上，且液体燃料油燃烧过程中产生的硫氧化物 SO_2 占比超过95%。

(3)船舶排放的 SO_2 和 CO_2 在大气环境中扩散时，其相对比例是不变的，忽略两种气体在扩散过程中的沉降速度差。该假设点是基于大气成分干沉降原理，干沉降往往发生于大尺度的扩散现象。

基于上述假设和讨论，可以通过在下风向区域布设遥测设备以同步监测船舶排放的 SO_2 和 CO_2 浓度，再采用式(4.2-1)即可计算船用燃料油硫含量。

4.2.1.3 激光雷达式监测数据分析方法

采用激光雷达式设备对船舶排放的大气污染物进行监测时，首先，大范围扫描监测海港区域上方的大气，对回波信号进行反演，最后获得各个方向上特点污染物(SO_2、NO_2)浓度的时空分热力图。再根据热力图中的高排放区域，进而确定需要进一步跟踪监测的船舶出烟口目标的具体位置。

激光雷达式监测技术应用于跟踪监测港口移动船舶排放大气污染物时，船舶出烟口的检测作为一个典型的图像目标检测任务，也存在目标尺度不一的问题，这一方面是由

---

[1] 1ppm = 1mg/L，余同。

[2] 1ppm = 1mg/L，余同。

于港口水域面积宽广，各种船舶距离激光雷达的直线距离不尽相同；另一方面，港口中来往船舶的型号、种类、大小多样，造成了船舶移动污染源排放出烟口本身的物理规格存在差异。因此，针对船舶出烟口目标检测问题，可采用深度学习图像目标检测的方法实现。

4.2.2 岸基固定式烟羽接触式监测数据分析方法

岸基固定式烟羽接触式监测系统可提供周围大气环境中 SO_2、NO_x 的浓度时序变化数据、周围气象环境数据，同时配置有 AIS 接收机，接收周围水域范围内船舶活动数据。大气污染物浓度监测数据值为周围大气环境污染物背景浓度值和周围船舶活动排放的大气污染物扩散至监测站点位置造成的监测浓度增量值之和，因此，首先需要依据原始的大气污染物浓度监测数据，获取周围环境大气污染物背景浓度值、船舶排放造成的大气污染物浓度增量值，且需要结合气象环境监测数据和船舶活动数据，识别造成大气污染物监测浓度增量的船舶，具体监测数据分析方法流程如图 4.2-3 所示。

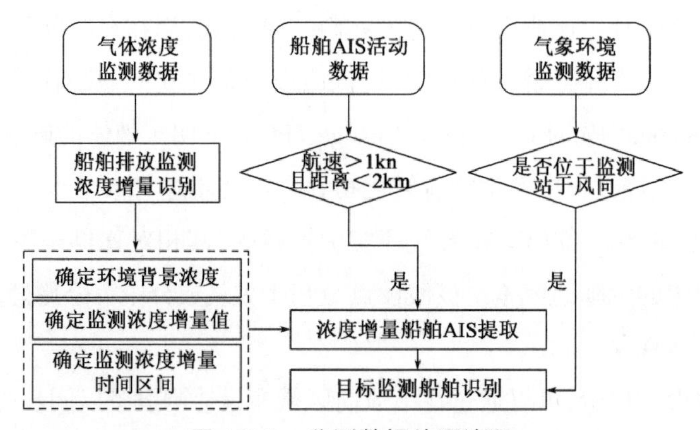

图 4.2-3 监测数据处理流程

（1）确定受船舶排放引起的大气污染物监测浓度增量时间区间范围。依据时序大气污染物浓度监测数据，采用突变值检测方法，即依据监测浓度的统计特征的变化，确定由于受船舶排放影响造成的监测浓度增量的监测时间区间范围。在本书中，采用突变值检测方法中的 Lepage 方法，以检测监测浓度中的突变值，并将突变值所处的时间区间范围视为受船舶排放影响的监测浓度时间区间范围。

（2）确定环境中大气污染物背景浓度值。以每小时段内的大气污染物监测数据为基础，剔除步骤（1）中所识别的该小时时间段内的大气污染物监测浓度突变值，计算保留的监测浓度值的平均值作为背景浓度值。

（3）提取位于监测站点有效监测范围内的船舶活动信息。依据 AIS 接收机提供的船舶动态活动信息，依据船舶经纬度位置信息和监测站点经纬度信息，计算周围船舶轨迹点与监测站点的二维平面距离。布设监测站点的目的是监测活动船舶排放的大气污染物，因此，剔除航速小于 1kn 的船舶轨迹点。由于监测站点在适宜的风场条件下，有效的监测半径为 3km，因此，剔除与监测站点位置大于 3km 的船舶活动轨迹数据。

(4) 目标监测船舶识别。第 4.3.1.2 节中分析了船舶排放大气污染物的空间扩散规律，即监测站点可对位于其上风向的船舶排放烟羽进行有效监测，因此，依据风向数据，判断在监测站点有效监测范围内的船舶活动轨迹点是否位于监测站点的上风向区域，即利用第 4.3.1.1 节中式(4.3-2)中的坐标转换方法，将监测站点在大地坐标系中的坐标转换至以船舶活动轨迹点位坐标原点，以下风向为 x 轴、以横风向为 y 轴的风向坐标系中的坐标点，当转换后的坐标 x' 大于 0 时，则可判断船舶位于监测站点的下风向区域，从而判断船舶为目标监测船舶。

4.2.3　无人机载烟羽接触式监测数据分析方法

利用无人机载嗅探式监测设备对单艘船舶排放的污染物进行追踪采样，经过对采样点位的污染物浓度进行分析检测，获取实际的船舶排放污染物扩散至采样点的浓度信息。地面站获取的无人机传输的自身飞行信息频率为 6ms，获取的嗅探式监测设备传输的浓度监测信息的传输频率也可达到毫秒级，船舶 AIS 数据的传输频率为 1s ~ 3min。对于不同类型不同频率的基础数据，分析步骤为：

(1) 首先对无人机追踪的目标船舶的 AIS 数据，利用三次样条插值法进行插值处理，插值频率为 1s。

(2) 对每秒内的 CO_2、SO_2、NO 监测浓度和气象监测数据求取平均值，将数据频率处理为 1s。

(3) 比较分析同一时间范围内多种被监测气体浓度与船舶航行轨迹、无人机飞行轨迹之间的变化关系。

(4) 分析随着与无人机二维和三维空间位置距离的变化与被监测气体浓度间的变化关系。

(5) 基于实时监测的 CO_2 和 SO_2 气体浓度数据，利用 3.1 节中提出的船用燃料油硫含量计算方法，实时估算目标被监测船舶的燃料油硫含量。

对于船用燃料油硫含量的估算，总体上以监测传感器提供的 SO_2 和 CO_2 的监测浓度为基准。当船舶在监测站附近活动，且监测站位于活动船舶的下风向位置时，由于气体扩散作用，船舶排放的烟羽会扩散至监测站位置，造成监测站的监测浓度上升，此时，监测浓度即为背景浓度和船舶排放造成的浓度增量之和。因此，基于 SO_2 和 CO_2 的浓度增量峰值，可实现船用燃料油硫含量的估算。

当船舶经过监测站点时，NO 的监测浓度变化最为显著，因此，以 NO 的峰值区间作为时间约束区间，提取 SO_2 和 CO_2 在 NO 峰值时间区间内的监测数据，以峰值区间内的监测浓度作为有效监测浓度，利用船舶硫含量计算方法，计算被监测船舶的船用燃料油硫含量，计算方法如式(4.2-1)所示。

4.3 船舶大气污染物排放监测数据应用

船舶大气污染物排放监测的目的是明确船舶航行水域及其周围空气质量特征以及保障船舶排放限制政策的有效实施。为实现港口违规超排船舶的智能辨识，提高船舶排放大气污染物的监测精度和监测效率，本节以船用燃料油硫含量为监测对象，基于烟羽接触式设备提供的船舶排放大气污染物浓度数据、能反映被监测船舶的相关活动数据、周围气象环境数据，采用船舶超标排放监测与辨识方法，实现违规排放船舶的智能辨识应用。

4.3.1 港口船舶大气污染物排放扩散模型

船舶排放的大气污染物在环境中的浓度分布与船舶排放源本身、区域地理环境密切相关，尤其是气象条件。因此，本小节将基于高斯扩散模型，依据船舶航行特征，构建港口微尺度的船舶大气污染物排放扩散模型，以实现港口船舶排放的大气污染物在环境中的扩散模拟预测。

4.3.1.1 船舶大气污染物扩散建模

1)船舶排放扩散特征分析

船舶排放源属于离散的移动源，较陆地工业固定排放源、道路线性排放源的排放和扩散特征具有显著差异。船舶大气污染物排放和扩散具有以下几点特征：

(1)移动性：船舶航行过程中，不考虑浪的影响，船舶排放高度基本不变，船舶排放轨迹近似被视为随时间变化的同一高度的离散化移动点源。

(2)离散性：工作中的船舶动力设备为船舶大气污染物排放贡献源，依据船舶航行速度和空间位置，将船舶航行状态分为在航、锚泊和靠泊。在航状态下，船舶 AIS 轨迹可连成一条航迹线，船舶大气污染物排放的贡献源为船舶主机和辅机；锚泊状态下，船舶 AIS 轨迹呈现间距较小的无规律离散点，船舶大气污染物排放的贡献源为船舶辅机和锅炉；靠泊状态下，可近似将船舶视为固定排放源，船舶大气污染物排放的贡献源为船舶辅机、锅炉和船上装卸设备。

(3)扩散性:船舶航行于地形开阔、无明显障碍物、近似光滑平面的水面,为船舶排放的大气污染物营造了良好扩散条件。

2)扩散条件假设

高斯模型适用于模拟非重气云的扩散。在对船舶烟囱口排放的污染物扩散进行模拟时,受环境因素的影响,烟团沿下风向逐渐扩散,污染物质量浓度随时间推移而不断下降。基于高斯模型建立船舶大气污染物排放扩散模型时,应作出以下条件假设:

(1)船舶处于移动状态时,船舶航行速度应不小于 1m/s,当船舶航速小于 1m/s 时,大气环境风速应大于 1m/s。

(2)船舶在扩散模拟时间步长范围内,船舶烟囱口排放的大气污染物是连续、稳定且均匀的。

(3)扩散模拟过程中忽略重力和浮力的影响,扩散模型不考虑任何化学反应过程。

(4)扩散气体到达水面被全部反射,水面没有任何吸收作用。

(5)扩散模型只考虑气团朝下风向的扩散,忽略朝其他方向的扩散。

3)坐标系构建

在求解高斯模型过程中,以气体排放源即船舶位置为坐标原点,下风向沿着 x 轴正向分布,横风向沿着 y 轴分布。船舶排放的单个烟团在大气环境中的扩散过程如图 4.3-1 所示。

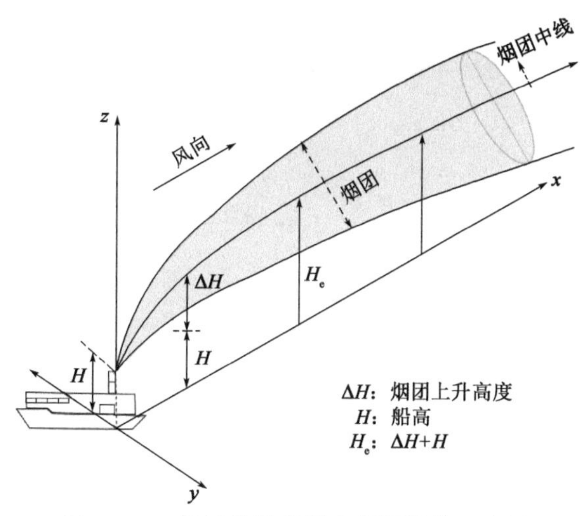

图 4.3-1　船舶排放的单个烟团扩散示意图

实际海洋气象场是复杂变化的,且船舶作为移动排放源,船舶的排放点位置不总是位于坐标原点,风向也不总是沿着 x 轴正向分布。因此,需要将每个船舶航行点的坐标从大地坐标系转换为风向坐标系，即将原在以船舶排放源位置(x_0、y_0)为坐标原点、以大地坐标系中正东方向为 x 轴、以正北方向为 y 轴建立的坐标系中点 $A(x,y)$，转换至以排放源(x_0,y_0)为坐标原点、以下风向角度 d_w 为 x 轴、以横风向为 y 轴建立的风向坐标系中的点$A'[g(x),g(y)]$，坐标系转换过程如图 4.3-2 所示。

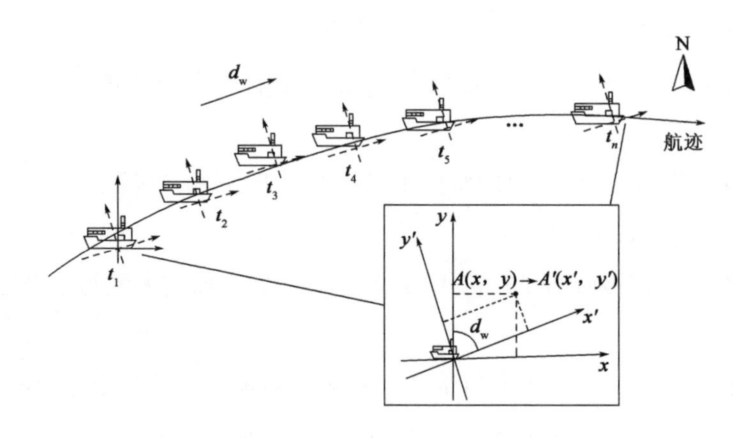

图 4.3-2　坐标系转换示意图

坐标系转换具体方法如下。

若 $x-x_0 \geqslant 0$ 且 $y-y_0>0$：

$$\begin{aligned} g(x) &= \mathrm{Dis} \times \cos\{d'_w - \arcsin[(x-x_0)/\mathrm{Dis}]\} \\ g(y) &= \mathrm{Dis} \times \sin\{d'_w - \arcsin[(x-x_0)/\mathrm{Dis}]\} \end{aligned} \tag{4.3-1a}$$

若 $x-x_0>0$ 且 $y-y_0 \leqslant 0$：

$$\begin{aligned} g(x) &= \mathrm{Dis} \times \sin\{d'_w + \arcsin[(y-y_0)/\mathrm{Dis}]\} \\ g(y) &= -\mathrm{Dis} \times \cos\{d'_w + \arcsin[(y-y_0)/\mathrm{Dis}]\} \end{aligned} \tag{4.3-1b}$$

若 $x-x_0<0$ 且 $y-y_0 \geqslant 0$

$$\begin{aligned} g(x) &= \mathrm{Dis} \times \cos\{d'_w - \arcsin[(x-x_0)/\mathrm{Dis}]\} \\ g(y) &= \mathrm{Dis} \times \sin\{d'_w - \arcsin[(x-x_0]/\mathrm{Dis}\} \end{aligned} \tag{4.3-1c}$$

若 $x-x_0 \leqslant 0$ 且 $y-y_0<0$：

$$\begin{aligned} g(x) &= -\mathrm{Dis} \times \sin\{d'_w - \arcsin[(y-y_0)/\mathrm{Dis}]\} \\ g(y) &= \mathrm{Dis} \times \cos[d'_w - \arcsin[(y-y_0)/\mathrm{Dis}]\} \end{aligned} \tag{4.3-1d}$$

式中：(x_0,y_0)——在大地坐标系中，船舶的航行的位置，即 AIS 提供的船舶经纬度位置；

d_w——下风向角度，rad；

Dis——受影响点 $A(x,y)$ 与船舶排放源(x_0,y_0)的距离，m；

d'_{w}——上风向角度，rad。

4）模型建立

在船舶航行的风向坐标系建立的基础上，基于高斯模型，实现对于航行状态下的船舶在任意时刻排放的气体扩散浓度分布模拟计算。模型将船舶在航行过程中连续释放的烟团视为有限个瞬时排放烟团的叠加，基于高斯烟团扩散模型计算在任意时间点船舶排放烟团扩散至空间位置点的质量浓度，即任意时刻、任意空间点的船舶大气污染物排放扩散浓度为多个烟团扩散至该空间位置点的质量浓度的叠加。

假设船舶航行至t_n时刻，受影响空间位置点(x,y,z)在t_n时刻的污染物浓度是船舶在$t_1,t_2,t_3,\cdots,t_n$时刻排放的 n 个烟团对于位置点(x,y,z)影响浓度的叠加，如式（4.3-2）所示：

$$C(x,y,z,t_n)=\sum_{i=1}^{n}C_i(x',y',z,t_n)=\sum_{i=1}^{n}C_i[g(x),g(y),z,t_n] \tag{4.3-2}$$

式中：$C(x,y,z,t_n)$——受影响位置点(x,y,z)在t_n时刻大气污染物浓度，$\mu g\cdot m^{-3}$；

$[g(x),g(y),z]$——受影响点(x,y,z)转换后的坐标。

船舶在t_i时刻排放的烟团扩散至(x,y,z)位置点在t_n时刻的浓度$C_i(x,y,z,t_n)$的计算方法如式（4.3-3）所示：

$$C_i(x,y,z,t_n)=\frac{E_{t_i}}{(2\pi)^{\frac{3}{2}}\sigma_x\sigma_y\sigma_z}\times\exp\left\{-\frac{[g_i(x)-u(t_n-t_i)]^2}{2\sigma_x^2}\right\}\times\exp\left\{-\frac{[g_i(y)]^2}{2\sigma_x^2}\right\}\times \left\{\exp\left[-\frac{(z_i-H_e)^2}{2\sigma_z^2}\right]+\exp\left[-\frac{(z_i+H_e)^2}{2\sigma_z^2}\right]\right\} \tag{4.3-3}$$

式中：E_{ti}——船舶在t_i时刻排放的污染物量，g；

u——风速，m/s；

H_e——船舶排放的烟团高度，为烟囱高度（H）和烟团的瞬时抬升高度，即$H_e=H+\Delta h$，m。

参考已有研究成果，Δh 的计算方法如式（4.3-4）所示：

$$\Delta h=\frac{v_s\times d}{u}\times\left[1.5+2.68\times10^{-3}\times p\times\frac{(T_s+273.15)-(T_a+273.15)}{T_s+273.15}\times d\right] \tag{4.3-4}$$

式中：v_s——烟团从船舶烟囱口的排放速度，m/s；

d——烟囱口的直径，m/s；

p——环境大气压强，mbar，1bar = 10^5Pa；

T_s——船舶烟囱口的温度，℃；

T_a——环境温度,℃;

σ_x、σ_y、σ_z——下风向、横风向和垂直方向的扩散系数,m。

σ_x、σ_y、σ_z的计算方法可参考 Turner 方法求得:

$$\begin{cases} \sigma_x = b \times g(x)^a \\ \sigma_y = \sigma_x \\ \sigma_z = d \times g(x)^c \end{cases} \tag{4.3-5}$$

可参考 Turner 方法,依据大气稳定度和受影响点与排放源位置点在下风向的距离确定扩散系数的值,确定式(4.3-5)中 a,b,c,d 的值,见表 4.3-1。

扩散系数参数 a,b,c,d 参考值 表 4.3-1

大气稳定度级别	a	b	$g(x)$ (m)	c	d	$g(x)$ (m)
A	0.901074	0.425809	0~1000	1.12154	0.07	0~300
	0.850934	0.602052	>1000	1.5136	0.008547	300~500
				2.10881	0.002115	>500
B	0.91437	0.281846	0~1000	0.964435	0.12719	0~500
	0.865014	0.396353	>1000	1.09356	0.057025	>500
B-C	0.919325	0.2295	0~1000	0.941015	0.114682	0~500
	0.875086	0.314238	>1000	1.0077	0.075718	>500
C	0.924279	0.177154	0~1000	0.917579	0.106803	>0
	0.885157	0.232123	>1000			
C-D	0.926849	0.14394	0~1000	0.838628	0.126152	0~2000
	0.88694	0.189396	>1000	0.75641	0.235667	2000~10000
				0.815575	0.136659	>10000
D	0.929418	0.110726	0~1000	0.826212	0.104634	0~1000
	0.888723	0.146669	>1000	0.632023	0.400167	1000~10000
				0.55536	0.810736	>10000
D-E	0.925118	0.0985631	0~1000	0.776864	0.111771	0~2000
	0.892794	0.124308	>1000	0.572347	0.528992	2000~10000
				0.499149	1.0381	>10000
E	0.920818	0.0864001	0~1000	0.78837	0.092752	0~1000
	0.896864	0.101947	>1000	0.565188	0.433384	1000~10000
				0.414743	1.73241	>10000

续上表

大气稳定度级别	a	b	$g(x)$ (m)	c	d	$g(x)$ (m)
F	0.929418	0.0553634	0 ~ 1000	0.7844	0.062076	0 ~ 1000
	0.888723	0.0733348	> 1000	0.522969	0.370015	1000 ~ 10000
				0.322659	2.40691	> 10000

如表 4.3-1 所示，依据太阳辐射等级数和风速，将大气稳定度分为了极不稳定、不稳定、弱不稳定、中性、弱稳定和稳定六个级别，分别用 A、B、C、D、E、F 表示。在表 4.3-1 中，B-C 为 B 和 C 的内插，C-D 为 C 和 D 的内插，D-E 为 D 和 E 的内插，对于大气稳定度等级的判断，可参考表 4.3-2。

大气稳定度分级表　　表 4.3-2

风速 (m/s)	太阳辐射等级数					
	+3	+2	+1	0	−1	−2
<1.9	A	A-B	B	D	E	F
2 ~ 2.9	A-B	B	C	D	E	F
3 ~ 4.9	B	B-C	C	D	D	E
5 ~ 5.9	C	C-D	D	D	D	D
>6	C	D	D	D	D	D

可根据当地的太阳高度角和云量值，确定表 4.3-2 中的太阳辐射等级数，见表 4.3-3。

太阳辐射等级数　　表 4.3-3

云量		夜晚	太阳高度角(°)			
总云量	低云量		<15	15 ~ 35	35 ~ 65	>65
<4	<4	−2	−1	+1	+2	+3
5 ~ 7	<4	−1	0	+1	+2	+3
>8	<4	−1	0	0	+1	+1
>7	>7	0	0	0	0	+1
>8	>8	0	0	0	0	0

在表 4.3-3 中，太阳高度角可由太阳倾角值、观测时间、观测点的经纬度位置计算得到，具体计算方程式如式(4.3-6)所示：

$$\delta_h = \arcsin[\sin(y) \times \sin\delta + \cos(y) \times \cos\delta \times \cos(15t + x - 300)] \tag{4.3-6}$$

式中：δ_h——太阳高度角，°；

(x,y)——观测点经纬度位置；

δ——太阳倾角,°,参考值见表 4.3-4;

t——观测的时刻。

太阳倾角(δ)参考值　　表 4.3-4

月份	旬	δ(°)	月份	旬	δ	月份	旬	δ
1	上	-22	5	上	+17	9	上	+7
	中	-21		中	+19		中	+3
	下	-19		下	+21		下	-1
2	上	-15	6	上	+22	10	上	-5
	中	-12		中	+23		中	-8
	下	-9		下	+23		下	-12
3	上	-5	7	上	+22	11	上	-15
	中	-2		中	+21		中	-18
	下	+2		下	+19		下	-21
4	上	+6	8	上	+17	12	上	-22
	中	+10		中	+14		中	-23
	下	+13		下	+11		下	-23

4.3.1.2　船舶大气污染物扩散模拟及特征分析

船舶大气污染物排放扩散模型模拟气体在空间中的浓度分布时,主要受到气象条件的影响。为研究扩散模型与气象条件之间的关系,选取一艘航行状态下的船舶作为排放源,运用第 2.2.4 节中提出的船舶大气污染物动态测算方法计算这艘船舶在时间步长为 1s 的船舶航行轨迹点的 SO_2 排放量。将船舶的 SO_2 排放量作为排放源强,运用船舶大气污染物排放扩散模型,仿真模拟不同风速、不同受影响点高程的船舶排放 SO_2 扩散质量浓度分布,再对两组敏感性试验结果进行对比分析,进一步认识船舶大气污染物排放扩散特征。仿真模型所需的扩散参数见表 4.3-5,包括大气环境温度、烟囱高度、烟囱半径、排放温度和风向。

扩散参数设定　　表 4.3-5

大气环境温度(℃)	烟囱高度(m)	烟囱半径(m)	烟囱口平均排放温度(℃)	风向(°)
32	17.5	2.5	430	100

风速是大气稳定度划分的重要因素,参考不同等级大气稳定度中的风速,研究不同风速下船舶大气污染物排放扩散特征。在白天条件下,设定风速分别为 $u = 2\text{m/s}$、3m/s、5m/s、6m/s,仿真模拟船舶航行至点 A 处沿着航线排放的 SO_2 扩散至周围空间高程 $z =$

10m 处的浓度分布,仿真结果如图4.3-3 所示。在图4.3-3 中,黑色的曲线为船舶的航行轨迹,白色的箭头为船舶的航向。

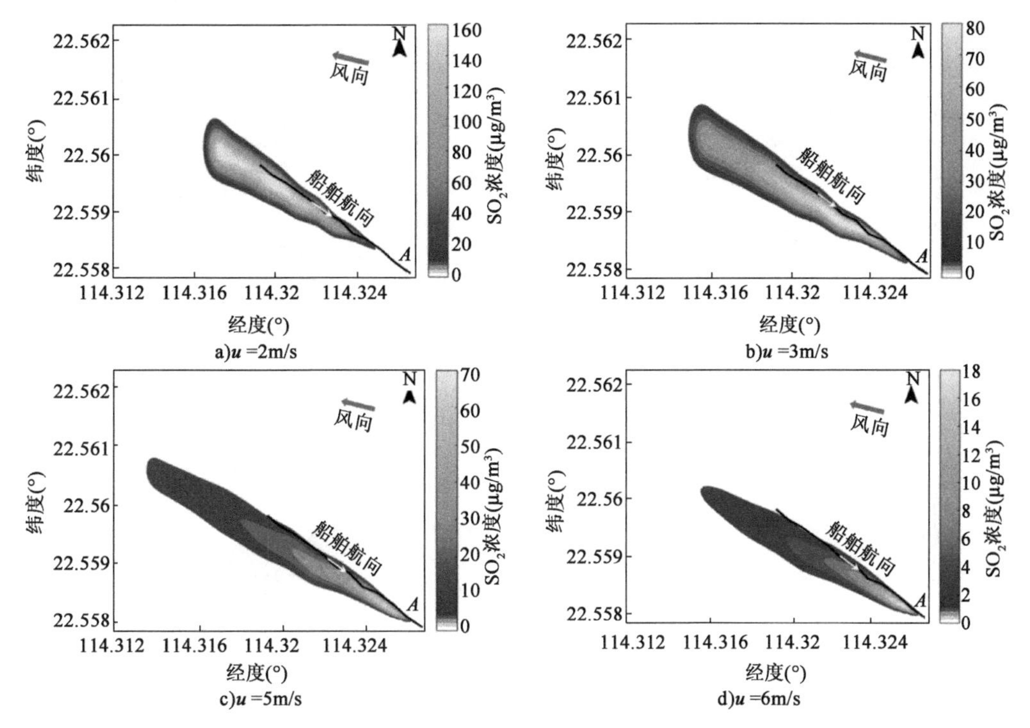

图4.3-3　船舶排放的 SO_2 在不同风速条件下扩散至周围环境中的浓度分布

从图4.3-3 中可以看出,随着风速的增加,船舶排放的 SO_2 扩散至空气中的最大浓度也显著降低,风速为2m/s 时的 SO_2 最大扩散浓度约为当风速为5m/s 时的 SO_2 最大扩散浓度的8 倍。最后一个航迹点 A 到最大浓度扩散区域的距离随着风速的增大而减小。同时可以看出,当风速较低时,受船舶排放 SO_2 影响的高污染浓度区域面积也较大,这主要是由于风速增大引起的大气湍流增加,使得扩散更强。

为分析船舶排放的污染物在不同高程平面的扩散浓度分布特征,将风速设为2m/s,模拟船舶排放的 SO_2 在0m、5m、10m 和15m 的扩散浓度分布,模拟结果如图4.3-4 所示。

一般情况下,越接近船舶烟囱口的高程平面,SO_2 浓度越大。在仿真试验中,选取的四个高程平面都低于排放船舶的烟囱口高度,这与船舶排放的 SO_2 在小于烟囱口高程平面的排放规律具有相似性。从图4.3-4 中可以看出,SO_2 最大浓度区域与船舶的最后一个航迹点的距离是随着受影响点平面高程的增加而减小的,且受影响点平面的高程越低,SO_2 最大扩散浓度越小。在试验中,船舶的烟囱高度为17.5m,但气体从船舶烟囱口排出后会有一个下沉的过程,因此,受影响点高程越低,受船舶排放 SO_2 的扩散影响面积越大。

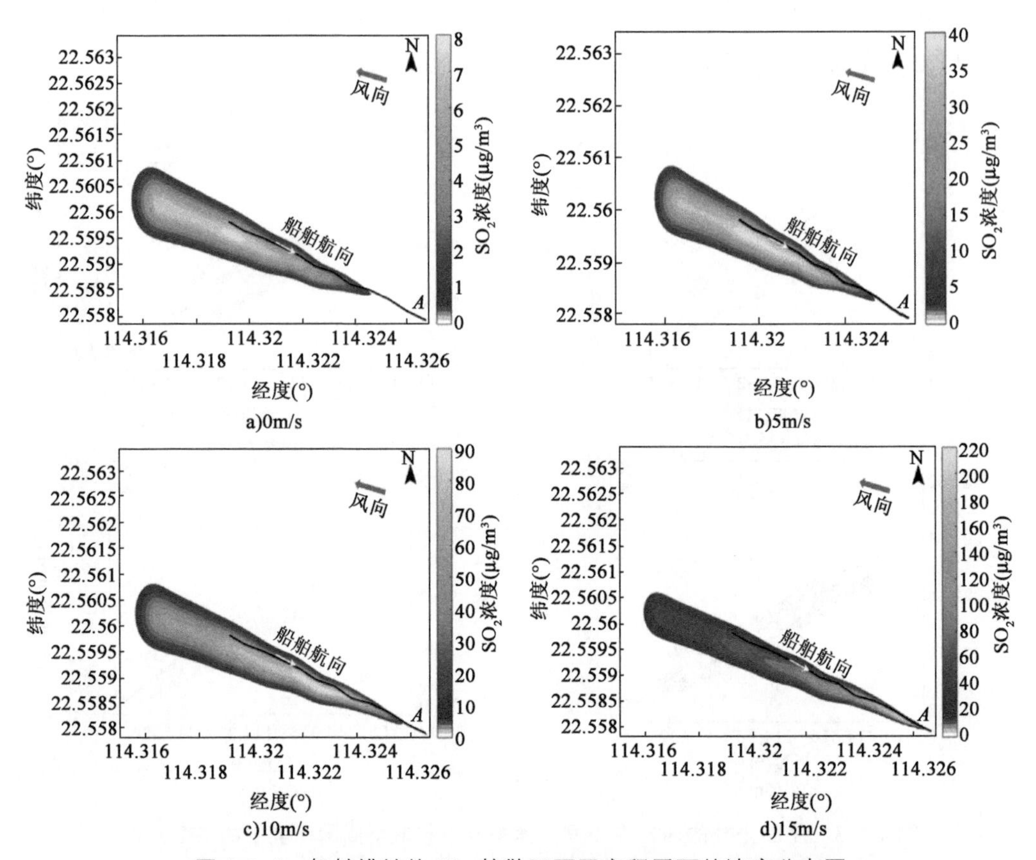

图 4.3-4　船舶排放的 SO_2 扩散至不同高程平面的浓度分布图

随着时间的推移,船舶排放的大气污染物也是动态扩散的。为分析船舶排放的大气污染物扩散浓度与扩散时间之间的关系,利用船舶大气污染物扩散模型,设置风速为2m/s,设置扩散时间分别为 $t=0$s、60s、120s、180s、240s 和 500s,仿真模拟船舶航行至点 A 处沿着航线排放的 SO_2 扩散至周围空间高程 $z=10$m 处的浓度分布,模拟结果如图 4.3-5 所示。仿真试验结果表明,船舶排放的 SO_2 扩散至不同的位置的浓度差异大,且随着扩散时间的增加,同一受影响位置的 SO_2 峰值浓度显著降低。

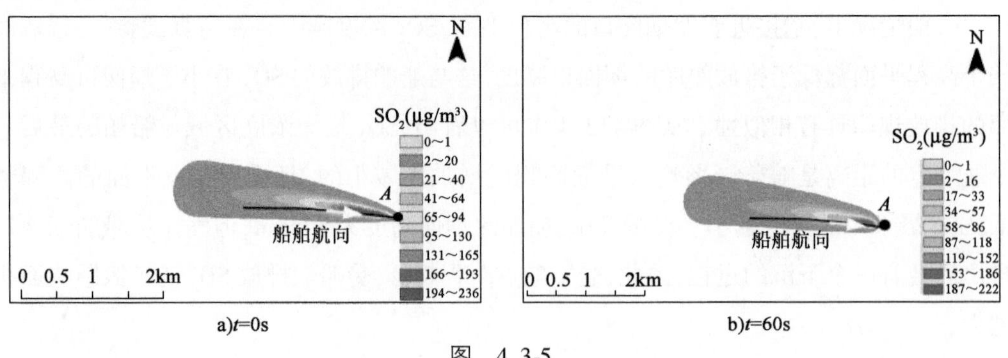

a)t=0s　　b)t=60s

图　4.3-5

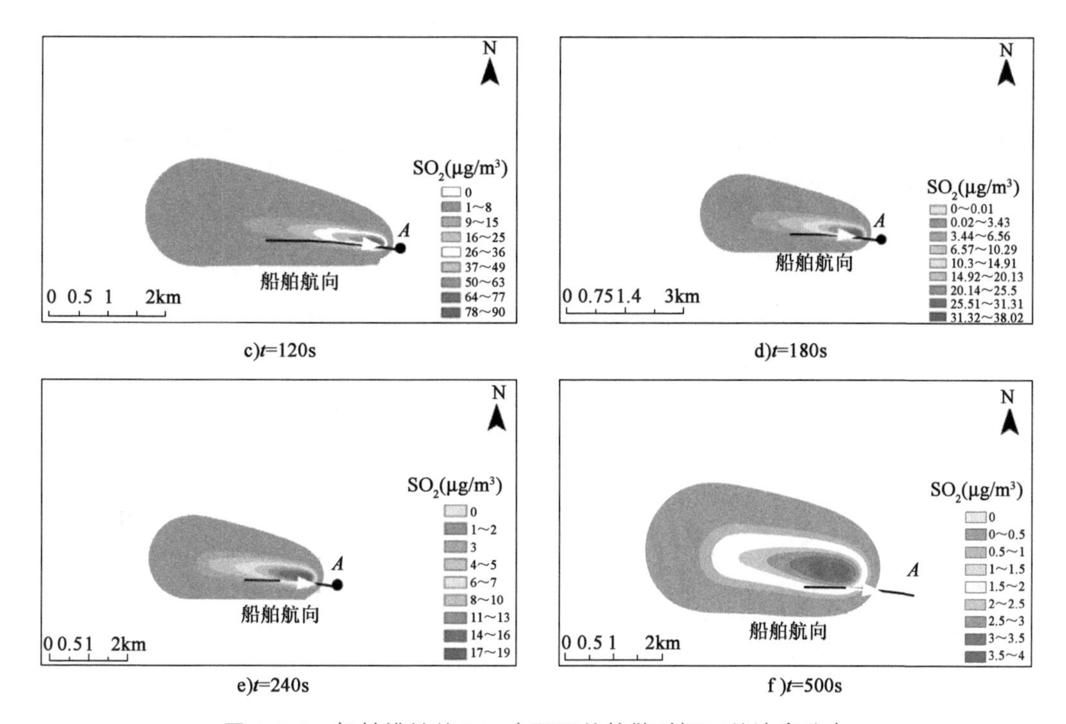

c) t=120s　　d) t=180s

e) t=240s　　f) t=500s

图 4.3-5　船舶排放的 SO_2 在不同的扩散时间下的浓度分布

4.3.1.3　模型精度分析

为验证船舶大气污染物排放扩散模型的有效性，选取两艘处于航行状态下的船舶，结合船舶的基本信息、航行轨迹及 SO_2 排放情况时间序列，结合岸基嗅探式船舶大气污染物排放监测设备提供的 SO_2 监测浓度数据以及气象环境监测数据进行逐一分析。其中，沿船舶航行轨迹的排放量基于船舶 AIS 数据，并利用第 2.2.4 节中船舶大气污染物动态排放测算方法计算得到，气象数据由安装的微型气象观测仪获取。选取船舶大气污染物岸基固定监测设备的监测值有明显峰值变化的时间段，对这两个时间段内的船舶排放的 SO_2 模拟质量浓度与监测站实际监测质量浓度数据对比分析，具体分析过程如下：

(1)解析监测系统中船舶 AIS 数据和气象数据，保存至数据库；

(2)提取气体监测质量浓度峰值数据、峰值时间段质量浓度贡献船舶的 AIS 数据和气象数据；

(3)基于 AIS 数据和改进的 STEAM 模型，计算船舶废气排放轨迹；

(4)以船舶 SO_2 排放轨迹作为排放源，带入船舶大气污染物排放扩散模型中，计算扩散至监测站点的质量浓度；

(5)将模拟浓度与监测浓度对比分析，并计算误差。

两艘试验分析船舶的基本信息和扩散模型所需参数信息见表 4.3-6 和表 4.3-7。图 4.3-6 表示试验船舶的 SO_2 排放轨迹，图 4.3-7 表示船舶大气污染物排放扩散模型模拟的 SO_2 质量浓度（船舶大气污染物排放至监测站点质量浓度和背景质量浓度之和）与监测质量浓度对比结果。

试验船舶烟囱信息 表 4.3-6

船　名	烟囱个数	烟囱高度（m）	烟囱半径（m）	烟囱口平均排放温度（℃）
Ship1	7	21	1.8	305
Ship2	7	25.5	3.3	250

扩散模型其他参数信息 表 4.3-7

船　名	主机功率（kW）	辅机功率（kW）	最大航速（kn）	风速（m/s）	风向（°）
MSC BETTINA	45500	12800	24	4.95	160
MSC BERYL	45716	16000	23.5	4.11	155

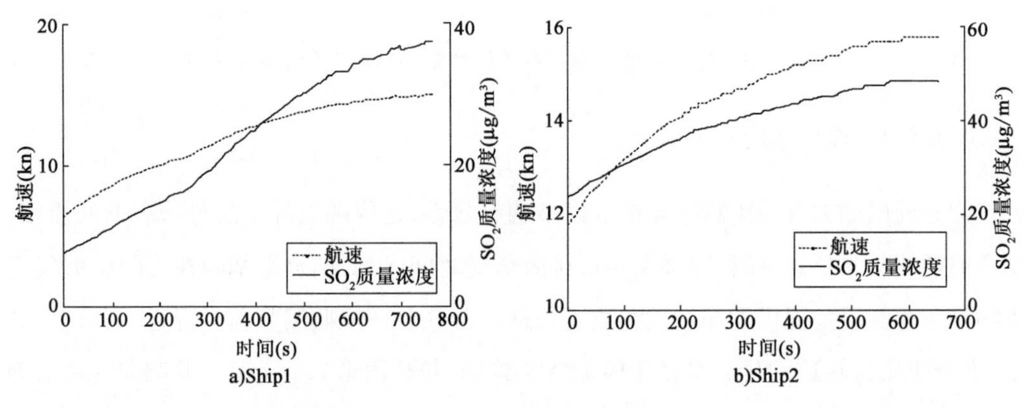

图 4.3-6　试验船舶 SO_2 排放轨迹

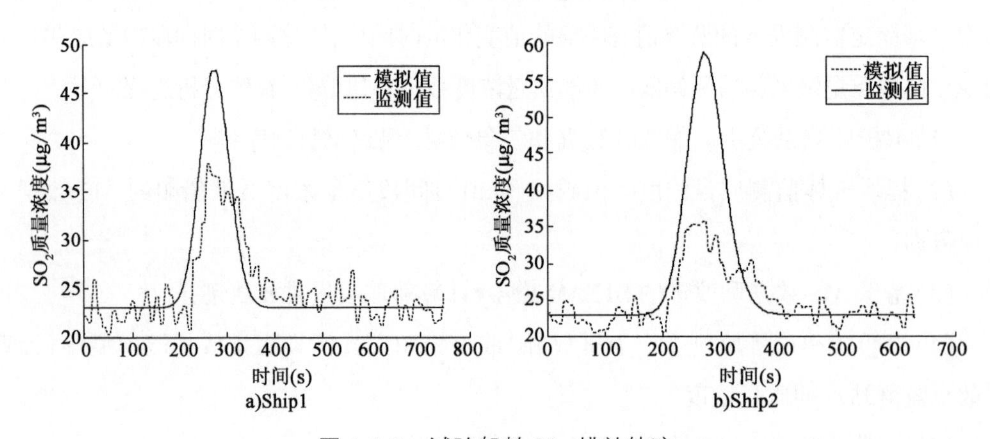

图 4.3-7　试验船舶 SO_2 排放轨迹

从图 4.3-6 中可以看出，船舶 SO_2 排放轨迹曲线与船舶航行速度的变化趋势呈正相关，船舶航行速度越大，船舶 SO_2 排放量越大。船舶在加速离港过程中，安装在码头的固定监测站 SO_2 质量浓度监测值也呈增加趋势，随船舶逐渐驶离港口，监测质量浓度也逐渐下降回归至背景浓度。图 4.3-7 表示 Ship1 和 Ship2 在航行过程中，在同一时间产生的船舶烟羽扩散至监测站的模拟质量浓度和实际监测质量浓度的对比结果，模拟质量浓度和监测质量浓度的时间步长为 1s。Ship1 的模拟质量浓度和监测质量浓度的相对误差为 8.12%，Ship2 的模拟质量浓度和监测质量浓度的相对误差为 12.47%，综合相对误差为 10.30%。在模拟质量浓度和监测质量浓度曲线有明显变化趋势的时间范围内，Ship1 的模拟质量浓度和监测质量浓度的相对误差为 17.94%，Ship2 的模拟质量浓度和监测质量浓度的相对误差为 21.68%，综合相对误差为 19.81%。模拟质量浓度与监测站监测质量浓度误差在合理范围内，船舶大气污染物排放扩散模型可有效地模拟船舶大气污染物扩散，但模拟结果的精度有待于进一步优化和提高。

4.3.2　考虑 SO_2 扩散模拟和监测浓度的单船超标排放监测与辨识

在利用嗅探式监测设备远程监测船用燃料油硫含量时，需要获取高精度的船舶排放的 SO_2 和 CO_2 的监测浓度数据。监测浓度为船舶排放的大气污染物扩散至监测设备处的影响浓度和环境背景浓度之和。监测浓度值的可信度和精度受到多种因素的影响，包括监测设备布设的位置、船舶排放强度、排放源位置和气象条件等。在以往的研究中，多是基于 SO_2 和 CO_2 的监测浓度比值估算被监测船用燃料油硫含量，但这忽视了船舶排放大气污染物的扩散特征，尤其易受到 CO_2 背景浓度的影响。CO_2 背景浓度随高度变化显著，且 CO_2 背景值远高于船舶排放的 CO_2 扩散影响浓度值，因此，依据监测浓度数据，难以精确地确定船舶排放 CO_2 的监测浓度增量值。因此，在本小节中，考虑船舶自身排放特征、大气环境特征，结合船舶大气污染物排放扩散模型和嗅探式监测设备实现单船超标排放监测与辨识。

4.3.2.1　辨识方法

考虑船舶动态活动和排放特征和大气环境对于监测浓度的影响，基于 4.3.1 节中提出的船舶大气污染物排放扩散模型，提出了一种融合 SO_2 监测浓度和 SO_2 理论扩散浓度的船用燃料油硫含量遥测与估算方法，该方法分为三个步骤，分别为：计算被监测目标船舶 SO_2 理论排放值、计算目标船舶排放的 SO_2 扩散至监测站点位置的理论扩散浓度和估算船舶燃料油硫含量（FSC），方法流程如图 4.3-8 所示。

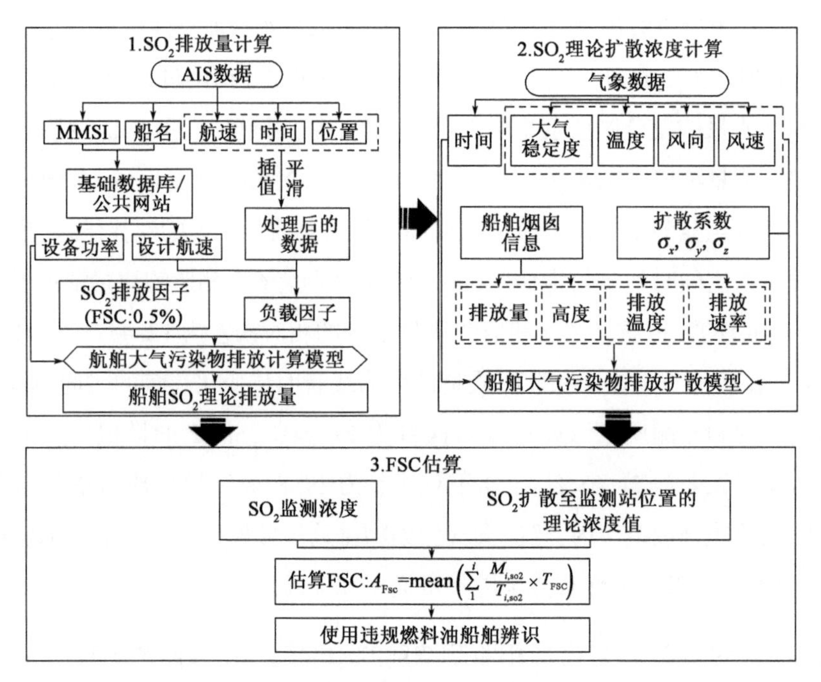

图 4.3-8　单船超标排放监测与辨识方法流程图

具体方法为：

(1)计算船舶排放 SO_2 理论排放值。基于 AIS 提供的被监测目标船舶的活动信息，利用2.4 节中提出的船舶大气污染物排放计算方法计算船舶 SO_2 排放量，其中，假设目标监测船舶使用的是合规燃料油，燃料油的 FSC 为政府规定的限定值，从而用来确定计算模型中 SO_2 的排放因子值(参考 2.4.3.2 节)。

(2)计算 SO_2 理论扩散浓度值(记为T_{SO_2})。步骤(1)计算的船舶 SO_2 排放量为船舶大气污染物排放扩散模型中的输入参数，再基于气象观测数据(风速、风向、温度等)以及船舶排放相关参数(船舶动态排放位置、SO_2 排放量、船舶烟囱信息等)，利用 4.3.1 节中提出的船舶大气污染物排放计算模型计算船舶排放的 SO_2 扩散至监测站位置的浓度值。

(3)估算被监测目标船舶 FSC(记为A_{FSC})。船舶大气污染物排放监测站可提供船舶排放 SO_2 的浓度监测值，记为M_{SO_2}。基于 SO_2 监测浓度(M_{SO_2})和步骤(2)计算的船舶排放 SO_2 的理论扩散浓度(T_{SO_2})，可实现船用燃料油硫含量的估算，具体计算方法如式(4.3-6)所示。当A_{FSC}大于政府规定的 FSC 限定值(T_{FSC})时，则判断被监测目标船舶为使用违规超标燃料油船舶，海事监管部门需进一步登船采集目标船舶使用的燃料油样本并在监测其实际 FSC。

$$A_{FSC} = \text{mean}\left(\sum_{n=1}^{i}\frac{M_{i,SO_2}}{T_{i,SO_2}} \times T_{FSC}\right) \tag{4.3-6}$$

式中：A_{FSC}——估算的目标监测船舶燃料油 FSC 值，%m/m；

M_{i,SO_2}——在 i 时刻监测站受目标船舶排放 SO_2 影响的监测浓度增量，ppm；

T_{i,SO_2}——船舶使用合规燃料油排放的 SO_2 扩散至监测站位置在 i 时刻的理论扩散浓度值，ppm；

T_{FSC}——政府对船用燃料油 FSC 的限定值，%m/m。

4.3.2.2 试验与验证

1）试验区域和基础数据

以深圳市盐田港为试验区域，验证 4.3.2.1 节提出的单船超标船舶监测与辨识方法的有效性。采用 4.2.3 节提出的无人机嗅探式监测系统跟踪监测船舶排放的大气污染物浓度。图 4.3-9 为研究区域，在图 4.3-9 中，由于大部分进出港船舶航行的航道在点 H 附近，因此，确定 H 点为无人机嗅探式监测设备在执行监测任务时的起飞点。表 4.3-8 描述了详细的试验相关信息，在 2018 年 6 月 23—28 日进行了为期 5 天的监测试验，共跟踪监测共 11 艘船舶排放烟羽。

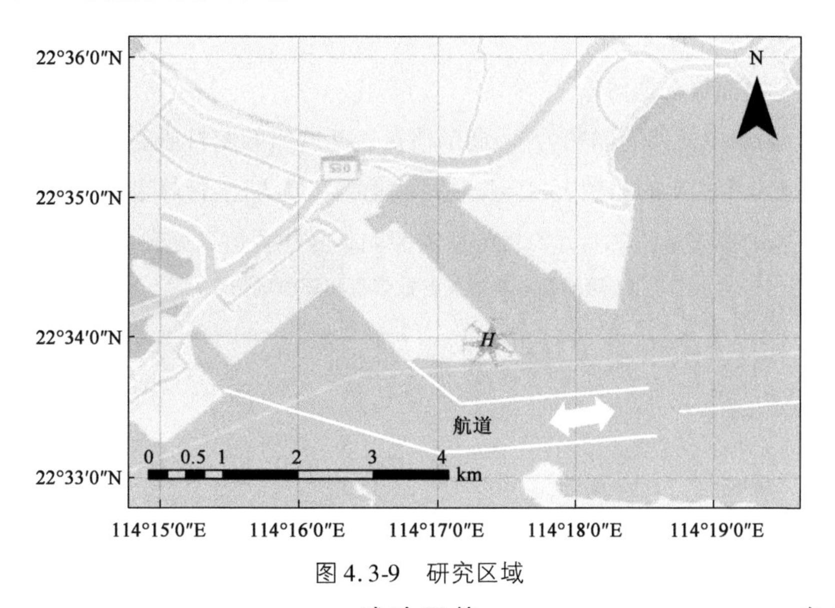

图 4.3-9 研究区域

试验环境 表 4.3-8

监测经度范围	114.224°E ~ 114.367°E
监测纬度范围	22.492°E ~ 22.556°N
监测时间	2018 年 6 月 23—28 日
SO_2 监测设备	嗅探式监测设备
搭载平台	六旋翼无人机

第 4.2.3 节中详细介绍了无人机嗅探式监测设备及其跟踪监测方法流程。另外，辨识方法模型中所需的目标跟踪船舶活动信息可从 AIS 数据库中获取，包括船舶实际航速、船舶位置、航向和航行状态等，所需的船舶主机功率、辅机功率、锅炉等参数信息可从深圳海事局或劳氏数据库获取。船舶的 SO_2 排放因子取决于船舶所用燃料油的质量，交通运输部规定从 2019 年 1 月起船舶进入排放控制区需要使用硫含量低于 0.5% m/m 的燃料油，同时，深圳作为中国珠江三角洲船舶排放控制区的重要组成部分，实施了更为紧缩的地方排放控制政策，从 2018 年起，进入深圳港的船舶需要使用硫含量低于 0.5% m/m 的燃料油，且鼓励进入深圳港的船舶使用硫含量低于 0.1% m/m 的燃料油。

由于本次试验区域为深圳盐田港，因此，选取燃料油硫含量为 0.5% m/m 作为选取船舶 SO_2 的排放因子，船舶主机和辅机 SO_2 排放因子参考 2.4 节。此外，在计算目标船舶理论 SO_2 排放量时，11 艘目标监测船舶都是集装箱船舶，参考已有文献中提出的辅机负载因子LF_a参考值，确定船舶在不同航行状态下的负载因子。当集装箱船舶处于巡航状态时，LF_a为 0.13；当集装箱船舶处于减速状态时，LF_a为 0.25；当船舶处于加速状态时，LF_a为 0.50；当船舶处于停靠泊状态时，LF_a为 0.17。被监测目标船舶的设计航速值可从公共网站或船舶基础数据库获取。

2）船用燃料油硫含量估算

以 11 艘船舶中的两艘船舶为例，展示估算这两艘船舶燃料油硫含量的详细估算过程。利用 2.4 节中提出的船舶大气污染物排放动态测算方法，计算目标监测船舶在航行过程中 SO_2 理论排放量，其中，计算模型所需船舶本身相关信息见表 4.3-9。

11 艘船舶本身相关参数信息和环境场信息 表 4.3-9

船舶编号	P_m（kW）	P_a（kW）	MS（kn）	烟囱高度（m）	烟囱直径（m）	风向	风速（m/s）
Ship1	68443	16000	23.5	25.5	3.30	WS	2.5
Ship2	45716	12000	25	32.2	2.60	WS	2.3
Ship3	48510	16000	23	22.9	2.42	EN	1.8
Ship4	48600	12000	26.8	28.5	4.5	EN	1.98
Ship5	68640	14350	26.5	29.9	1.50	ES	3.63
Ship6	62500	16200	23	36.9	1.00	ES	4.5
Ship7	45500	12800	24	21	1.80	WS	4.95
Ship8	61365	16000	25.2	30	1.00	WS	3.55
Ship9	42350	17660	23.5	25.5	3.30	WS	2.15
Ship10	61900	13440	21.5	32.7	6.46	WN	2.37
Ship11	47430	16420	22	38	2.50	WN	4.4

注：P_m为船舶主机功率；P_a为船舶辅机功率；MS 为设计最大航速。

图 4.3-10 展示了两艘船舶在被跟踪监测时间段内随着航速和 SO_2 排放量值，其中，三角形标识的曲线表示随着时间推移船舶航速的变化，圆形标识的曲线表示 SO_2 排放量的变化趋势，可以看出，船舶 SO_2 排放量与船舶航行速度具有相似的变化趋势。

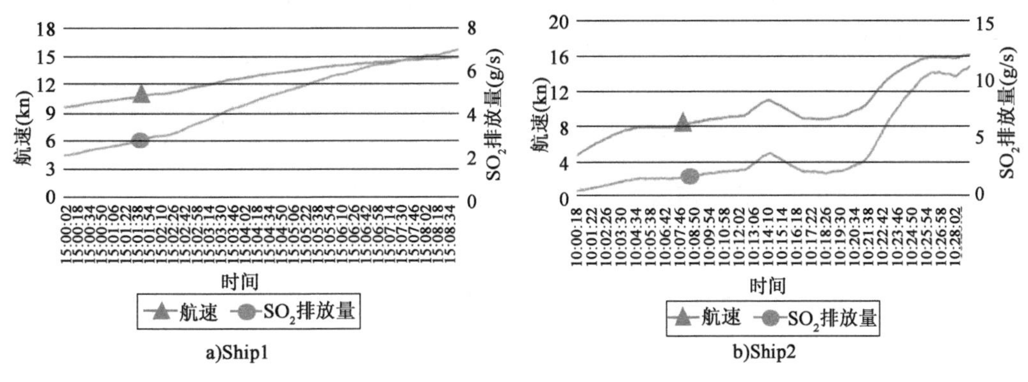

图 4.3-10　两艘样本船舶的 SO_2 排放量

利用 4.3.1.3 节中提出的船舶大气污染物排放扩散模型，模拟两艘样本船舶在航行过程排放的 SO_2 扩散至无人机嗅探式监测设备位置的浓度，在上述过程中计算的船舶 SO_2 排放量为扩散模型的船舶排放源强的输入参数，AIS 提供的船舶航行轨迹为排放源的位置参数信息。另外，扩散模型中所需的云量可从公共网站（国家气象科学数据中心，http://data.cma.cn）获取。两艘样本船舶排放 SO_2 的扩散至无人机飞行位置的浓度值即为T_{SO_2}，监测设备提供的 SO_2 监测浓度值即为M_{SO_2}。图 4.3-11 和图 4.3-12 分别展示了随着时间推移，两艘样本船舶的实际监测浓度值M_{SO_2}和理论扩散值T_{SO_2}的变化，其中 a）为船舶排放的 SO_2 在监测设备监测位置的监测浓度值，b）为计算的 SO_2 理论扩散模拟浓度值。

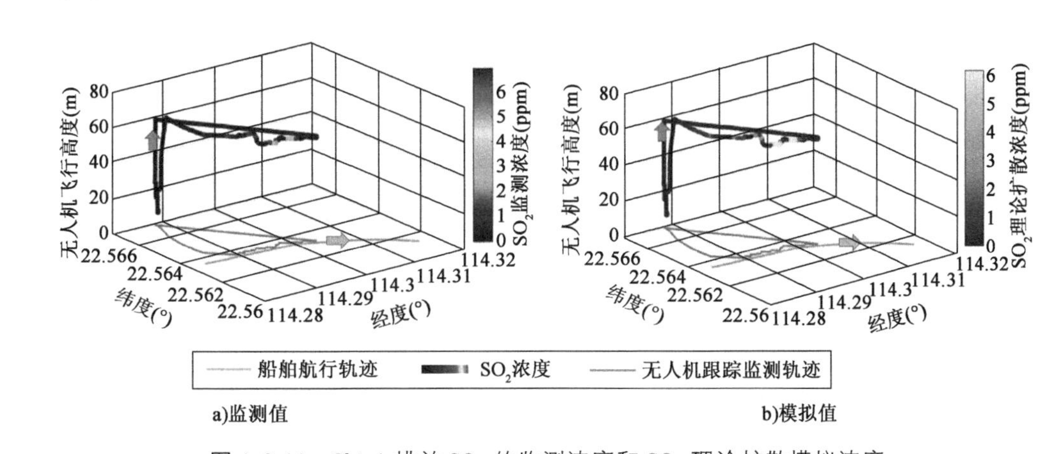

图 4.3-11　Ship1 排放 SO_2 的监测浓度和 SO_2 理论扩散模拟浓度

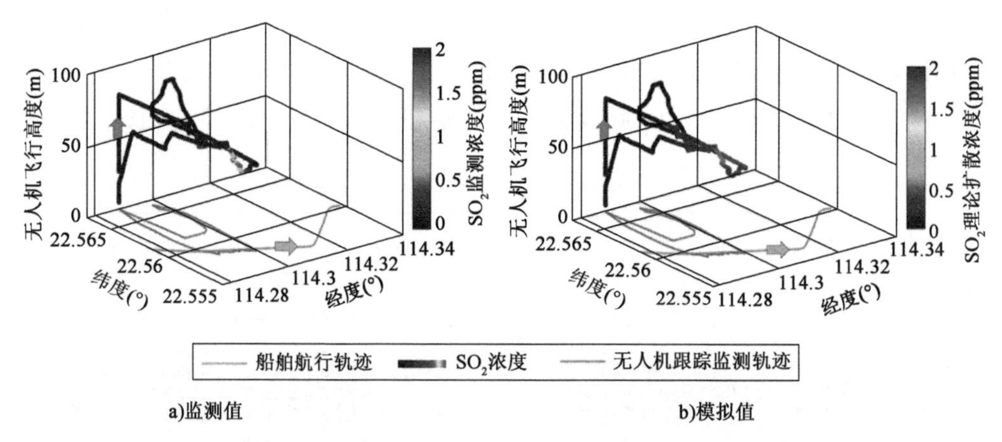

图 4.3-12 Ship2 排放 SO_2 的监测浓度和 SO_2 理论扩散模拟浓度

设$t_{m,1}$为无人机开始执行船舶排放监测任务的起飞时间，$t_{m,n}$为无人机结束船舶排放监测任务的返回地面的时间，[$t_{m,1}$，$t_{m,n}$]为对于目标船舶有效监测的时间区间。记船舶排放 SO_2 的理论扩散浓度值开始上升的时间点为$t_{t,1}$，$t_{t,n}$为船舶排放 SO_2 的理论扩散浓度值回落至背景浓度值的时间点，[$t_{t,1}$，$t_{t,n}$]为目标船舶排放 SO_2 的有效理论扩散模拟浓度的时间区间。[$t_{m,1}$，$t_{m,n}$]与[$t_{t,1}$，$t_{t,n}$]时间区间的交集为用来选取计算的目标船舶船用燃料油硫含量的时间区间。由图 4.3-11 和图 4.3-12 可以看出，对于两艘船舶，跟踪监测 SO_2 高浓度位置和理论扩散模拟高浓度位置匹配度高，且两艘船的排放 SO_2 的理论模拟浓度值T_{SO_2}要低于实际 SO_2 监测浓度值M_{SO_2}。图 4.3-13 展示了两艘船排放 SO_2 理论扩散模拟浓度值在时间尺度上的计算结果，圆形标识的曲线表示 SO_2 模拟值，三角形标识的曲线表示实际监测值(剔除背景浓度后的浓度增量)。

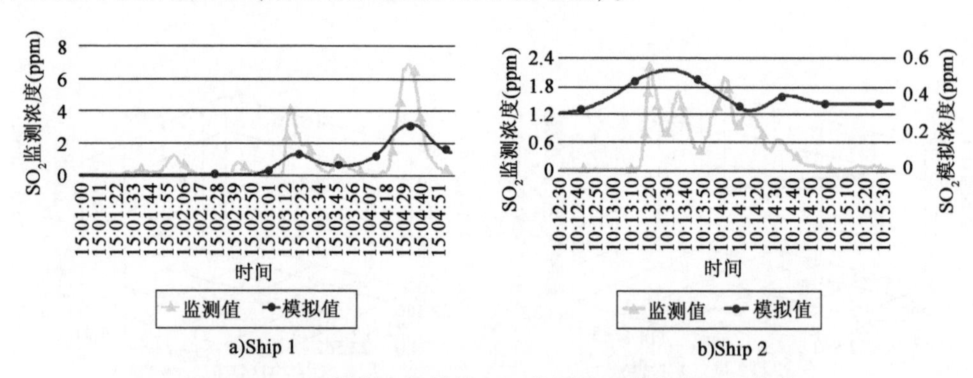

图 4.3-13 两艘样本船排放 SO_2 监测值和模拟值变化趋势

无人机嗅探式监测设备对于 Ship1 排放的 SO_2 的有效跟踪监测时间区间为[15:01:00，15:04:50]，有效模拟估算时间区间为[15:03:00，15:04:50]，因此，利用这两个时间交集区间范围内的T_{SO_2}和M_{SO_2}，并采用式(4.3-7)提出的估算方法，估算 Ship1 的船用燃料油硫含量A_{FSC}，估算结果为 0.92% m/m，该估算结果超过政府限定燃料油硫含量（0.5% m/m）值 84%，海事监管部门登船检测 Ship1 的实际船用燃料油硫含量为 1.49% m/m。因此，Ship1 可以被视为使用违规燃料油的船舶。其中，Ship1 船舶燃料油硫含量估算值A_{FSC}和实验室实际检测值的相对误差为 61%。

对于 Ship2，有效监测浓度的时间区间为[10:13:00，10:15:00]，有效模拟浓度的时间区间为[10:11:00，10:19:00]，因此，用来估算 Ship2 船用燃料油硫含量的时间区间范围为[10:13:00，10:15:00]，A_{FSC}的估算结果为 1.21% m/m，明显高于 FSC 限制值。实验室提供的 ship2 的实际检测值T_{FSC}为 1.86% m/m，T_{FSC}和A_{FSC}的相对误差为 54%。

3）精度分析

在本次试验中，采用无人机嗅探式船舶大气污染物排放监测系统共跟踪监测 11 艘船舶，表 4.3-9 表示了 11 船舶排放 SO_2 理论扩散模拟所需的参数信息，采用式（4.2-7）中的 FSC 估算方法，对 11 艘船舶的 FSC 进行了估算，船舶计算的船用燃料油硫含量A_{FSC}和实验室实际检测燃料油硫含量的相对误差记为RD_1，这 11 艘船舶的RD_1的计算值见表 4.3-10。由表 4.3-10 可知，11 艘船舶的RD_1的平均值为 46%。

为进一步分析本章提出的 FSC 估算方法的有效性，采用 4.2 节中式（4.2-1）中介绍的传统采用 CO_2 和 SO_2 监测浓度比值计算 FSC 的方法估算 11 艘船舶的燃料油 FSC 值，记为CS_{FSC}，计算结果见表 4.3-10。记CS_{FSC}和实验室检测的 FSC 值的相对误差为RD_2，11 艘船舶的RD_2 平均值为 169%，这明显高于本书提出方法计算的相对误差值。可以看出，本小节提出的方法在计算 FSC 时相较于传统方法精度提高了 123%。11 艘船舶的 RD_1 和 RD_2 如图 4.3-14 所示。基于试验结果，可以看出船舶 FSC 估算方法和本文提出的 FSC 估算方法估算的结果都较实际油检结果偏低，且传统的基于碳硫比的 FSC 估算方法的误差较大，由于大气中的 CO_2 浓度值较高，因此，难以基于 CO_2 监测浓度数据识别由于船舶排放 CO_2 造成的监测浓度增量。此外，在采用本书提出的船舶大气污染物扩散模型计算船舶排放的 SO_2 扩散至监测站位置的理论浓度值时，模型内考虑的扩散环境要素以及要素值与实际扩散环境存在差异，因此，SO_2 理论扩散浓度值与实际扩散浓度值存在误差，使得最后估算的 FSC 值与实际油检值存在误差，但误差值在合理范围内，为 46%。

11 艘船舶船用燃料油 FSC 估算值　　表 4.3-10

船舶编号	M_{SO_2} (ppm)	T_{SO_2} (ppm)	M_{CO_2} (ppm)	A_{FSC} (%)	CS_{FSC} (%)	实际 FSC (%)	RD_1	RD_2
1	1.12	0.61	471.58	0.92	0.55	1.49	61%	170%
2	1.09	0.45	493.91	1.21	0.51	1.86	54%	263%

续上表

船舶编号	M_{SO_2}（ppm）	T_{SO_2}（ppm）	M_{CO_2}（ppm）	A_{FSC}（%）	CS_{FSC}（%）	实际 FSC（%）	RD_1	RD_2
3	0.71	1.13	410.43	0.31	0.40	0.32	3%	20%
4	1.15	0.49	482.53	1.16	0.55	1.86	38%	238%
5	0.76	0.36	509.60	1.06	0.35	1.61	52%	365%
6	1.69	0.52	387.51	1.62	1.01	1.69	4%	67%
7	0.92	0.34	494.21	1.34	0.43	1.41	5%	228%
8	1.03	0.29	424.51	1.75	0.56	1.40	25%	148%
9	0.92	0.46	451.30	1.01	0.48	1.28	27%	169%
10	1.60	0.55	404.23	1.44	0.92	1.82	21%	99%
11	1.45	0.65	435.52	1.12	0.77	1.47	32%	90%

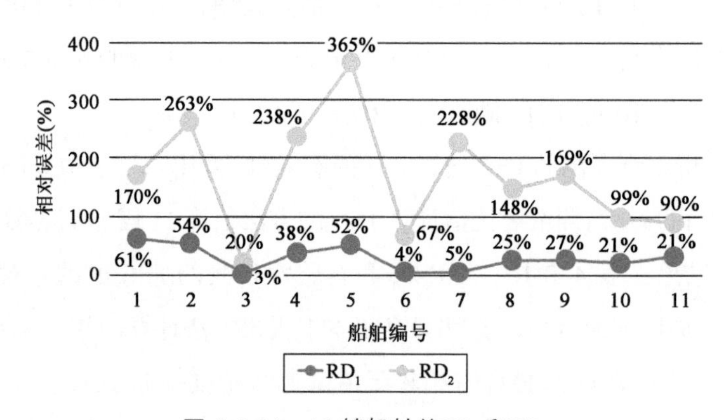

图 4.3-14　11 艘船舶的RD_1和RD_2

4）不同 FSC 限制政策下的应用可行性分析

在 4.3.2.1 节中提出了一种船用燃料油硫含量遥测与估算方法，用来识别使用违规燃料油船舶，该方法有助于保障船舶排放控制政策的实施。中国政府规定从 2018 年 1 月起，停靠泊船舶在中国船舶排放控制区内应使用硫含量低于 0.5% m/m 的燃料油，从 2019 年 1 月起，船舶进入排放控制区内应使用硫含量低于 0.5% m/m 的燃料油。在深圳港，自 2018 年 8 月起，深圳市政府鼓励进入深圳水域的船舶使用 FSC 低于 0.1% m/m 的燃料油，并予以一定的奖励。

在本工作中，在 2018 年 6 月，基于本节中提出的方法监测了 11 艘航行船舶的燃料油硫含量，试验结果表明，10 艘船使用的燃油大于 0.5% m/m，只有 1 艘船使用的燃油硫含量小于 0.5% m/m。该方法对于违规燃料油船舶的监测结果与实验室检测结果一致。基于该方法计算的 FSC 与实验室实测 FSC 的相对差误差为 46%。政府限定的 FSC 值

0.5% m/m与0.1% m/m的相对误差为400%，这远大于该方法的监测误差(46%)。

根据当前深圳港船舶船用燃料油FSC限值的规定，利用本书提出的单船超标船舶监测与辨识方法计算船舶船用燃料油FSC时，考虑方法的计算误差，当计算的FSC值小于0.146% m/m时，则被监测船舶被视为使用硫含量低于0.1% m/m的船舶，深圳政府应予以船舶相应的补贴；当船用燃料油FSC的计算值位于0.146% ~0.5% m/m区间范围内时，该船舶没有达到政府补贴标准，但船舶使用的是合规燃料油；当船用燃料油FSC值大于0.5% m/m时，该船将被认定为违规使用超标燃料油的船舶。本小节提出的单船超标排放监测与辨识方法可用于船舶排放控制区燃料油质量的智能监测，极大程度地提高了海事监管部门的执法能力和执法效率。

4.3.3　区域多船超标排放监测与辨识

在4.3.2节中提出了一种单船超标排放监测与辨识方法，但在大多数情况下，监测设备对于港口进行在线监测时，受到来自多个不同船舶排放烟羽的共同影响。在以往的研究中，这种受到多艘船舶烟羽影响造成的监测浓度增量的监测数据，往往直接被剔除，不予考虑。为实现对于港口水域多艘船舶排放烟羽的在线监测，基于船舶大气污染物排放扩散特征，提出了一种区域船舶超标排放监测与辨识方法。

4.3.3.1　辨识方法

无人机、船载等移动式搭载平台多是针对单船排放监测场景进行监测的，在进行区域船舶排放监测时，多采用岸基固定式平台进行监测。当岸基固定式监测系统对于港口水域的船舶排放烟羽进行监测时，监测系统的监测浓度是背景浓度和区域内多艘船舶烟羽贡献之和，如图4.3-15所示。

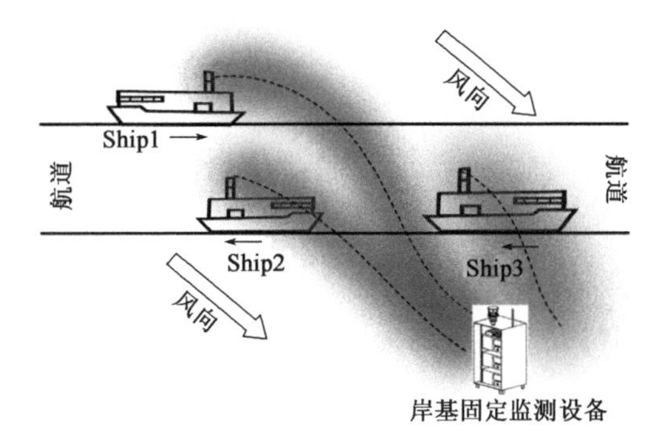

图4.3-15　区域多船大气污染物排放监测场景

大气污染物监测浓度是船舶排放的烟羽扩散至岸基监测站点位置的浓度。有许多空气污染物扩散模拟方法被应用于模拟船舶烟羽排放监测场景,这些研究表明,船舶烟羽扩散受到较多因素的影响,包括船舶排放源位置、船舶排放量大小、监测区域大气环境等。

船舶主机是在航船舶的主要动力来源,也是主要污染物排放源。船舶主机功率是影响船舶主机排放量的关键因素。另外,监测站点的有效监测范围为 0 ~ 3km,船舶排放位置对监测站的监测浓度影响较大。影响监测浓度的最主要气象因素是环境风场,因此,基于岸基固定式监测站点的监测数据,考虑船舶主机功率、船舶与监测站位置和风向,构建一种区域船舶超标排放监测与辨识方法,实现区域内各个船舶排放大气污染物浓度值的计算,以估算各个船舶所用燃料油 FSC。图 4.3-16 为区域船舶超标排放监测与辨识方法流程图。

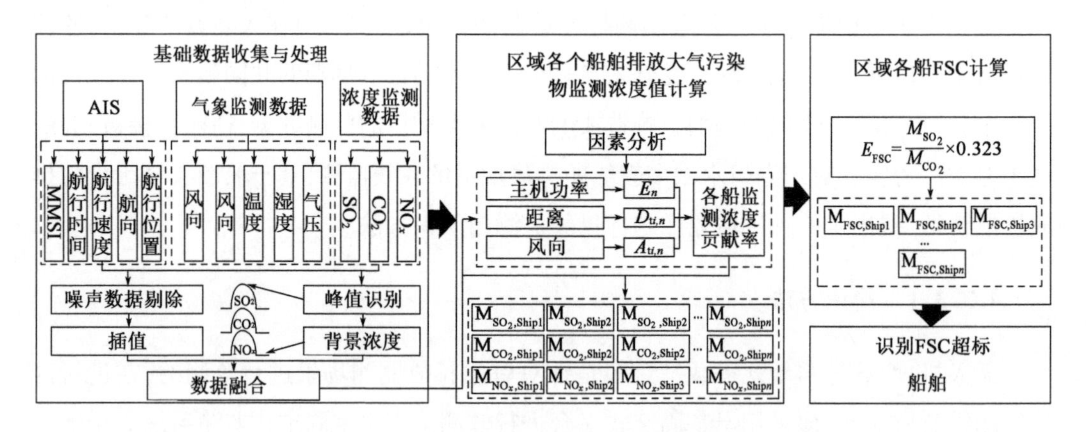

图 4.3-16　区域船舶超标排放监测与辨识方法流程图

(1)基础数据收集和处理。方法所用基础数据包括船舶活动数据、气象环境监测数据和大气污染物浓度监测数据。这些原始基础数据需要进行预处理才能进行下一步的计算,数据的详细处理方法见 4.2.2 节。

(2)区域内各个船舶排放大气污染物浓度监测值计算。考虑船舶排放源强、船舶排放位置和排放时的风向,并提出各个影响因素的影响系数,以估算区域内各个船舶排放烟羽对于监测浓度的贡献值。

(3)区域内各个监测船舶船用燃料油 FSC 估算。由于在第 4.3.1 节中提出的是适用于单船大气污染物排放场景的扩散模拟模型,因此,难以采用基于 SO_2 监测数据和 SO_2 扩散模拟数据估算区域船舶 FSC 估算。在本小节中,将采用传统的 FSC 估算方法,即依据 SO_2 和 CO_2 监测浓度的比值进行区域船舶 FSC 估算。

1)基础数据收集与处理

岸基固定式船舶大气污染监测系统可用来实时监测港口区域船舶排放的 SO_2、CO_2 和 NO_x 浓度,监测的峰值浓度区间被视为受船舶排放影响的有效监测浓度时间区间。气体背景浓度值的确定是求取整点一小时内剔除峰值时间区间内的监测浓度值的平均值。

现有的岸基嗅探式监测设备的有效监测半径为 2~4km,提取在有效监测半径范围内的船舶 AIS 活动数据,并参考 2.4 节中的船舶 AIS 数据的预处理方法对提取的 AIS 数据进行处理。风向和风速则可从微型气象监测站获取。由于船舶活动数据、气象监测数据以及污染物浓度监测数据的时间分辨率不一致,故需要将各类基础数据插值成一致的时间分辨率。

2)区域各船 FSC 估算

首先需要提出三个影响监测浓度的主要因素的影响因子确定方法,然后依据影响区域内各艘船舶的污染物监测浓度影响因素的影响因子,计算各艘船舶排放污染物对于监测浓度增量的贡献度,以计算各船舶排放 SO_2 和 CO_2 的监测浓度。

(1)监测距离影响系数($D_{t_i,n}$)的确定。将第t_i 时刻区域内第 n 艘目标监测船舶和监测站点位置的相对距离表示为 $d_{t_i,n}$,$d_{t_i,n}$对应的影响系数表示为$D_{t_i,n}$。当 $d_{t_i,n}$越大时,船舶排放烟羽对监测站污染物的监测浓度增量的贡献度就越小。当计算 $d_{t_i,n}$需要将船舶 AIS 提供的船舶活动经纬度数据的坐标系从 WGS-84 坐标系转化为通用的投影坐标系再进行计算。选取 3km 作为监测设备与被监测船舶的有效监测距离阈值(通用的嗅探式监测传感器的有效监测距离的阈值范围为 2~4km),当船舶 n 超出有效的监测范围,则视船舶排放烟羽对监测站的浓度增量没有贡献。不同监测距离 $d_{t_i,n}$对应的距离影响因子$D_{t_i,n}$的参考值见表 4.3-11。

监测距离影响系数参考值 表 4.3-11

$d_{t_i,n}$	$D_{t_i,n}$
[0,3000]	[3000,0]
(3000,+∞)	0

(2)风向影响系数($A_{t_i,n}$)的确定。船舶排放烟羽主要会对船舶位置的向风向区域空气质量造成污染,如图 4.3-17 所示,d_w表示上风向,d'_w表示下风向。将船舶在t_i 时刻的位置和监测站连成的线与下风向形成的角度记为$a_{t_i,n}$,当$a_{t_i,n}$角度位于 90°~270°范围内时,船舶排放烟羽会对监测站监测浓度变化产生影响。表 4.3-12 展示了不同$a_{t_i,n}$值对应的风向影响系数$A_{t_i,n}$。

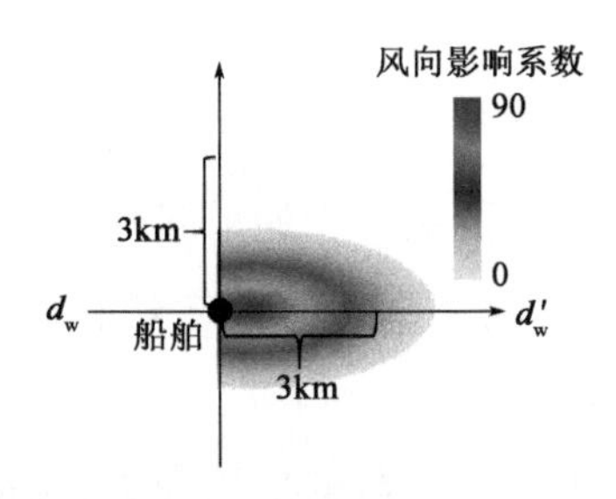

图 4.3-17 船舶排放烟羽对下风向区域的影响及其风向影响系数分布

风向影响系数参考值 表 4.3-12

$a_{t_i,n}$	$A_{t_i,n}$
[0,90]	0
[91,180]	[90,0]
[181,270]	[0,90]
[271,360]	0

(3)船舶排放源强影响系数(E_n)的确定。船舶主机功率是影响航行状态下的船舶大气污染物排放量的重要影响因素。船舶主机功率越大,船舶排放大气污染物的质量越大,因此,船舶排放源强影响系数E_n可用船舶主机功率值表示。

基于上述船舶排放各项影响系数($D_{t_i,n}$、$A_{t_i,n}$和E_n),计算第 n 艘船排放的g_i 类气体在 t_i 时刻对监测站点监测浓度的贡献值(表示为$M_{g_i,t_i,n}$),计算方法如式(4.3-7)所示:

$$M_{g_i,t_i,n}=\left(\begin{array}{c}D_{t_i,n}/(D_{t_i,1}+D_{t_i,2}+\cdots D_{t_i,n})\\+A_{t_i,n}/A_{t_i,1}+A_{t_i,2}+\cdots+A_{t_i,n}+E_n/E_1+E_2+\cdots E_n\end{array}\right)\Bigg/3\times M_{g_i,t_i} \quad (4.3\text{-}7)$$

式中:M_{g_i,t_i}——监测设备在t_i 时刻对g_i 中大气污染物的监测浓度增量,ppm。

利用式(4.3-8)计算区域内各艘船舶排放的 SO_2 和 CO_2 对于监测站监测浓度增量的贡献值,再利用第 4.2 节中的式(4.2-1)计算区域内各艘船舶船用燃料油 FSC,计算的 FSC 高于政府限制的 FSC 值的船舶将被视为疑似违规超标排放船舶,海事监管部门需再进一步登船采集一些违规船舶燃料油样本进行测试验证。

4.3.3.2 试验与验证

自 2019 年 1 月起,船舶进入深圳港水域被限制使用硫含量低于 0.5% m/m 的燃料油。在本章中,采用船舶大气污染物排放监测站点选址方法,基于深圳盐田港的船舶交通流特征、船舶排放特征、气象环境特征等因素,设计了盐田港区各个季节的岸基嗅探式监测站点布设方案,在 2020 年 10 月,将岸基固定嗅探式监测系统布设于夏季(10 月属于深圳夏季)推荐布设位置,实现对盐田港进离港船舶进行在线监测。第 3 章设计的岸基固定嗅探式监测系统只能实现对 SO_2 和 NO_x 的在线监测,缺少 CO_2 监测模块,且采用的气体浓度监测传感器生产于德国赛默飞世尔科技,为坚持自主发展知识产权,在本次试验中,采用与睿境环保公司合作自主研发的岸基固定嗅探式船舶大气污染物排放监测系统(RJ-SEMD),实现对船舶排放的 SO_2、CO_2 和 NO_x 的智能监测,监测系统如图 4.3-18 所示。监测系统详细的监测参数见表 4.3-13。

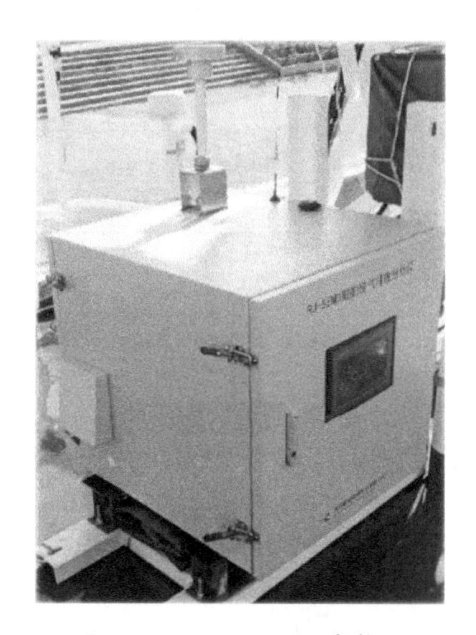

图 4.3-18　RJ-SEMD 实物图

RJ-SEMD 系统参数信息　　表 4.3-13

参　数	量　程	精　度
SO_2	0 ~ 10ppm	0.1ppb
CO_2	0 ~ 1000ppm	1ppm
风速	0 ~ 60m/s	0.01m/s
风向	0 ~ 359°	1°

选取监测试验期间一个典型的区域多船排放监测场景(2020 年 10 月 16 日),采用区域船舶超标排放监测与辨识方法,计算该监测时间段内各个船舶使用燃料油硫含量,记为E_{fsc}。图 4.3-19 展示了在监测时间段内(11:02—11:10)的 SO_2 和 CO_2 监测浓度增量值,在监测时间段内,计算 11:00—12:00 1h 内,剔除受船舶排放影响的 SO_2 和 CO_2 监测浓度增量后的监测浓度的平均值,以此作为两种气体的背景浓度,分别为 5.7ppb 和 429ppm。

11:02—11:10,在监测站点有效监测距离范围内的船舶一共有 8 艘,图 4.3-20 展示了船舶的航行轨迹。在监测期间,风向为150°,结合船舶的动态经纬度位置和监测站点的经纬的位置,计算各艘船舶的风向影响系数$A_{t_i,n}$和各艘船舶的距离影响系数($D_{t_i,n}$)。表4.3-14展示了各艘船舶的主机功率参数信息,并依据此参数计算各艘船舶排放源强影响系数(E_n)。最后基于计算的各项影响系数值,计算各个船舶对于SO_2和CO_2监测浓度增量的贡献率,以计算各个船舶排放SO_2和CO_2的监测浓度值,计算结果如图4.3-21所示。

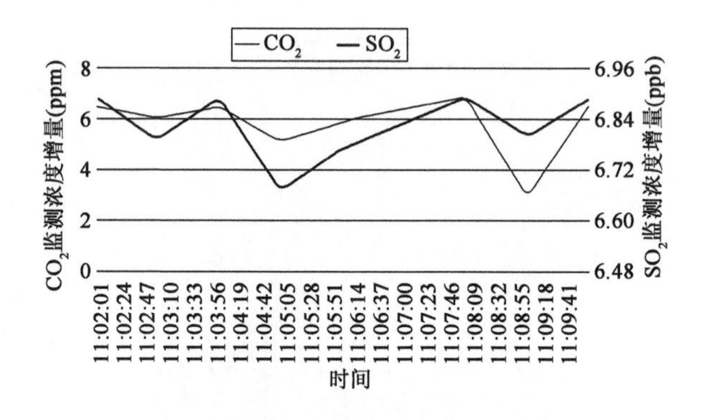

图4.3-19　区域船舶排放SO_2和CO_2监测浓度增量

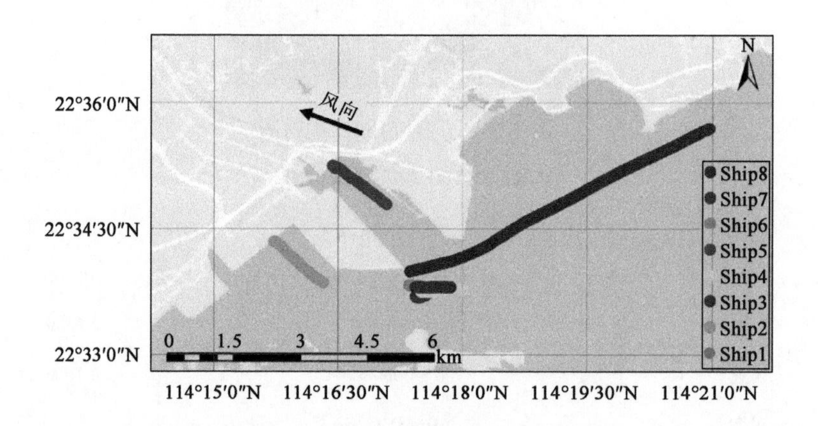

图4.3-20　区域内八艘船舶航行轨迹图

基于计算的各船舶排放的SO_2和CO_2监测浓度值,利用式(4.2-1)计算区域内各艘船舶燃用燃料油硫含量(E_{fsc}),计算结果见表4.3-14。图4.3-22展示了依据各个监测浓度时刻计算的各艘船舶使用燃料油硫含量。深圳海事局对其中的6艘船舶进行了登船采集燃料油样品,并在实验室检测了实际的硫含量(记为A_{fsc}),Ship2和Ship5由于未能采集到燃料油样品,因此未能获取其实际FSC。计算船舶的A_{fsc}和E_{fsc}的相对误差,以分析提出的区域船舶超标排放监测与辨识方法的精度。

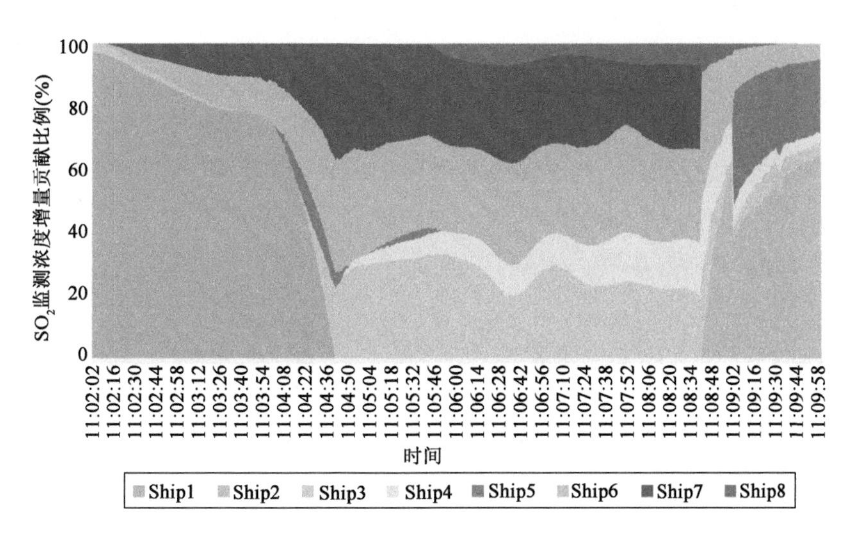

图 4.3-21　区域内各艘船舶排放烟羽对 SO_2 监测浓度增量的贡献率

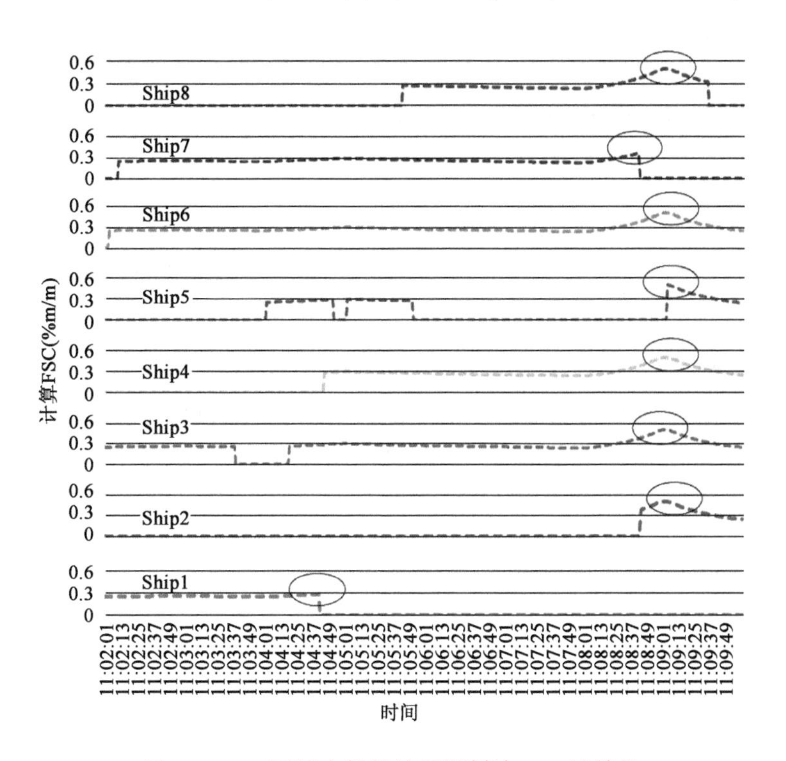

图 4.3-22　区域内船舶使用燃料油 FSC 计算值

区域内各艘船舶使用燃料油硫含量计算结果　　表 4.3-14

编号	Ship1	Ship2	Ship3	Ship4	Ship5	Ship6	Ship7	Ship8
时间	11:04:39	11:09:00	11:08:57	11:09:00	11:09:04	11:09:02	11:08:39	11:08:56
MMSI	412466960	413050360	412464210	413212070	413462380	351404000	413488980	413493520

续上表

编号	Ship1	Ship2	Ship3	Ship4	Ship5	Ship6	Ship7	Ship8
船型	拖轮	执法艇	拖轮	拖轮	客船	集装箱船	拖轮	货船
主机功率	2940	810	2942	4412	174	59250	3676	700
船长(m)	35	11	35	40	11	400	40	68
M_{CO_2} (ppb)	0.426	1.794	0.177	0.384	1.122	0.415	1.155	0.179
M_{SO_2} (ppm)	0.513	3.897	0.377	0.835	2.372	0.895	1.829	0.359
E_{fsc} (%m/m)	0.279	0.504	0.494	0.504	0.490	0.500	0.367	0.467
L_{fsc} (%m/m)	0.079	—	0.079	0.04	—	0.487	0.04	0.443
相对误差(%)	253.164	—	525.316	1160	—	2.669	817.50	5.417

从结果可以看出,Ship1、Ship3、Ship4 和 Ship7 使用的是低硫燃料油(Low Sulfur Marine Gas Oil,LSMGO),FSC 的实际检测值很低,由于船舶使用低硫油排放的大气污染物对 CO_2 和 SO_2 监测浓度增量的贡献率低,依据监测浓度估算使用低硫油船舶船用燃料油 FSC 的误差较大。Ship6 和 Ship8 使用燃料油的 FSC 值接近政府限制阈值(0.5% m/m),这两艘船舶的 FSC 估算值和实际油检 FSC 值的相对误差分别为 2.669% 和 5.417%,平均误差为 4.043%,误差处于合理区间范围内。可以看出,本小节提出的区域船舶超标排放监测与辨识方法对于 FSC 为 0.5% m/m 的船舶排放限制政策是可行的,但应用于更紧缩的 0.1% m/m 和 0.01% m/m 船舶排放限制政策的精度和可信度还有待改进。

4.4 船舶大气污染物排放溯源方法

在船舶大气污染物排放监测过程中,不仅需要对船用燃料油硫含量进行监测,而且还需要准确快速地确定船舶排放源的位置和排放量。以往多是基于船舶活动水平数据或船用燃料油数据以计算船舶大气污染物排放量,但该类方法依赖于获取船舶燃料油质量信息以确定相应的排放因子。因此,在本节中,针对船舶排放大气污染物扩散过程中的源强信息,利用 4.3 节中提出的船舶大气污染物排放扩散模型,基于岸基固定嗅探式监测系统提供的船舶大气污染物排放监测浓度信息,结合最优化算法,提出船舶大气污染物排放溯源方法,以实现船舶排放定位和排放污染物源强估算。

4.4.1　溯源方法

获取船舶大气污染物排放源强信息的方法有两种，一是根据船舶 AIS 数据或船舶燃油消耗信息，结合行业船舶数据标准，基于船用燃料油类型、船舶动力设备参数、排放因子、修正因子等参数，运用动力法或燃油法计算船舶排放各类型污染物排放量，但这种方法依赖于实时船舶动态信息和静态信息的获取，当这些参数信息缺失或不可查时，会导致船舶排放计算出现较大偏差或无法计算；二是结合船舶大气污染物排放监测数据和扩散模式反演溯源船舶排放源强，该方法依赖于可靠的船舶排放大气污染物的高精度监测信息和环境场气象信息（风速、风向、温度、湿度等），可通过布设本地化的监测站点实时获取这些基础信息，为船舶排放源强计算提供可靠数据支撑。

源强反算方法的理论依据主要有两种，一种是优化理论，即基于气体扩散模型和气体浓度监测值的匹配度，建立目标优化函数进行求解；二是概率论统计理论，通过贝叶斯推理方法，描述源强反算问题的不确定因素，根据目标参数的结果分布特征，反映排放源特征和概率统计。

在本小节中，尝试基于优化理论方法中的遗传算法，构建船舶大气污染物排放溯源模型。算法依据优化目标函数给出的终止准则，循环评价每一染色体的适应度，算法在进行的过程中依据一定的概率对群体中的染色体分别执行复制、选择、交叉和变异操作，进而产生新的种群，执行群体适应度的评价。直至找出符合算法给出的终止准则，则算法停止。通过遗传算法的计算，种群得以逐渐进化，适应度越来越高，种群越来越接近目标函数，从而取得最优解。基于遗传算法的船舶大气污染物排放溯源求解流程如图 4.4-1 所示。

（1）对未知船舶坐标 (x,y) 和排放源强 Q 进行实数编码，得到初始种群。

（2）将初始种群以及传感器获取的风速、风向等气象数据代入 4.3.1 节中船舶大气污染物排放扩散模型，获取源强扩散至各个监测站点的计算浓度。

（3）确定种群个体适应度，计算扩散模拟浓度与监测浓度的误差平方和作为目标函数，即：

$$f(x,y,z,E)=\sum_{i=1}^{n}\left(C_{\mathrm{obs}}^{i}(x_i,y_i,z_i)-C_{\mathrm{cal}}^{i}(x_i,y_i,z_i)\right)^2 \tag{4.4-1}$$

$$C_{\mathrm{cal}}^{i}(x_i,y_i,z_i)=\frac{E}{2\pi u\delta_{y_i}\delta_{z_i}}\exp\left(-\frac{y^2}{2\delta_{y_i}^2}\right)\times\left\{\exp\left[-\frac{(z_i-H)^2}{2\delta_{z_i}^2}\right]+\exp\left[-\frac{(z_i+H)^2}{2\delta_{z_i}^2}\right]\right\} \tag{4.4-2}$$

式中：C_{obs}^{i}——第 i 个位置的废气监测站的监测浓度数据；

C_{cal}^{i}——扩散模型计算的在第 i 个废气监测站所在位置的扩散浓度值。

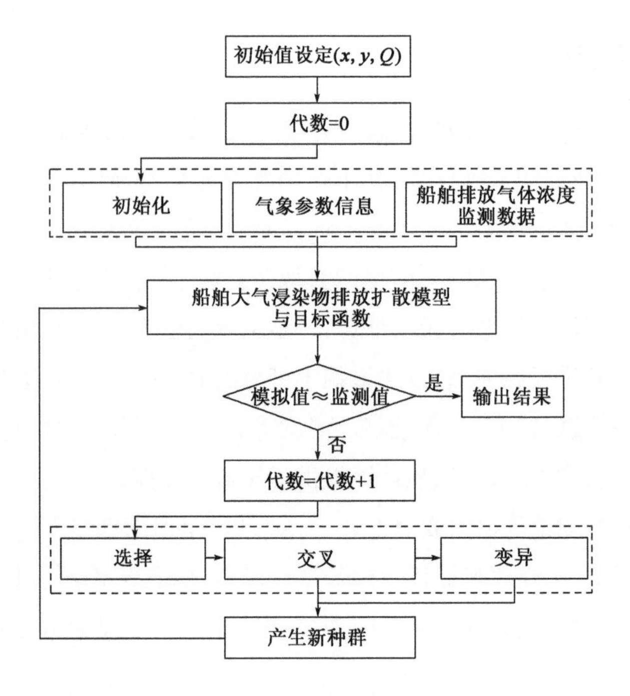

图4.4-1　船舶大气污染物排放溯源求解流程图

利用线性变换将目标函数值转换成个体适应度,即:

$$F(x_i, y_i, z_i, E_i) = \frac{1}{f(x_i, y_i, z_i, E_i)} \tag{4.4-3}$$

$F(x_i, y_i, z_i, E_i)$为个体(x_i, y_i, z_i, E_i)的适应度值,为目标函数值的倒数。目标函数值越小,相应的适应度值越大,说明计算扩散浓度值与监测浓度值越接近,个体的准确度越高,越接近于最优解。

(4)选择、交叉和变异。对个体依据适应度大小排序,选择适应度好的个体,对个体执行交叉操作,全局搜索个体,按照一定的概率进行变异操作。

(5)将新产生的种群重复步骤(1)~(4),直到搜索得到符合标准的适应度最值最大的最优解,输出结果,算法终止。

4.4.2　仿真试验

港口船舶大气污染物排放监测站点可布设于岸基、桥梁,或搭载于无人机、执法船或浮标上,实现对船舶排放大气污染物浓度监测。为验证船舶大气污染物排放溯源方法的精确度和科学性,采用仿真实验方法,将地面监测站点按照矩形和扇形两种方式布设于试验港区范围内,溯源算法中的其他参数设置见表4.4-1。

仿真试验参数设置　　　表 4.4-1

群体大小	最大遗传代数	交叉概率	变异概率
100	200	0.78	0.02

设置源强为 6.702g，源强以下风向为 x 轴，以横风向为 y 轴建立的坐标系下的点(85m,295m,0m)，利用 4.3.1 节船舶大气污染物排放扩散模型，计算两组仿真试验中的六个监测站点的 SO_2 扩散浓度值，并以该扩散浓度作为船舶排放溯源算法中的各个监测站点的监测值，对排放源的排放强度和排放源位置定位。图 4.4-2a) 和图 4.4-2b) 分别将监测站以近似矩形和扇形进行布设。图 4.4-3a) 为将监测站以近似矩形布设时的溯源计算结果，溯源坐标点为(85.8975,294.9985)，溯源源强为 6.702g；图 4.4-3b) 为将监测站以近似扇形布设时的溯源计算结果，溯源坐标点为(70.3517,294.9985)，溯源源强为 6.4506g。两组溯源的源强计算结果与预设的源强值的误差分别为 1.34% 和 3.86%，误差的平均值为 2.6%。

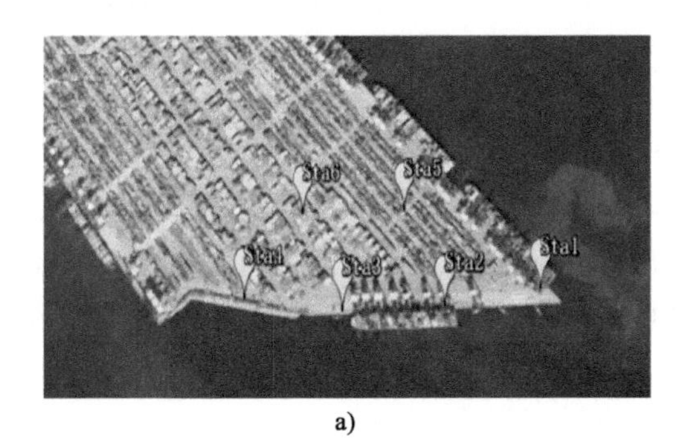

a)

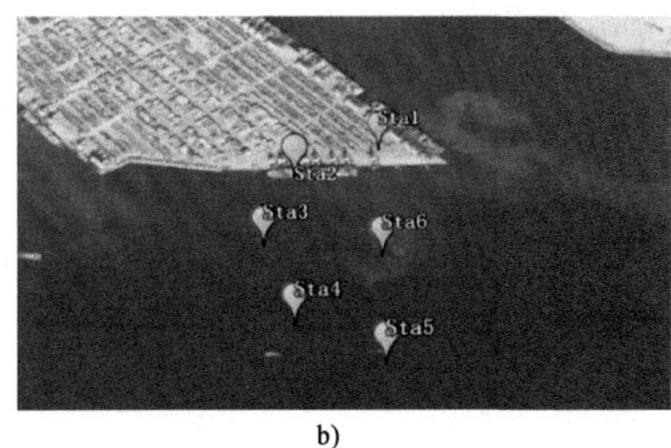

b)

图 4.4-2　监测站点布设方案

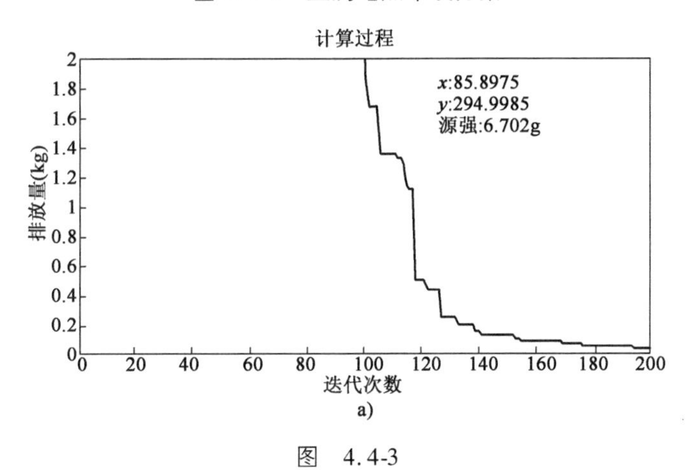

a)

图　4.4-3

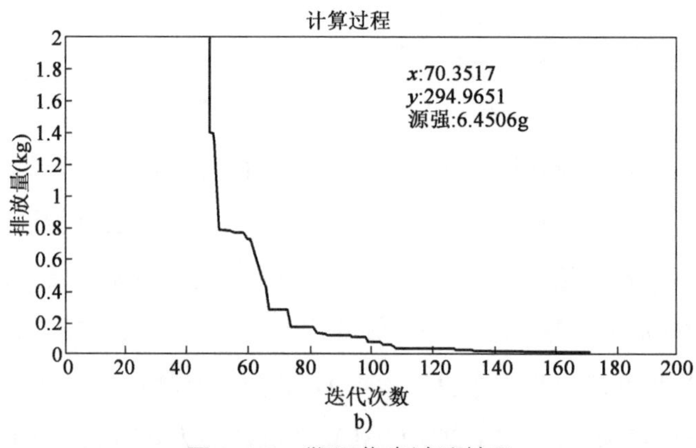

图 4.4-3 溯源仿真试验结果

该算法基于船舶大气污染物排放扩散模型和遗传算法构建了船舶大气污染物排放反向溯源模型,将问题归结为求解最优化解的问题,最后,利用模拟的浓度数据验证船舶大气污染物排放溯源算法的可行性。以上两组仿真试验的设计,是在理想的仿真试验场景下进行的,未考虑实际监测场景。如在图 4.4-3a)组试验中,部分监测站点布设于港口水域范围内,未考虑在实际监测场景中在水上布设和管理维护监测站点的可行性;在图 4.4-3b)组试验中,监测站点都布设于码头岸基,但未考虑带建筑物的遮挡或其他因素对于监测站点监测浓度的影响;且船舶作为移动源,排放大气污染物的速率是随着船舶航行速度和船舶航行状态而动态变化的,但在仿真试验中,本书将船舶排放速率假设为在一段时间内是恒定不变的,这也会对溯源结果的精度产生影响。本算法是对固定点船舶点源排放反向溯源,但在实际应用场景中,船舶处于在航状态下为移动源,这将是算法改进的关键点。在仿真试验中,仅将监测站点布设近似于矩形和扇形,未考虑将监测站的其他布设形状,同时对于监测站之间的间距和布设的相对位置有待进一步的研究。

本章参考文献

[1] SCHREIER S F, PETERS E, RICHTER A, et al. Ship-based MAX-DOAS measurements of tropospheric NO_2 and SO_2 in the South China and Sulu Sea [J]. Atmospheric Environment, 2015, 102: 331-343.

[2] MELLQVIST J, ROSÉN A. DOAS for flue gas monitoring—Ⅱ. Deviations from the Beer-Lambert law for the UV/visible absorption spectra of NO, NO_2, SO_2 and NH_3 [J], Journal of Quantitative Spectroscopy and Radiative Transfer, 1996, 56(2), 209-224.

[3] WAGNER T,IBRAHIM O,SHAIGANFAR R,et al. Mobile MAX-DOAS observations of tropospheric trace gases [J]. Atmospheric Measurement Techniques,2010,3,129-140.

[4] WANG T,HENDRICK F,WANG P,et al. Evaluation of tropospheric SO_2 retrieved from MAX-DOAS measurements in Xianghe, China [J]. Atmospheric Chemistry and Physics, 2014,14,11149-11164.

[5] CHENG Y,WANG S,ZHU J,et al. Surveillance of SO_2 and NO_2 from ship emissions by MAX-DOAS measurements and implication to compliance of fuel sulfur content [J]. Atmospheric Chemistry and Physics,2019,19:13611-13626.

[6] 徐宁. 石油产品中碳、氢元素含量的分析[J]. 化工时刊,2002(4):41-43.

[7] 刘丰秋,王京,田松柏. NMR 法测定重油中碳、氢的质量百分含量[J]. 光谱实验室, 2007(2):50-55.

[8] MIKKELSEN T,LARSEN S E,PÉCSELI H L. Diffusion of Gaussian puffs[J]. Quarterly Journal of the Royal Meteorological Society,1987,113(475): 81-105.

[9] TURNER D B. Workbook of atmospheric dispersion estimates: an introduction to dispersion modeling[M]. CRC press,2020.

第5章

船舶大气污染物排放监测布点方法及优化

5.1 监测站点选址原则

5.1.1 空气质量自动监测站点一般选址原则

布设空气质量监测站的目的是能反映一定区域范围内空气污染物的浓度及其波动范围。具体的监测站点选址及布设的原则及要求如下：

(1)监测站点应布设在整个监测区域的高、中、低三种不同污染物浓度的地方。

(2)在污染源比较集中、主导风向比较明显的情况下，应将污染源的下风向作为主要监测范围，布设较多的采样点，上风向布设少量点作为对照。

(3)工业较密集的城区和工矿区，人口密度大及污染物超标地区，要适当增设采样点；城市郊区和农村，人口密度小及污染物浓度低的地区，可酌情少设采样点。

(4)采样点的周围应开阔，采样口水平线与周围建筑物高度的夹角应不大于30°。监测点周围无局地污染源，并应避开树木及吸附能力较强的建筑物。交通密集区的采样点应设在距人行道边缘至少1.5m远处。

(5)各采样点的设置条件要尽可能一致或标准化，使获得的监测数据具有可比性。

(6)采样高度应根据监测目的而定。研究大气污染对人体的危害时，采样口应在离地面1.5～2m处；研究大气污染对植物或器物的影响时，采样口高度应与植物或器物的高度相近。连续采样例行监测采样口高度应距地面3～15m；若置于屋顶采样，采样口应与基础面有1.5m以上的相对高度，以减小扬尘的影响；特殊地形地区可视实际情况选择采样高度。

5.1.2 船舶大气污染物排放监测站选址原则和要求

5.1.2.1 选址原则

监测站点的位置，应随着污染地区的面积、排放源的排放类型及规模、监测区域的地势、地形及气象等条件的不同而不同。船舶大气污染物排放监测站点的布设还需要考虑到经济成本、其他排放源的干扰等情况。监测站点布设位置的选择，与监测方法的选择、监测设备的规范性使用具有同等重要的地位。如果监测站点位置的选择不佳，会造成所得的监测数据价值不大，对后续数据的分析与应用造成影响。

为了使监测数据尽可能更真实、更全面、更客观地反映区域船舶排放大气污染物浓度及其分布，监测站点布设应符合以下原则：

(1)科学性：船舶大气污染物排放监测站点布设应考虑港口自然环境、气象条件等综合环境因素，以及港口航道布局、港口码头泊位分布、船舶交通流量、船舶排放时空分布特点等，以满足船舶大气污染物排放精细化监测需求。

(2)完整性：在港口区域内合理布设各类型的监测点位，实现在不同气象条件、不同监测时间都能满足对港口区域进出港船舶排放烟羽的连续监测。

(3)动态性：监测站点的布设应结合港口环境的季节型动态变化以及船舶燃油使用、船舶航行工况变化等因素，进行合理、科学有效的站点位置动态调整。

(4)可行性：经济和能力水平作为监测点布设的主要因素，在对监测点位进行设计和优化时应以可行性作为基础，将二者结合起来，进行综合考虑。

5.1.2.2　监测站点布设技术要求

1)港区泊位、码头(趸船)点位布设

(1)应在主导风向和第二主导风向的下风向设置遥测点位，其中主导风向为船舶排放污染最严重季节的主导风向。

(2)遥测点位布设数量可根据具体情况确定，尽量减少岸基排放源对监测的影响。

2)进出港航道两侧陆地点位布设

(1)根据气象条件应设置于航道的下风向一侧，且应在船舶污染物扩散范围区间内。

(2)采样口离航道边缘距离应不大于1000m。

(3)遥测点位数量布设可根据区域大小及船舶交通流量确定。

3)浮标点位布设

(1)浮标点位布设应选择靠近船舶主航路位置的浮标，并尽量安装在大型浮标上。

(2)应配备可伸缩调节的集气管，能依据被监测船舶高度而调整集气管高度。

(3)监测设备应根据浮标的形状、构造进行相应的加强固定，保证设备在浮标上的稳性。

4)桥梁点位布设

(1)桥梁点位布设应结合船舶航行轨迹、桥梁结构特点等选择合适的安装位置。

(2)污染物监测点位应首先选择在船舶航路上方对应的桥底处进行安装布设，对于不同的桥梁结构特点进行适当调整，布设时应在桥梁下风向的一侧，同时应尽量避免桥上机动车污染物的影响。

5)背景监测点位布设

(1)应在主导风向和第二主导风向的上风向设置背景监测点位。

(2)背景监测点位应远离船舶航行区域,保证不受到船舶污染物的影响。

6)数量要求

(1)根据区域船舶大气污染物排放、扩散、迁移及转化规律,依据船舶废气分布特征,结合经济可行性,确定监测点的布设数量和布设位置,使所采集的监测数据具有代表性。

(2)监测覆盖范围应根据港口水域的实际情况确定,可重点覆盖、部分覆盖或全覆盖。

(3)遥测点位的布设应能满足对航行、作业或停泊的船舶实现不少于3个遥测点位的有效采样。

(4)在常风向下应能对港区进行全覆盖监测,在任意风向下,至少应有1个遥测点位可提供有效监测数据。

(5)应布设至少1个背景监测点位。

(6)对于重点监测网格区域监测点位数量可适当加密。

7)供电要求

(1)点位尽量选择布设在光照充足的地方,或周边可提供稳定可靠的电力供应,保障设备连续正常运行。

(2)对于浮标、桥梁等特殊安装区域,应提供安装太阳能电池板的条件以进行供能。

5.2 空气质量自动监测站点选址一般方法

空气质量自动监测站点选址的方法主要有经验法、统计法、模拟法等。

5.2.1 经验法

经验法是常用的方法,对于尚未建立监测网或监测数据累积少的地区,需要凭借经验确定采样点的位置。其具体方法有功能区布点法、网格布点法、同心圆布点法、扇形布点法。

5.2.1.1 功能区布点法

功能区布点法多用于区域性常规监测。先将监测区域划分为工业区、商业区、居住区、工业和居住混合区、交通稠密区、清洁区等,再根据具体污染情况、人力、物力,确定在各功能区设置的监测点位数量。各功能区的点位数量不要求平均,在污染源集中的工业区和人口较密集的居住区应多设采样点。

5.2.1.2　网格布点法

网格布点法是将监测区域地面划分为若干均匀网状方格,采样点设在两条直线的交点处或方格中心,具体示意如图 5.2-1 所示。这种布设方法适用于监测污染物种类多,且污染源分布较均匀的地区。网格大小视污染源强度、人口分布及人力、物力等条件的确定。若主导风向明显,应在下风向布设更多的监测站点,一般约占监测站点总数的 60%。这种方法能较好地反映污染物的空间分布,如将网格划分得足够小,可依据监测站点提供的污染物浓度监测数据绘制区域污染物浓度空间分布图,这对城市环境规划和管理具有重要意义。

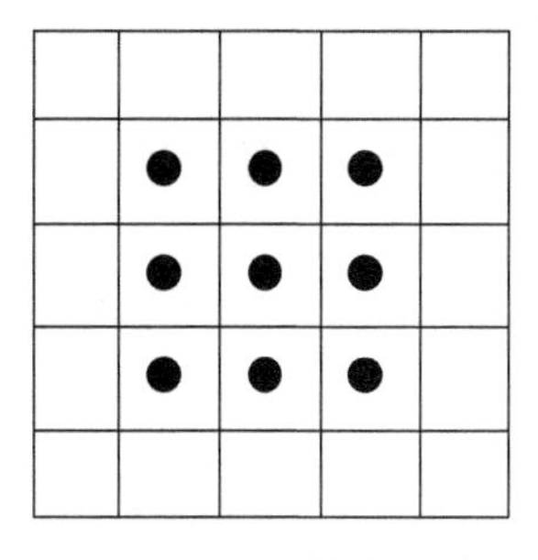

图 5.2-1　网格布点法

5.2.1.3　同心圆布点法

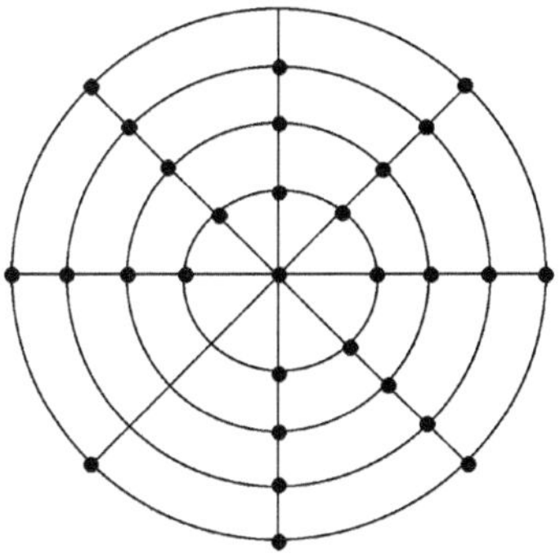

同心圆布点法主要用于多个污染源构成污染群,即污染源较为集中的区域。首先,找出污染群的中心,以此为圆心在地面上画若干个同心圆,再从同心圆作若干个同心圆,再从圆心作若干条放射线,将放射线与圆周的交点作为采样点,具体示意图如图 5.2-2 所示。不同圆周上的采样点数目不一定相等或均匀分布,在常年主导风向的下风向布设的监测站点数要大于上风向布设的监测站点数。

图 5.2-2　同心圆布点法

5.2.1.4　扇形布点法

扇形布点法适用于孤立的高架点源,且主导风向明显的地区。以点源所在位置为顶点,主导风向为轴线,在下风向地面上划出一个扇形区作为布点范围。扇形的角度一般为 45°,也可更大些,但不能超过 90°。采样点设在扇形平面内距点源不同距离的若干弧线上,示意如图 5.2-3 所示。每条弧线上设 3 ~ 4 个采样点,相邻两点与顶点连线的夹角一般

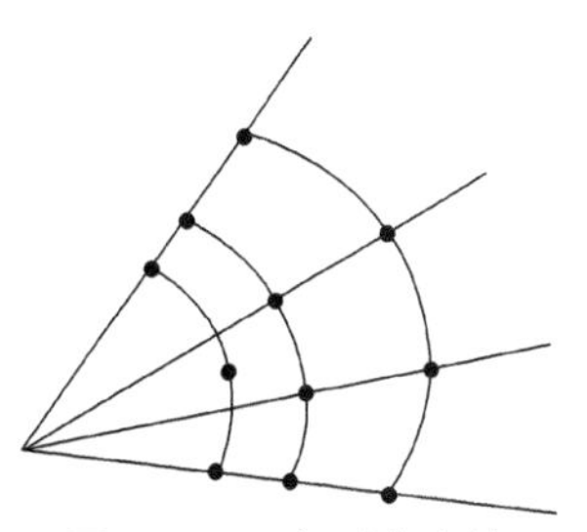

图 5.2-3　扇形布点法

取10°~20°。在上风向应设对照点。

采用同心圆和扇形布点法时,应考虑高架点源排放污染物的扩散特点。在不计污染物本底浓度时,点源脚下的污染物浓度为零。随着距离增加,很快出现浓度最大值,然后按指数规律下降。因此,同心圆或弧线不宜等距离划分,而是靠近最大浓度值的地方密一些,以免测最大浓度的位置。污染物最大浓度出现的位置,与源高、气象条件和地面状况也密切相关。

5.2.2 统计法

统计法适用于已积累了多年监测数据的地区。根据城市空气污染物分布的时间与空间上变化有一定相关性,通过对监测数据的统计处理对现有站点进行调整,删除监测信息重复的监测站点。

5.2.3 模拟法

模拟法是根据监测区域污染源的分布、排放特征、气象资料,以及应用数学模型预测的污染物时空分布状况设计监测站点。

5.3 船舶大气污染物排放监测站点选址方法

5.3.1 方法设计

目前,在区域布设船舶大气污染物排放监测站点的目的主要是实现单船污染物排放量、船用燃料油硫含量的远程监测,监测因子为单船排放的SO_2、CO_2、NO_x。船舶大气污染物排放监测站点与区域环境空气质量监测站点的布设目的和方法具有显著差异,因此,需要结合港口区域船舶大气污染物排放的监测目的、船舶大气污染物排放及扩散特点、港口区域的地理环境特点,参考通用的环境空气质量监测站点布设方法,提出适用于港口区域船舶大气污染物排放监测站点布设方法。监测站点的布设应综合考虑各项因素,应尽量布设较少的监测点,能准确、全面地反映港口区域船舶排放的监测因子的浓度,最大程度地满足监测目的。

港区大部分下垫面类型为水体,极大程度地限制了监测站点布设的可选位置。船舶属于移动排放源,活动区域范围广,船舶类型差异大,无法直接通过实际监测数据获取船舶排放污染物排放及扩散的空间分布特征,基于实际监测数据的相关布点方法不适用于船舶大气污染物排放监测站点的选择。监测站点提供的船舶大气污染物排放监测浓度是活动船舶排放的大气污染物扩散至监测站点位置的浓度与环境背景浓度的叠加。船舶排放的大气污染物扩散至周围环境的浓度受到不同船舶排放源、周围气象条件、地形、下垫面类型等因素的影响,因此,在船舶大气污染物排放监测站选址时应综合考虑这些因素。针对港口水域船舶大气污染物排放及扩散特征,利用船舶大气污染物排放扩散模拟方法(方法介绍在第 4.3.1 节),依据船舶大气污染物排放监测设备的监测浓度范围下限值,选取合适的船舶大气污染物排放扩散模拟模型特征变量,模拟不同气象条件、不同船舶排放轨迹、不同季节船舶排放大气污染物的扩散浓度边界,计算港区内可布设监测站点位置的船舶大气污染物排放监测能力,监测能力越高的区域表示越适宜布设监测站点。其中,扩散模型中模拟的大气污染物组分依据监测目的确定,扩散模拟浓度边界值根据监测设备的监测浓度范围下限值确定。港口水域船舶大气污染物排放监测站点选址方法流程如图 5.3-1 所示。

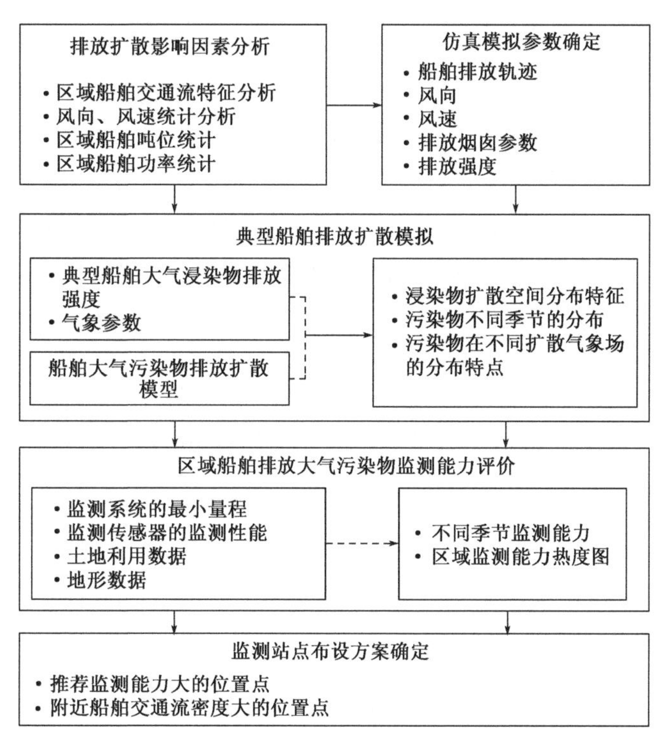

图 5.3-1　船舶大气污染物排放监测站选址流程

具体步骤如下:

(1)分析船舶排放 SO_2 扩散特征,确定船舶大气污染物排放扩散模拟模型中的变量参数。分析研究区域在不同季节的船舶交通流特征,识别船舶航行的习惯航道,以确定扩散模拟模型中的船舶排放轨迹;基于近几年的气象监测数据,分析研究区域不同季节的风向风速分布特征。理论上,风速小于1m/s的条件是不利于船舶排放的烟羽扩散的;在1~5m/s风速区间范围内,风速越大,越有利于船舶排放大气污染物的扩散和监测。因此,应依据监测能力的需求选取合适的风速。统计近三年不同季节风向的频率分布,确定各季节的主导风向和次风向,即为扩散模拟模型中的风向;船舶排放源强是影响船舶排放扩散特征的重要输入参数,船舶动力设备功率是影响船舶排放源强的重要参数,处于航行状态下的船舶,船舶主机和辅机为主要的动力源,其中,船舶主机为最大的排放源,船舶主机功率越大,排放 SO_2 量越大,因此,分析研究区域中的船舶主机功率的分布特征,应依据监测能力的需求,选取合适的主机功率作为模型参数。

(2)典型船舶排放 SO_2 的扩散模拟。针对步骤(1)中确定的模型中的各个输入参数,利用第4.3.1节中提出的船舶大气污染物排放扩散模拟模型,模拟研究区域范围内各个习惯航道下航行的船舶排放的 SO_2 在不同季节、不同风向、风速条件下的扩散浓度边界,并绘制扩散浓度网格热度图。

(3)评估区域网格船舶大气污染物排放监测能力。

$$A_{gi,s} = C_{gi,s}/\max(C_{gi,s}) \tag{5.3-1}$$

式中:$A_{gi,s}$——在某一季节,第 g_i 个网格的船舶排放 SO_2 的监测能力,取值范围为[0,1];

$C_{gi,s}$——各个航道内的典型船舶排放的 SO_2 对第 g_i 个网格位置点的影响值之和,具体计算方法如式(5.3-2)所示:

$$C_{gi,s} = \sum_{i=1}^{n}(C_{SO_2,gi,s,i} \times F_{wind,s}) \tag{5.3-2}$$

式中:$C_{SO_2,gi,s,i}$——在某个季节,第 i 条航道内的典型船舶排放的 SO_2 扩散至第 g_i 个网格位置点的浓度值,ppb;

$F_{wind,s}$——在某个季节内,主导风向的频率。

(4)监测站点选址方案确定与优化。分季节确定监测站点布设位置,即区域范围内船舶大气污染物排放监测能力大的位置点为推荐布设点位。

5.3.2 选址导向的船舶大气污染物排放扩散模型构建

本节中所述的区域船舶大气污染物排放监测站布设方法是依据研究区域的气象条件、地形地貌等因素,利用船舶大气污染物排放扩散模拟模型对船舶排放的污染物进行扩散模拟,根据污染物扩散模拟值的空间分布规律进行监测点布设。高斯模型在保守估算大气污染物浓度分布方面应用广泛,以高斯模型为基础,考虑船舶排放源的动态活动特征，构建了船舶大气污染物排放扩散模型。航行状态下的船舶属于典型的移动连续排放源，船舶与岸基固定式监测设备的相对空间位置是不断变化的，即当监测环境场相同时，船舶与监测设备的距离越小，监测浓度越大，且船舶的排放强度也会明显随着船舶航行速度的变化而变化。在船舶大气污染物排放扩散模型中，监测站点位置的监测浓度峰值即为船舶在航行时间区域内排放的大气污染物扩散至监测站位置的最大扩散浓度值。因此，针对船舶大气污染物排放监测站选址目的，构建了船舶大气污染物排放扩散模拟模型，即模拟求解船舶在航行过程中扩散至周边区域的最大浓度值，计算流程如图5.3-2所示。

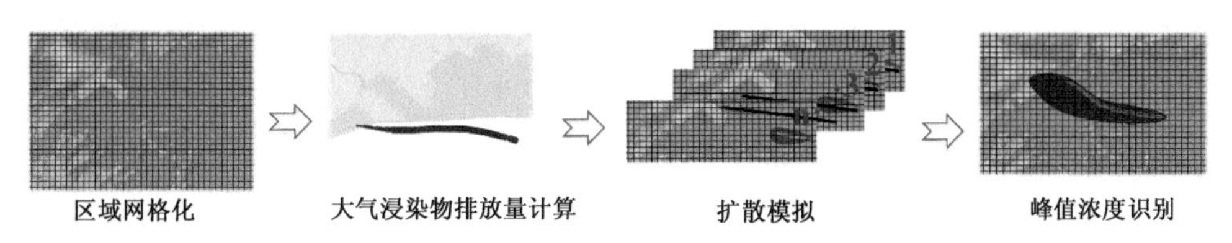

图5.3-2 船舶大气污染物排放扩散模拟方法流程

求解过程如下：

(1)将研究区域划分为大小均匀的网格。

(2)利用船舶大气污染物排放量计算方法计算船舶在航行过程中的污染物排放量，形成连续的船舶排放轨迹，具体计算方法在2.4节中已详细描述。

(3)为同时兼顾计算精度和计算效率，将船舶航行的完整航行轨迹以1min为间隔，划分为 n 段航行轨迹，如图5.3-3所示。

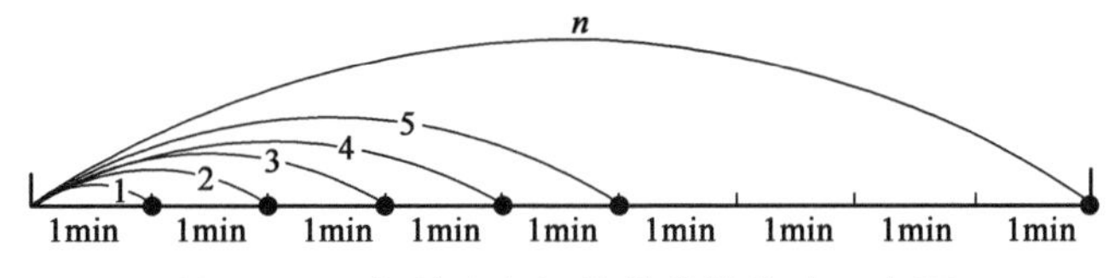

图5.3-3 船舶大气污染物排放轨迹示意图

(4)基于高斯扩散模型，计算船舶在各轨迹段排放的污染物在区域范围内各个网格的扩散浓度，形成多个网格化扩散浓度分布场，具体计算方法如4.2.3节所示。

(5)最后，各个网格点在多个浓度场的最大浓度，即为船舶在航行过程中排放的污染物对区域各网格点的最大影响扩散浓度。

各个网格点的最大扩散浓度值即为可用于船舶大气污染物排放监测站点选址的模拟浓度值，具体求解方法如式(5.3-3)所示。

$$C_{j,g_i} = \max\{C_{j,g_i,1}, C_{j,g_i,2}, C_{j,g_i,3}, \cdots, C_{j,g_i,n}\} \tag{5.3-3}$$

式中：C_{j,g_i}——船舶在研究区域范围内航行过程中排放的第 j 类大气污染物扩散至第 i 个

网格位置点的最大浓度值,ppb;

g_i——空间区域第 i 个网格位置点;

$C_{j,g_i,1}$——船舶在第 1 段航行轨迹排放的第 j 类大气污染物扩散至 g_i 的浓度值,ppb;

$C_{j,g_i,2}$——船舶在第 2 段航行轨迹排放的第 j 类大气污染物扩散至 g_i 的浓度值,ppb;

$C_{j,g_i,n}$——船舶在第 n 段航行轨迹排放的第 j 类大气污染物扩散至 g_i 的浓度值,ppb。

$C_{j,g_i,n}$ 即为船舶在 $t_1 \sim t_n$ 时间段内排放的第 j 类大气污染物扩散至 g_i 的浓度值的累加,可表示为:

$$C_{j,g_i,n} = \sum_{i=1}^{n} C_j(g_i, t_n) \tag{5.3-4}$$

式中:$C_j(g_i, t_n)$——船舶在第 t_i 时刻排放的第 j 类大气污染物扩散至 g_i 位置点时,在 t_n 时刻的浓度值,ppb,具体计算方法参考 4.3.1 节。

(6)典型船舶排放 SO_2 的扩散模拟。针对步骤(1)中确定的模型中的各个输入参数,利用船舶大气污染物排放扩散模拟模型,模拟研究区域范围内各个习惯航道下航行的船舶排放的 SO_2 在不同季节、不同风向、风速条件下的扩散浓度边界,并绘制扩散浓度网格热度图。

(7)评估区域网格船舶大气污染物排放监测能力。

$$A_{gi,s} = C_{gi,s} / \max(C_{gi,s}) \tag{5.3-5}$$

式中:$A_{gi,s}$——在某一季节,第 g_i 个网格的船舶排放 SO_2 的监测能力,取值范围为[0,1];

$C_{gi,s}$——各个航道内的典型船舶排放的 SO_2 对第 g_i 个网格位置点的影响值之和,具体计算方法如式(5.3-6)所示:

$$C_{gi,s} = \sum_{i=1}^{n} (C_{SO_2,gi,s,i} \times F_{wind,s}) \tag{5.3-6}$$

式中:$C_{SO_2,gi,s,i}$——在某个季节,第 i 条航道内的典型船舶排放的 SO_2 扩散至第 g_i 个网格位置点的浓度值,ppb;

$F_{wind,s}$——在某个季节内,主导风向的频率。

(8)监测站点选址方案确定与优化。分季节确定监测站点布设位置,即区域范围内船舶大气污染物排放监测能力大的位置点为推荐布设点位。

5.4 港口船舶大气环境监测点位布设实例

5.4.1 研究区域和试验方案介绍

盐田港位于中国深圳,是全球第四大集装箱港口,为珠江三角洲船舶排放控制政策的先行者。在 2018 年 7 月,深圳市政府制定奖励政策,对在深圳管辖水域范围内使用低于 0.1% m /m 燃料油的船舶予以奖励;在 2020 年 1 月,进入深圳港船舶排放控制区的船舶要使用低于 0.5% m/m 硫含量的燃料油。2018—2020 年,由深圳船舶排放监测技术研究小组利用固定嗅探式监测设备和光学式监测设备进行了一系列船舶大气污染物排放监测试验,通过远程监测船舶排放的 SO_2 和 CO_2 浓度,利用船用燃料油估算方法,对进出港和过往船舶使用的燃料油硫含量进行遥测。盐田港位于典型的亚热带季风气候区,风向变化具有明显的季节性,船舶排放的大气污染物在不同气象环境下的扩散特征差异显著,即港口区域船舶排放源的排放及扩散特征对岸基固定式船舶大气污染物排放监测设备的监测结果影响显著。因此,首先要依据港区的气象条件、船舶航行特征、船舶排放及扩散特征,结合现有的船舶大气污染物排放监测设备的监测量程和监测精度,以确定船舶大气污染物排放监测设备的布设位置,为遥测船用燃料油硫含量提供全面客观的监测数据。

基于第 5.3 节中提出的船舶大气污染物监测站点选址方法,结合船舶大气污染物排放扩散模型,分析盐田港区典型船舶在不同季节排放的 SO_2 的扩散特征,并确定监测设备布设位置的有效监测边界,计算盐田港区域船舶大气污染物排放监测能力,以确定和优化监测站点布设位置。

5.4.2　模型参数确定

5.4.2.1　气象参数确定

在船舶大气污染物排放扩散模型中,影响船舶排放大气污染物在下风向扩散距离的关键因素在于风速,影响横向扩散距离的关键因素在于 σ_x 和 σ_y,这两个参数的选择和大气稳定度直接相关。因此,影响船舶大气污染物排放扩散的气象条件包括风向、风速和大气稳定度。

风速和风向直接影响船舶排放大气污染物的扩散方向和浓度稀释程度,船舶排放的大气污染物无法通过湍流扩散影响上风向处的区域,而是加剧对下风向区域的影响。因此,为分析盐田港区主导风向下风向区域的船舶排放 SO_2 的分布特点,并分析主导风向下的风速分布特征,以确定船舶扩散模拟模型中的风向、风速输入参数值。以 the European Centre for Medium-Range Weather Forecasts (ECMWF) 气象数据中的 ERA5 hourly dataset 逐小时气象数据集为基础,该数据集的空间分辨率为 0.1° × 0.1°,其中,位于盐田港区的网格点坐标为 114.3°E,22.5°N,因此,提取该网格点位置的2016—2018年共3年的10m的风向、风速以及2m的温度数据，作为基础分析数据。

根据盐田港的年气温变化规律，深圳气象局将深圳地区的2—4月划分为春季，5—10月划分为夏季，11—12月划分为秋季，1月为冬季。以该季节分类标准为基础，统计盐田港区不同季节的风向和风速分布规律，以确定不同季节的主导风向和次主导风向，统计结果如图5.4-1所示。其中，图5.4-1a)、图5.4-1b)、图5.4-1c)和图5.4-1d)分别为春季、夏季、秋季和冬季的风向统计分析结果。

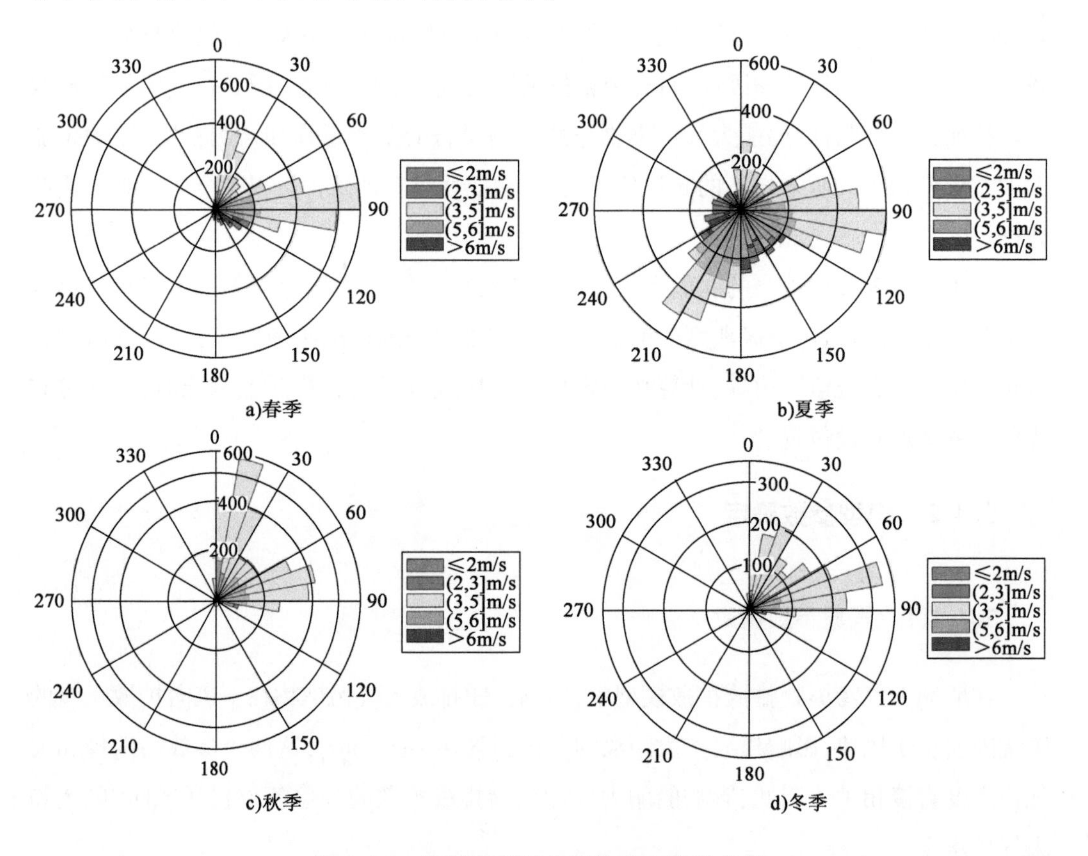

图5.4-1　不同季节风向频次分布统计分析

根据环境影响评价导则，主导风向是指风向频率最高的风向角的范围。由图5.4-1可明显统计得出盐田港四季的主导风向角度和次风向角度，具体风向角度值和风频见表5.4-1，这些值即为模拟不同季节船舶大气污染物排放扩散时的风向输入参数值。同时，图5.4-1也展现了不同季节内各个风向的10m风速的频次分布特征，可以看出，该区域全年风速在(3,5]m/s的频率最大。

船舶大气污染物排放扩散模型中输入的气象参数值 表 5.4-1

季节	风向(°)		风频(%)	不同高度风速(m/s)					温度(℃)
				1m	5m	10m	15m	25m	
春季	主导风	95,[80,110]	38.60	2.12	2.67	2.93	3.11	3.27	19.85
夏季	主导风	205,[190,220]	18.18	1.80	2.27	2.45	2.61	2.74	26.85
	次风	95,[80,110]	18.12	2.32	2.84	3.10	3.27	3.48	
秋季	主导风	15,[0,30]	39.43	2.71	3.41	3.73	3.94	4.15	18.82
	次风	75,[60,90]	26.01	2.04	2.57	2.86	3.01	3.19	
冬季	主导风	85,[70,100]	38.58	1.98	2.55	2.85	3.02	3.20	16.20
	次风	15,[0,30]	30.04	2.61	3.34	3.65	3.83	4.09	

船舶排放大气污染物的扩散浓度在垂向上的分布是有显著差异的,风速在垂向高度上的分布呈现对数规律,因此,需要参考10m高度的风速推算得到不同高度的风速,以代入船舶大气污染物排放扩散模型中,分析船舶排放的大气污染物在不同高度平面的扩散规律。陈永利考虑了海面摩擦速度和粗糙度高度的影响,提出了不同高度风速换算方法,如式(5.4-1)所示:

$$u_z = \frac{u_{10}}{k_z} \tag{5.4-1}$$

式中:u_{10}——10m高度的风速,m/s;

u_z——任意高度的风速,m/s;

k_z——风速的高度转换系数,具体值参考表5.4-2。

k_z 参考值 表 5.4-2

风速	k_z				
	1m	5m	10m	15m	25m
u_{10} >7m/s	1.60	1.13	1.00	0.94	0.87
u_{10} ≤7m/s	1.37	1.09	1.00	0.95	0.90

依据式(5.4-1)和u_{10},得到修正后的盐田港各季节内主导风向和次风向角度范围内逐时的1m、5m、10m、15m和25m高度的风速,如图5.4-2所示。理论上,风速越大,则越有利于大气污染物的扩散,因此,为确保80%的风速条件下,船舶排放的大气污染物能扩散至监测站的位置,对逐时的风速进行了累计分布统计,选取累计分布函数(Cumulative Distribution Function,CDF)值为0.2时的风速作为船舶大气污染物排放扩散模拟的输入风速值,见表5.4-2。

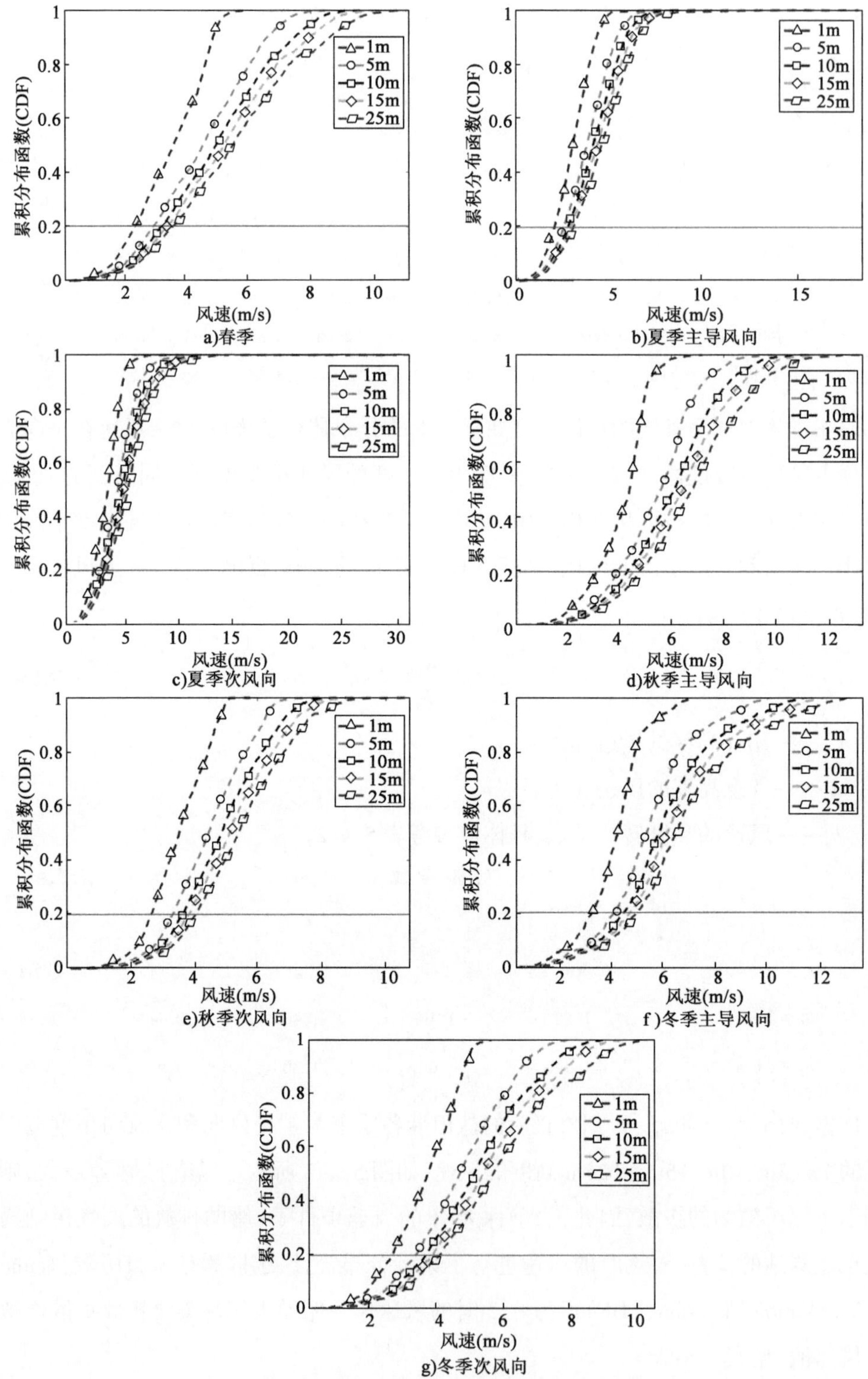

图 5.4-2　各季节不同高度下的风速的 CDF 分布

5.4.2.2 排放源参数确定

船舶作为水上移动排放源，加之船舶类型复杂、差异大，相较固定工业排放源、陆上交通排放源具有显著的差异。当扩散环境参数一致时，船舶大气污染物排放量与扩散浓度呈正相关。而影响船舶排放量的关键因素为船舶的动力设备的功率大小，其中，航行状态下的船舶的动力来源为主机和辅机。深圳海事局提供了114艘进出盐田港的船舶主机功率信息，主机功率的分布情况见表5.4-3。可以看出，船舶的主机功率差异较大，为实现80%的船舶排放的污染物浓度均可扩散至监测站点布设的位置，选取10000～20000kW区间范围内的主机功率作为船舶大气污染物排放扩散模型的输入参数，为15000kW。

盐田港区样本船舶的主机总功率分布情况　　表5.4-3

主机功率(kW)	<1000	2000～10000	10000～20000	20000～30000
船舶数量	1	3	12	16
主机功率(kW)	30000～40000	40000～50000	50000～60000	>60000
船舶数量	9	20	24	29

大气污染物排放源的排放高度对于空间扩散浓度的分布也是有影响的，为了分析船舶大气污染物排放高度与空间污染物的扩散浓度之间的关系，利用控制变量法，在同一气象条件下，模拟不同烟囱高度的船舶排放的SO_2扩散至5m高度水平面的浓度分布，结果如图5.4-3所示。图5.4-3的横坐标为受影响点的网格位置序列，纵坐标为船舶排放的SO_2扩散至网格位置点的浓度值。从图5.4-3中可以看出，船舶的烟囱越高，排放的SO_2对同一位置点的影响越小，即扩散浓度越小。为确定船舶大气污染物排放扩散模型中的船舶烟囱排放高度这一输入参数值，从深圳海事局获取了盐田港区38艘进出港船舶的烟囱高度，并进行了CDF统计分析，如图5.4-4所示。为实现监测设备可监测95%的烟囱高度的船舶排放的SO_2，因此，选取CDF值为0.05对应样本烟囱高度，为38m。

船舶排放的大气污染物扩散至空间内的浓度垂向分布是具有显著的差异性的，因此，监测站布设的高度对大气污染物浓度监测结果存在影响。因此，为分析监测站布设高度与监测浓度之间的关系，以确定适宜的监测站布设高度，基于船舶大气污染物排放扩散模型，以SO_2作为扩散样本气体类型，利用控制变量法，保持扩散模型内的其他输入变量不变，计算相同船舶排放源排放的SO_2扩散至5m、10m和15m高度平面的浓度，计算结果如图5.4-5所示。其中，图5.4-5a)、图5.4-5b)、图5.4-5c)分别表示高程平面为5m、10m和15m的扩散浓度分布，图5.4-5d)表示不同高度的网格位置点的SO_2浓度分布。

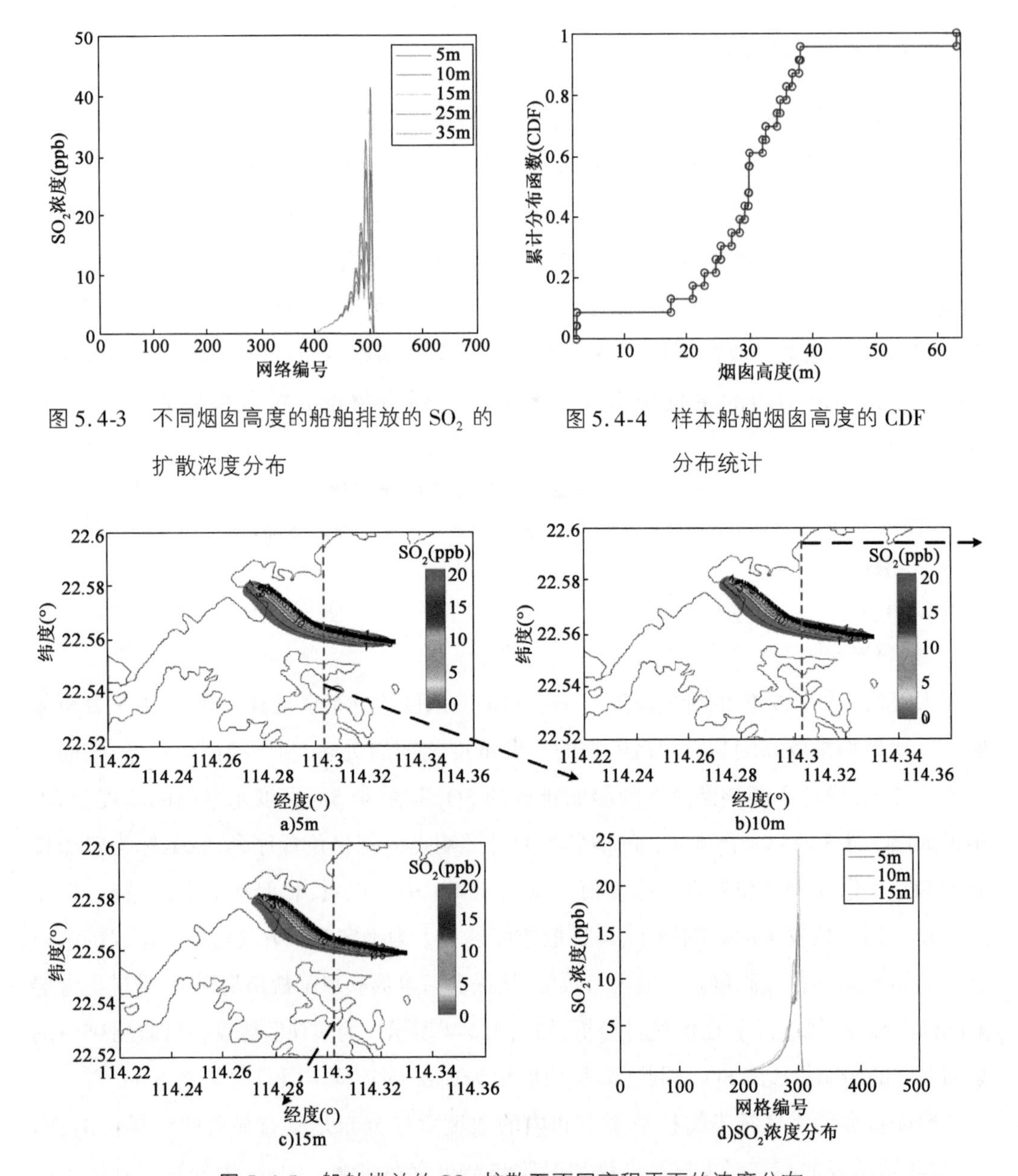

图 5.4-3　不同烟囱高度的船舶排放的 SO_2 的扩散浓度分布

图 5.4-4　样本船舶烟囱高度的 CDF 分布统计

图 5.4-5　船舶排放的 SO_2 扩散至不同高程平面的浓度分布

从图 5.4-5 中可以看出，在相同的气象环境条件下，同一船舶排放源排放的 SO_2 扩散至不同高程平面的浓度具有显著的差异，即同一网格点的高程越大，则 SO_2 扩散浓度越大。因此，船舶排放的 SO_2 扩散至 5m 的高程平面的浓度值低于 10m 和 15m 高程平面的扩散浓度值。因此，选取 5m 作为网格点的高程，作为船舶大气污染物排放扩散模拟模型的输入参数。

5.4.3　监测站点选址

在监测实验中，采用赛默飞世尔科技提供的43i 型 SO_2 嗅探式监测设备对盐田港区的进出港船舶进行连续监测，该设备对于 SO_2 最低监测下限值为 0.5ppb。因此，利用船舶大气污染物排放扩散模型，模拟在不同季节、不同气象条件下典型船舶排放的 SO_2 扩散至港区的浓度分布，并分析空间区域中 SO_2 浓度值大于 0.5ppb 的时空分布特征。

为确定典型船舶的排放轨迹，以深圳海事局提供的 2017 年的盐田港区船舶活动数据为基础，将盐田港区划分为 100m × 100m 网格，统计区域在不同季节的船舶交通流量，统计结果如图 5.4-6 所示。图 5.4-6a）、图 5.4-6b）、图 5.4-6c）和图 5.4-6d）分别为春季、夏季、秋季和冬季的船舶交通流量统计结果。从图 5.4-6 中可以看出，盐田港区有 3 条主航道。

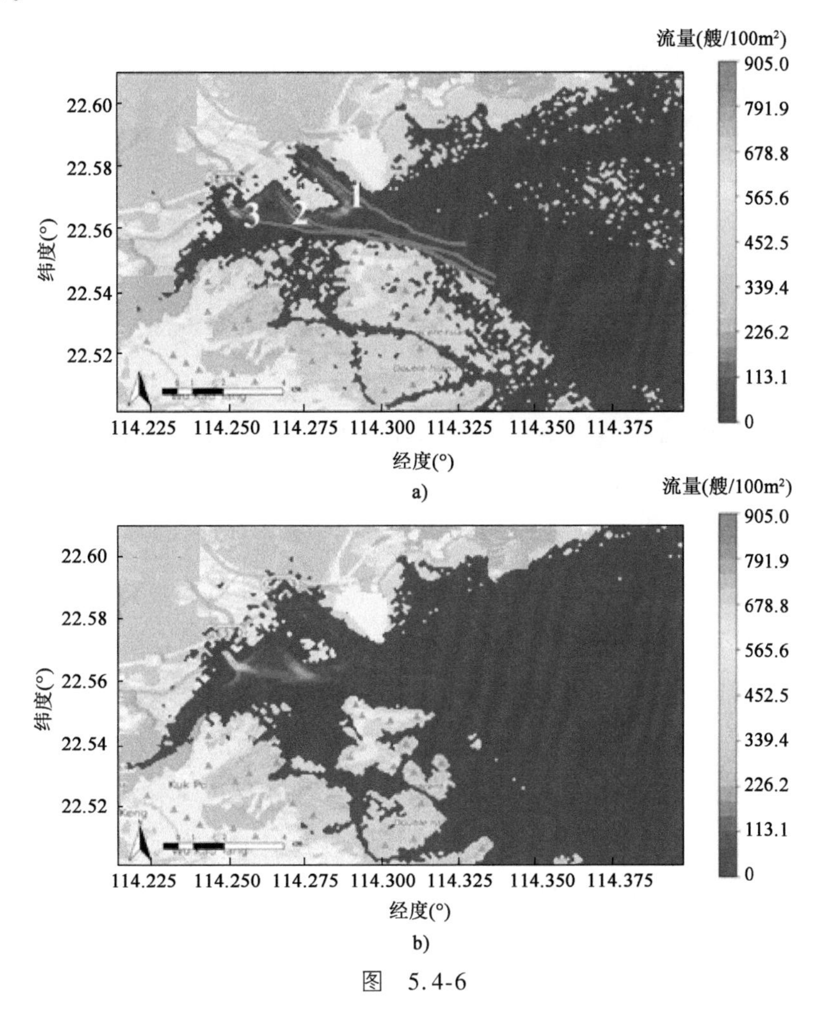

图　5.4-6

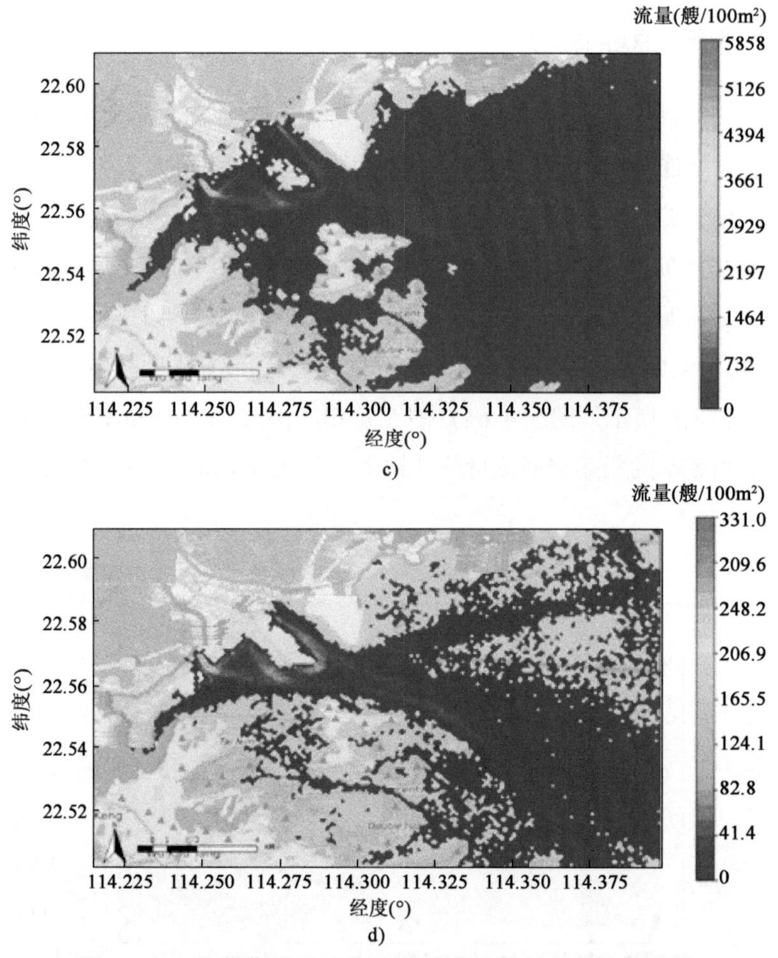

图5.4-6　盐田港区2017年不同季节的船舶交通流量统计

基于4.4.1节中确定的船舶大气污染物排放扩散模型中的各个参数值，包括风向、风速、环境温度、船舶烟囱高度、船舶主机功率和扩散平面高程，模拟盐田港区各个主航道内的典型船舶排放的SO_2在各个季节的扩散浓度，并对区域内SO_2浓度值大于0.5ppb进行时空分布可视化，可视化结果如图5.4-7所示。图5.4-7a1）~图5.4-7g1）分别表示在春季、夏季主导风向下、夏季次风向下、秋季主导风向下、秋季次风向下、冬季主导风向下、冬季次风向下的第一条主航道内的典型船舶排放的SO_2在空间区域内的扩散分布。图5.4-7a2）~图5.4-7g2）分别表示在春季、夏季主导风向下、夏季次风向下、秋季主导风向下、秋季次风向下、冬季主导风向下、冬季次风向下的第二条主航道内的典型船舶排放的SO_2在空间区域内的扩散分布。图5.4-7a3）~图5.4-7g3）分别表示在春季、夏季主导风向下、夏季次风向下、秋季主导风向下、秋季次风向下、冬季主导风向下、冬季次风向下的第三条主航道内的典型船舶排放的SO_2在空间区域内的扩散分布。

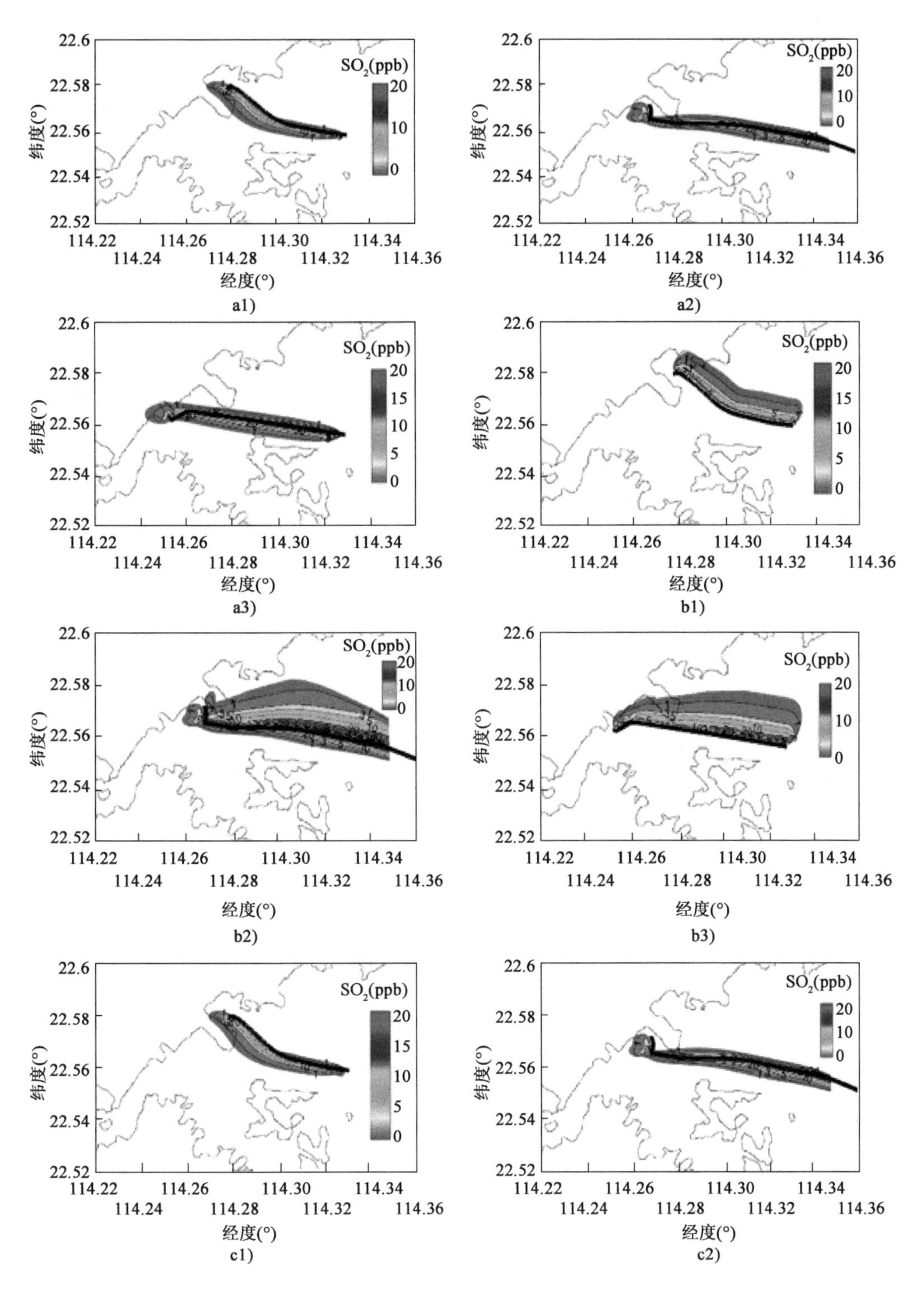

图　5.4-7

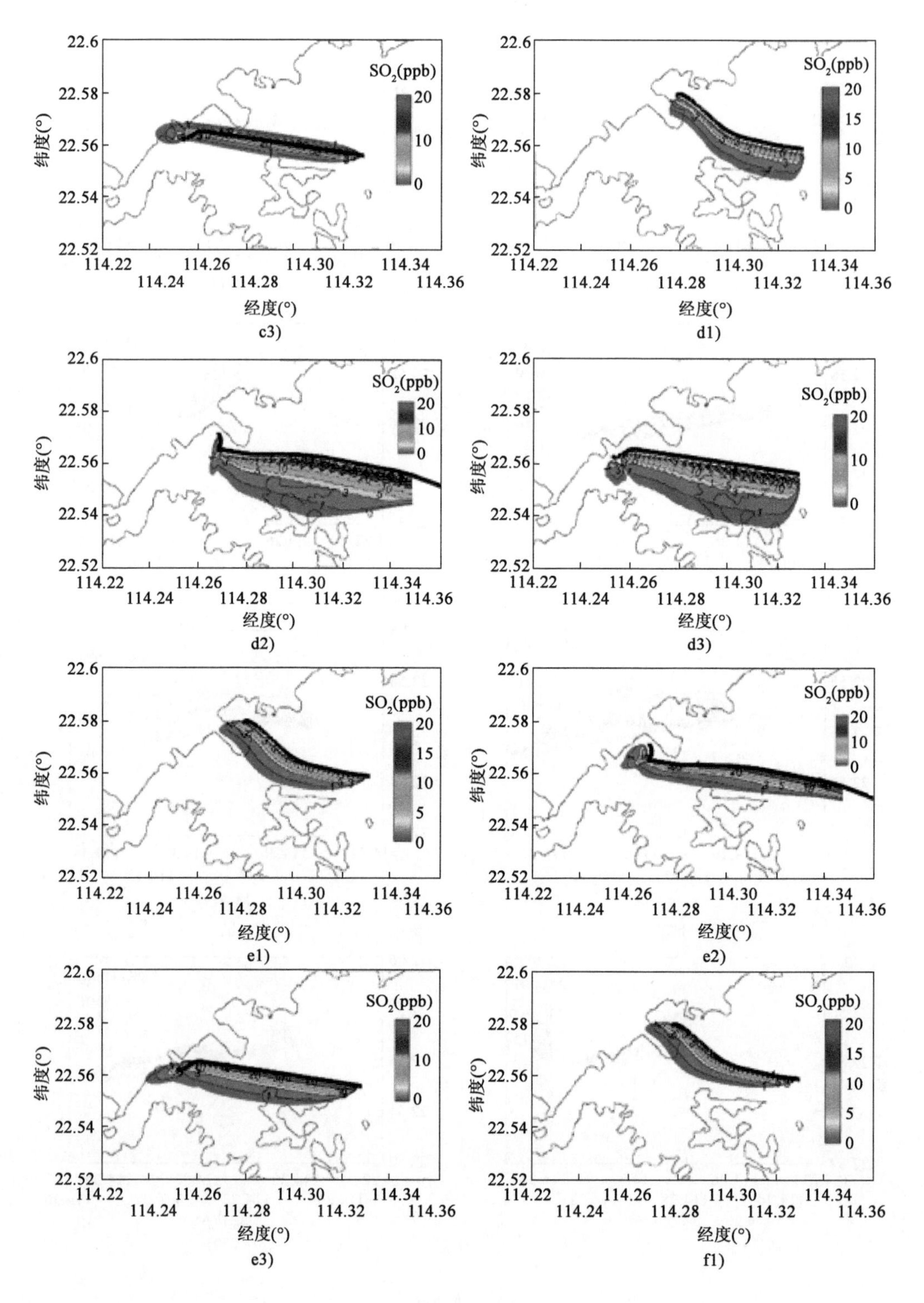
SO2(ppb)
20
15
10
5
0
22.6
22.58
22.56
22.54
22.52
纬度(°)
114.22
114.24
114.26
114.28
114.30
114.32
114.34
114.36
经度(°)
c3)
d1)
d2)
d3)
e1)
e2)
e3)
f1)

图 5.4-7

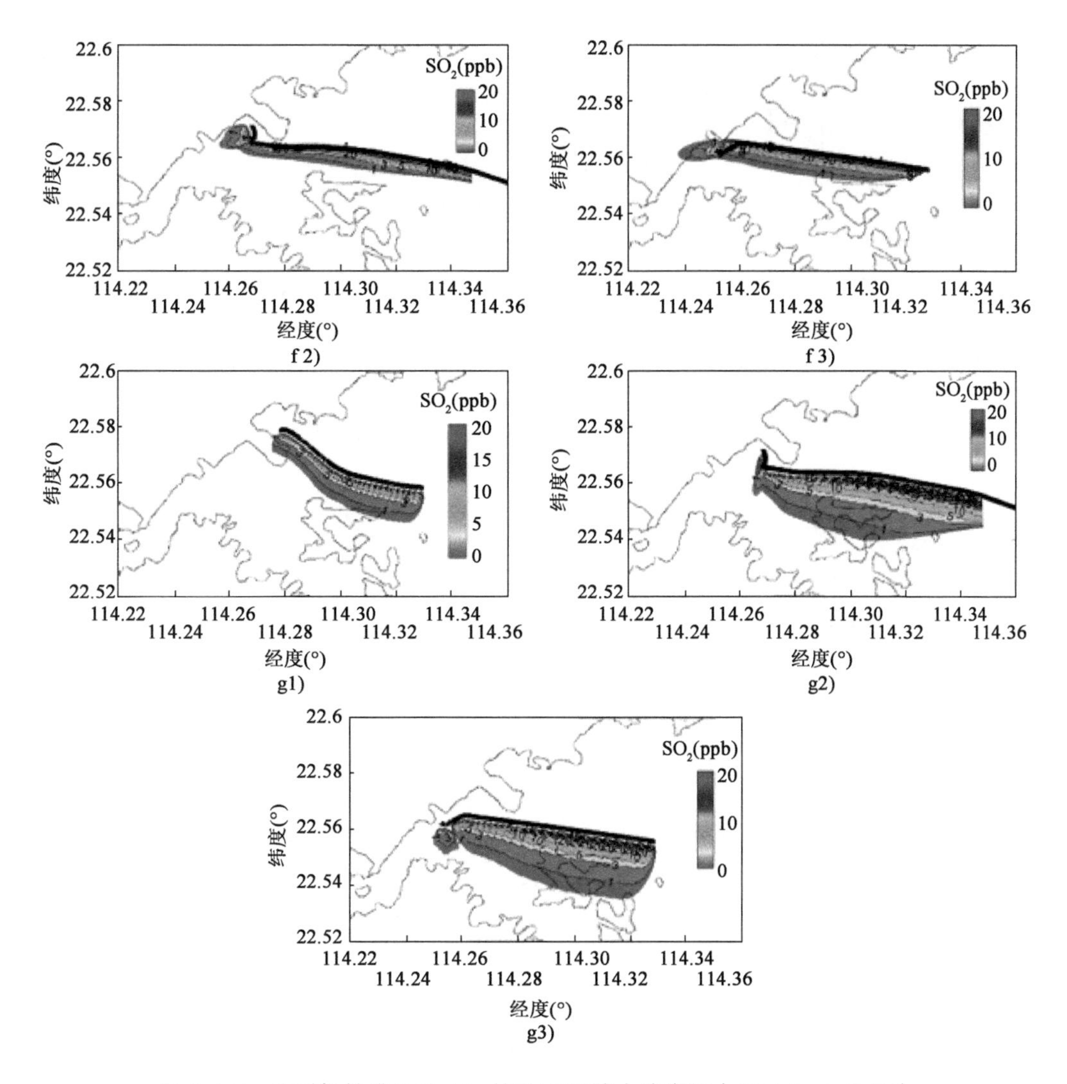

图 5.4-7　典型船舶排放的 SO_2 扩散至区域内浓度值大于 0.5ppb 的分布

基于各个航道内的典型船舶排放的 SO_2 扩散至区域内的浓度分布特征，将盐田港区划分为 20m × 20m 大小均匀的网格，利用第 4.2 节中提出的监测站点选址方法模型，评估盐田港区各个网格的船舶大气污染物排放监测能力，评估结果如图 5.4-8 所示。图 5.4-8a)、图 5.4-8b)、图 5.4-8c) 和图 5.4-8d) 分别表示在春季、夏季、秋季和冬季，盐田港陆地区域船舶排放 SO_2 的监测能力。其中三角形标识区表示最适宜布设监测站点的位置。不同季节推荐布设的监测站点位置见表 5.4-4。

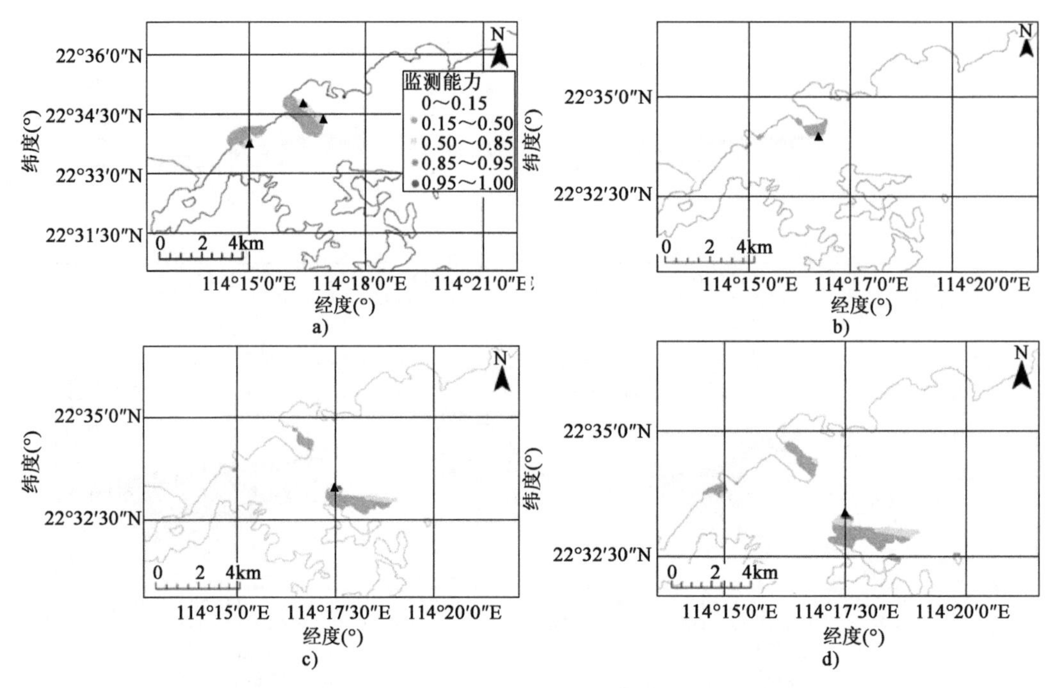

图 5.4-8 盐田港区各个网格的船舶排放 SO_2 监测能力

不同季节岸基嗅探式监测站点推荐布设位置 表 5.4-4

季节	站点	经度(°)	纬度(°)	监测位置 SO_2 最小监测浓度(ppb)						SO_2 监测能力
				航道 1		航道 2		航道 3		
				P_{wd}	S_{wd}	P_{wd}	S_{wd}	P_{wd}	S_{wd}	
春季	1	114.2506	22.56364	0.02		0.04		3.72		1
	2	114.2811	22.57372	1.78		2.11		0.01		0.94
夏季	1	114.2789	22.5662	0	0.64	11.34	0.79	8.86	0.66	1
	2	114.2836	22.5827	2.97	0	0.15	0	0.15	0	0.151
秋季	1	114.2931	22.55498	0.34	0.40	3.34	2.50	9.98	2.84	1
	2	114.2768	22.5756	3.51	2.09	2.52	0	0	0	0.48
冬季	1	114.292	22.5551	0.31	0.19	3.72	0.09	2.46	1.24	1
	2	114.2815	22.57337	1.96	0	0	2.85	0	0	0.579

注：P_{wd}为主导风向；S_{wd}为次风向。

本章参考文献

[1] SABATER M, DATA J E R A L M A. from 1981 to Present[J]. Copernicus Climate Change Service (C3S) Climate Data Store (CDS), 2019.

[2] 陈永利,赵永平,张必成,等. 海上不同高度风速换算关系的研究[J]. 海洋科学, 1989(3):27-31.

第6章

船舶大气污染物排放监测监管平台

6.1 系统整体方案设计

6.1.1 需求分析

系统设计与研发应以用户应用需求为首要目的,系统需求分析是使系统设计合理与优化的关键步骤,系统需求分析深入与否,直接影响到系统的性能与用户应用感受。本节设计船舶大气污染物排放监测监管系统,依据现有的船舶排放监测监管相关文献及资料,结合硬件系统(各类型监测传感设备、硬件设施等)和软件平台,将采集的各类型船舶排放监测监管相关数据,通过船舶排放大数据中心对多源异构船舶排放监测监管相关数据进行接入、关联、融合与分析;基于前文提出的船舶大气污染物排放测度模型、船舶大气污染物排放扩散模拟方法、船舶超标排放监测与辨识方法,结合实时的多源船舶排放数据,实现港口船舶排放清单构建,违规超排现象的及时发现与处理,对海事全业务流程船舶排放进行监测监管及预警,提供船舶减排信息服务;采用丰富的可视化方法技术,使船舶排放监测监管相关数据及监测监管流程直观展示,使海事主管部门快速、准确掌握区域船舶排放情况及重点目标。因此,系统主要有监测数据采集、多源异构数据组织与管理、数值模拟与计算、数据及监管流程可视化等功能。

1)监测数据采集

船舶大气污染物遥测装置有光学遥感式监测系统和烟羽接触式监测系统,这些系统可布设于岸基或搭载于移动监测平台以实现船舶排放大气污染物浓度在线监测,且微型气象监测传感装置和船舶 AIS 也安装于岸基,以实现环境气象要素信息和船舶活动信息的动态监测与接收。因此,海事监管人员希望对遥测系统以及其他类型传感器运行状态实现远程监控,以及各类型监测数据的实时传输与接收,包括气体污染物浓度监测数据、环境气象要素实时监测数据、船舶活动数据。

2)多源异构数据组织与管理

船舶排放监测监管基础数据高效组织与管理是十分有必要的。传统的数据处理与数据存储方法,已难以满足海量数据快速处理的要求。基础数据主要包含船舶基本统计数据、船舶大气污染物排放量统计数据、各类型实时监测数据以及仿真模拟数据等,这些数据的来源、数据格式、结构类型等都各不相同,针对船舶排放监测监管数据多源异构、数据量大、共享难等实际问题,设计港口船舶排放大数据混合存储方案,提出完整的船舶排放相关数据采集、处理、挖掘与共享流程。

3)数值模拟与计算

基于船舶排放监测监管基础数据信息,提出港口船舶排放大数据处理技术。基于船舶静态和动态信息,以及船舶排放因子信息,提出适用于港口区域船舶大气污染物排放清单计算方法,以便对船舶污染物排放进行特征分析;进一步结合实时的气象监测数据,设计船舶大气污染物排放扩散模型,以实时评估船舶排放的大气污染物对周围环境的影响;分析海事监管部门对于违规超排放船舶辨识和精准定位的需求,基于岸基船舶排放监测、船舶大气污染物扩散模型、在线气象数据和实时船舶排放数据,提出针对单船、区域的违规超排船舶辨识与溯源模型,为船舶排放智能化监管提供方法模型支撑。

4)数据及监管流程可视化

为实现船舶排放监测时空数据信息的实时动态更新,基于多类型统计图元和专题地图,以数据可视化的形式突出船舶排放监测数据的专题地图情况、基本统计情况、动态更新情况、动态交互情况、数据关联情况、时空分布情况、语义情况等,以解决以往研究中数据更新速度慢、数据关联性不强、数据追踪不及时以及单一的二维数据可视化效果落后等问题,以多类型地图、排放专题图、基本统计图元、数据列表等技术手段全方位、多角度、多层次地展示船舶排放结果,便于海事部门及研究人员快速精准地把控船舶排放及排放监测情况及重点区域,优化监测布局,最终实现船舶排放监测数据可视化应用。

6.1.2　系统架构设计

本节根据第 6.1.1 小节中系统的需求来设计船舶排放监测监管系统的整体方案。系统主要由数据采集终端和软件平台两部分组成。在数据采集终端,需要通过布设各类型船舶大气污染物排放监测装置、船舶 AIS 接收装置和气象环境监测装置实现对各类型船舶排放监测监管相关基础数据的采集。为实现远程数据采集的功能,数据采集终端应具备无线数据远程传输的功能,能够将各类型监测数据传输至软件平台。软件平台基于云平台技术和物联网技术搭建,服务器采用浏览器/服务器(Browser/Server,B/S)模式进行设计与开发,并通过数据中心实现基础数据的组织与管理。基于各类型基础数据,并利用第 2 ~4 章提出的一系列船舶大气污染物排放监测监管技术的算法、模型,实现船舶大气污染物排放清单构建、违规超排船舶辨识和船舶排放监测管控。

系统整体架构如下:数据采集终端负责现场监测数据的采集,并将监测数据远程传输至软件平台;软件平台接收数据,并通过数据中心进行数据存储与管理;最后,结合基础数据、算法模型和交互技术,使系统各个功能通过浏览器页面与用户实现交互。图 6.1-1 为船舶排放监测监管系统的整体架构示意图。

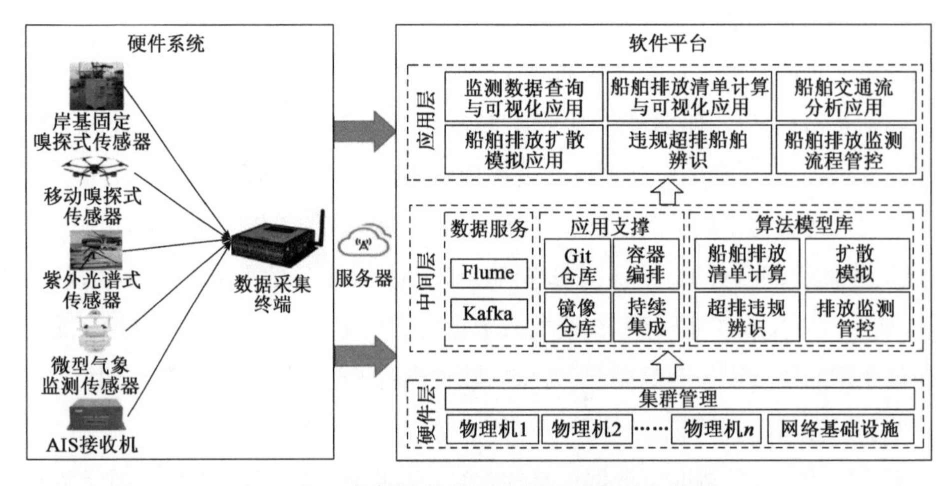

图 6.1-1　船舶排放监测监管系统整体架构图

要对船舶排放进行定量计算,首先需要获取与排放计算相关的排放数据。从理论上讲,对船舶排放进行定量计算只需要用到船舶的航速信息、航时信息、动力设备的参数信息以及最大运营航速。其中,航速与航时均可从 AIS 动态信息中获取,船舶动力设备的参数(包括船舶的主机功率、辅机功率、锅炉功率)与最大运营航速则可以依据 AIS 静态信息中的 MMSI 或者 IMO 编号从劳氏船舶数据库查询。考虑到真实海况的复杂性,后续需要对计算模型进行修正,因此,还需要用到船舶的位置信息(经纬度信息)和航向信息。针对以上需求,本书对 AIS 信息进行了数据组织与管理。

6.2　面向船舶大气污染物排放监测监管的 AIS 数据组织与管理

6.2.1　AIS 数据组织与管理流程

对 AIS 信息进行的数据组织与管理主要包括以下几个流程:AIS 数据解析、AIS 数据清洗、AIS 数据重构、AIS 数据组织以及 AIS 数据存储。具体流程如图 6.2-1 所示。

6.2.2　AIS 数据解析

传统的 AIS 数据解析大多为串行模式下的数据处理方法,即便采用多线程技术进行优化,在单核 CPU 的资源限制下,仍然是“时间分片”后的串行数据处理,而且线程必然不是越多越好,线程的切换同样需要系统开销。因此,上述方法在处理大规模数据时容易出现数据拥塞现象,导致程序无法响应,无法满足 AIS 实时解析需求。考虑到大规模

AIS数据解析是采用同一工序处理不同的数据内容，因此采用基于数据并行的AIS数据解析方法，具体如图6.2-2所示。

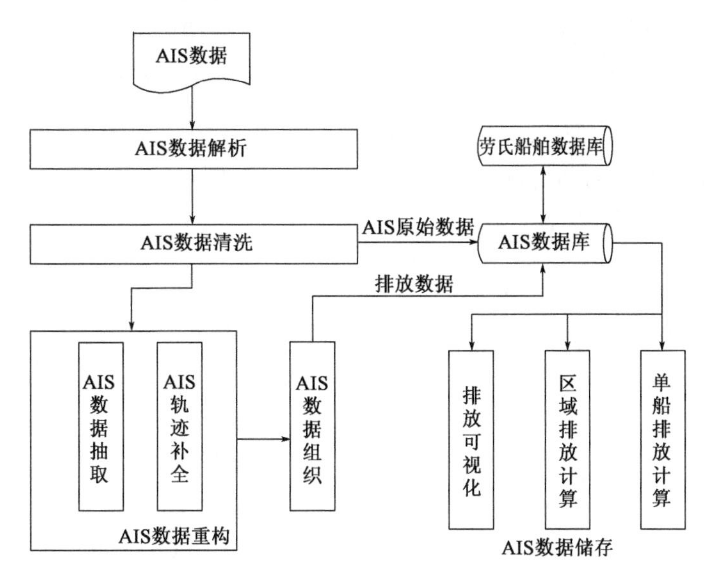

图6.2-1　AIS数据组织与管理流程

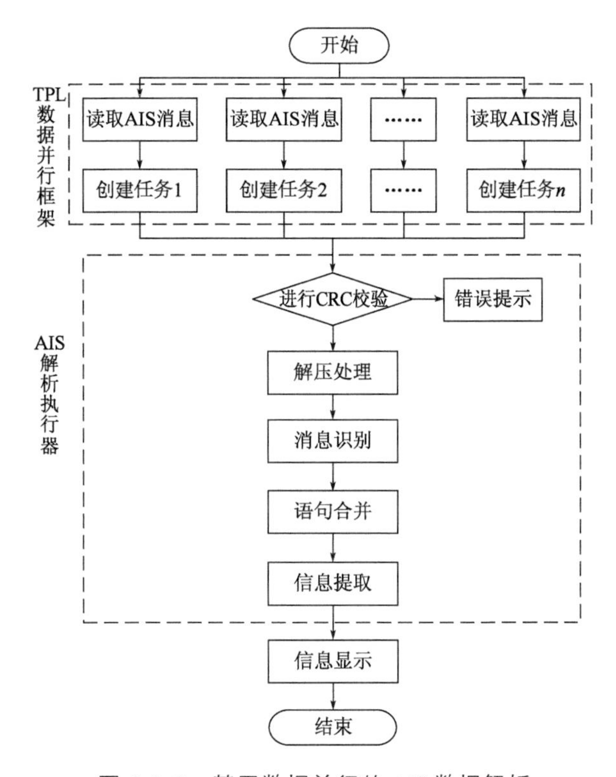

图6.2-2　基于数据并行的AIS数据解析

1)TPL 数据并行框架

数据并行是并行计算模型的一种,是对源集合或数组的元素同时(即,并行)执行相同操作的场景。在操作过程中,首先将源集合分区,这样便能让若干个不同的线程同时在不同的网段上对数据进行相应的操作。利用数据并行计算模型,大规模 AIS 数据可以划分为若干分区,每个分区采用任务(task)形式在多个 CPU 资源中并行地进行解码处理,通过 task 进度和资源的合理安排,达到快速高效完成任务的目的。

任务并行库(The Task Parallel Library,TPL)是 Net Framework 4.0 中的并行计算模块(图 6.2-3),具有动态地按比例调节并发程度、处理工作分区、Thread Pool 上的线程调度、取消支持、状态管理以及其他低级别的细节操作等优点。TPL 提供了多种类型的并行计算模式,包括数据并行、任务并行、数据流、结合异步编程模型 APM、EAP 等。

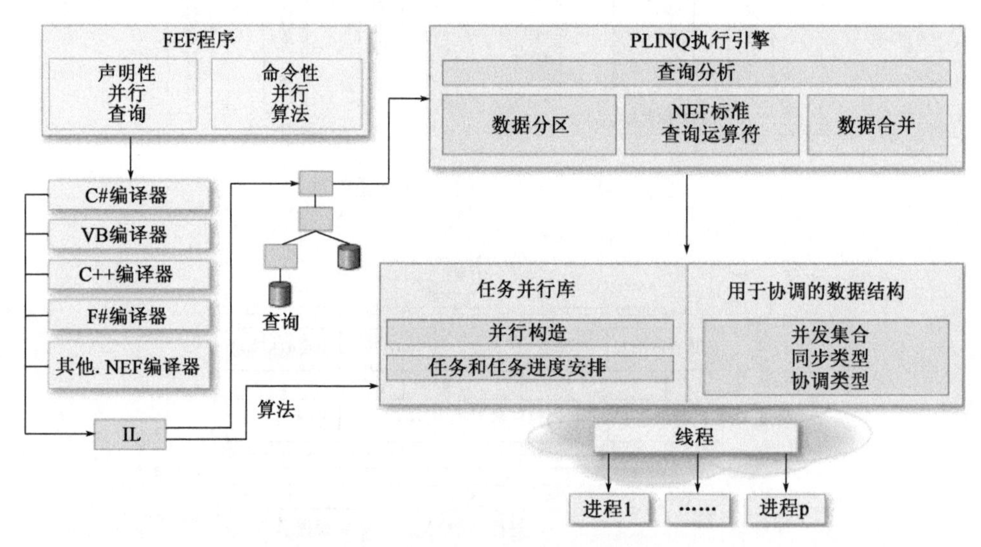

图 6.2-3 NET Framework 4 中的并行编程体系结构

AIS 数据解析需要在同一时间内完成多条数据的同步处理,因此适合采用数据并行模式对其进行计算。TPL 中提供了 Parallel. For 和 Parallel. ForEach 两个数据并行计算方法,是对 for 循环和 for each 循环提供的基于方法的并行执行。本书利用 Parallel. For 实现了 AIS 数据解析的并行计算,如图 6.2-4 所示,在 Paralle. For 并行循环逻辑内,针对每条 AIS 消息 msgPerFile,执行 AIS 解析函数 getParsedMessage(),解析结果存储至哈希表,包括 AIS 信息提取后的各个参数属性和取值。

在数据并行计算模式中,数据分区划分的粒度并非越多越好。数据分区过多,会增加系统管理和调度任务的系统开销;数据分区过少,则会出现系统资源没有达到最大化利用。因此,利用 Lenovo X250 笔记本,在单机双核 CPU 条件下,进行了 AIS 数据分区的参数调试。如图6.2-5所示，AIS数据总量约为4300万条，500条、1000条、5000条、10000条分别设置为不同的数据分区参数。从图中可以发现，当数据规模较小时(小于3000万条)，数据分区粒度越小，速度越快；当数据规模增加时(大于3000万条)，数据分区粒度需要适度增加(1000条/task的解析效率高于500条/task)。

```
Parallel.For (0, msgCnt, (msgPerFile)=>
{

    if ( (hs = msgPerFile.getParsedMessage()) != null )
    {
        if (aisWriter.writeEntry(hs, msgCnt) == false)
            return false;
    }
    else
    {
        aisWriter.close();
        return true;
    }

});
```

图6.2-4 AIS数据并行处理函数

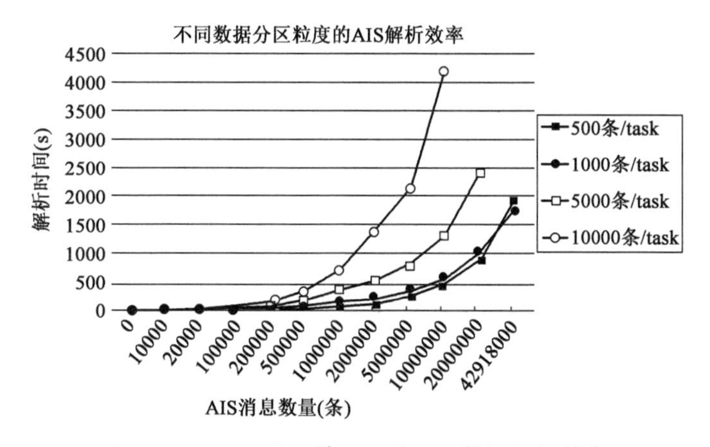

图6.2-5 不同分区情况下的AIS数据解析效率

2)AIS解析执行器

(1)CRC校验。

AIS系统中采用的循环冗余校验位CRC-16，所用的生产多项式为$X^{16}+X^{15}+X^{2}+1$，其对应的比特串为11000000000000101。AIS数据校验的步骤如下所述：首先将AIS报文中!与*中间部分的信息转化为二进制比特串，左移16位后，将得到的数据除上生成多项式，若得到的余数与*后的两位数相等，那么表示该数据是正确的；若不相等，则说明数据有误。

(2)数据解压缩。

首先将AIS报文字符串中的ASCII字符转换成与之所对应的6bit二进制码(对应关系如图6.2-6所示)，然后将二进制码进一步转换成6bit二进制数据串，再通过移位转换处理后将其保存到一个8bit字节串中。单个ASCII字符的转换方法如下：将ASCII值加上 0x28,若其和大于 0x80,将和再加上 0x20,若其和小于 0x80,将和再加上 0x28,然后将结果右移 2 位取其低 6 位的值,具体如图 6.2-7 所示。

ASCII/HEX	6-bit	ASCII/HEX	6-bit	ASCII/HEX	6-bit	ASCII/HEX	6-bit	ASCII/HEX	6-bit
0/30	000000	=/3D	001101	J/4A	011010	W/57	100111	1/6C	110100
1/31	000001	>/3E	001110	K/4B	011011	‘/60	101000	m/6D	110101
2/32	000010	?/3F	001111	L/4C	011100	a/61	101001	n/6E	110110
3/33	000011	@/40	010000	M/4D	011101	b/62	101010	o/6F	110111
4/34	000100	A/41	010001	N/4E	011110	c/63	101011	p/7D	111000
5/35	000101	B/42	010010	O/4F	011111	d/64	101100	q/71	111001
6/36	000110	C/43	010011	P/50	100000	e/65	101101	r/72	111010
7/37	000111	D/44	010100	Q/51	100001	f/66	101110	s/73	111011
8/38	001000	E/45	010101	R/52	10010	g/67	101111	t/74	111100
9/39	001001	F/46	010110	S/53	100011	h/68	110000	u/75	111101
:/3A	001010	G/47	010111	T/54	100100	i/69	110001	v/76	111110
:/3B	001011	H/48	011000	U/55	100101	j/6A	110010	w/77	111111
</3C	001100	I/49	011001	V/56	100110	k/6B	110011		

图 6.2-6　6bit 值与 ASCII 码对应表

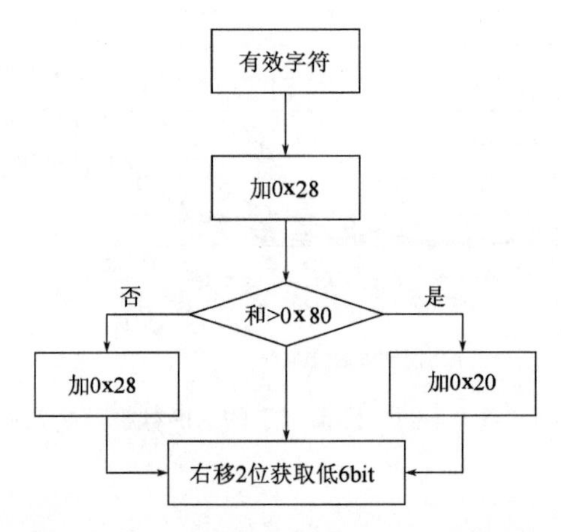

图 6.2-7　有效字符转换为 6bit 码处理流程

(3)静、动态信息提取。

数据在经过解压缩处理后,存储于一个 8bit 位宽的字节串中,信息提取则是指按照 ITU-1371-4 协议中的内容,从该 8bit 字节串的指定位开始,提取指定位宽的数据。信息提取包括提取整数和提取字符串两类处理操作,其中,提取整数的有效位宽为 1 ~ 32 位。信息提取的整个处理流程如下:首先根据给定的起始位来寻找与之所对应的起始字节以及字节内所包含的起始位,然后从起始位开始,取指定位宽的数据,再对其进行移位处理,最终得到所需的相关信息。船舶静态信息报文表和动态信息报文表见表 6.2-1 ~ 表 6.2-3。

船舶静态消息报文表　　表 6.2-1

参　　数	bit 数	说　　明
消息 ID	6	消息标识符
转发指示符	2	表明消息转发次数。0 ~ 3;0 = 默认值;3 = 不再转发
用户 ID	30	海上移动服务标识 MMSI 编号
呼号	42	7 × 6bit ASCII 字符,@@@@@@@ = 不可用 = 默认值
名称	42	最长 20 字符的 6bit ASCII 码
IMO 编号	30	1 ~ 999999999;0 = 不可用 = 默认值
船舶尺寸	30	船舶高度和宽度
船舶类型	30	参见 ITU-1371-4 标准
天线位置	4	参见 ITU-1371-4 标准
ETA	20	估计到达时间;MMDDHHMM UTC
最大静态吃水	8	以 1/10m 为单位,255 = 吃水 25.5m 或更大,0 = 不可用 = 默认值
目的地	120	最长 20 字符,采用 6bit ASCII 码

船舶动态消息报文表(一)　　表 6.2-2

参　　数	bit 数	说　　明
消息 ID	6	消息标识符
转发指示符	2	表明消息转发次数。0 ~ 3;0 = 默认值;3 = 不再转发
用户 ID	30	海上移动服务标识 MMSI 编号
导航状态	4	参见 ITU-1371-4 标准
旋转速率	8	参见 ITU-1371-4 标准
SOG	10	地面航速,步级 1/10 节(0-102.2 节);1023 = 不可用,1022 = 102.2 节或更高
位置准确度	1	1 = high(< 10m);0 = low(> 10m);缺省 = 0
经度	28	单位 1/10000minute(± 180°,East = 正值,West = 负值);181° = 不可用 = 缺省

船舶动态消息报文表(二)　　表 6.2-3

参　　数	bit 数	说　　明
纬度	27	单位 1/10000minute(90°,North = 正值,South = 负值);91° = 不可用 = 缺省
COG	12	对地航向,单位 1/10°(0 ~ 3599);3600 = 不可用 = 缺省;3601 ~ 4095 不用
实际航向	9	船首向 0 ~ 360°
时戳	6	UTC 秒,电子定位系统(如 GPS)更新报告的时间(0-59,或在时间戳不可用时 = 60,或在定位系统为手动输入模式时 = 61,或定位系统工作在估计模式(航位推测)时 = 62,或当定位系统不起作用 = 63)

6.2.3 AIS 数据清洗

由于 AIS 本身的系统误差与固有缺陷，以及船员实际操作中的不规范等原因，AIS 数据中存在一部分异常数据。AIS 数据清洗指的是从大量的 AIS 数据中，根据以往经验，借助统计的方法识别并剔除异常数据的过程。

速度是排放计算的重要变量，对排放量有很大的影响，如果速度值过大，则会给废气排放计算带来巨大的误差。因此，要根据统计数据获取速度的大致范围，超出单位的速度值过大的数据应予以剔除。图 6.2-8 为某港区一年内 AIS 点速度统计图，从图中可以看出，大部分 AIS 点的速度信息在 0～20kn 范围内，也有部分速度信息过大，但对于港区内速度，是不可能大于 30kn 的，因此，将这些速度过大的 AIS 数据予以剔除。还有一部分速度的值为 null，这部分数据属于速度信息缺失的情况，也一并予以剔除。

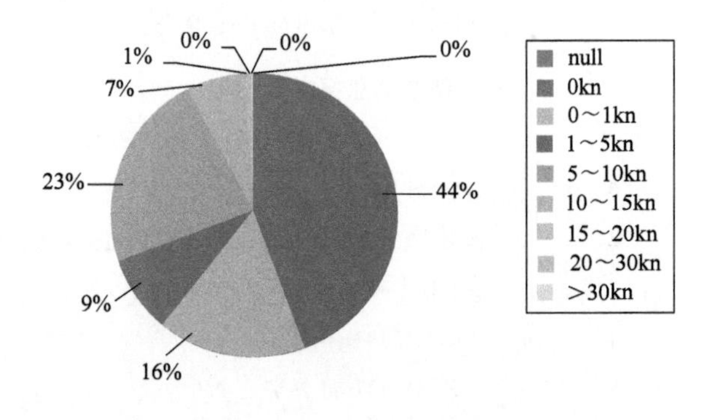

图 6.2-8 AIS 点速度信息

船舶 MMSI 与 IMO 号码用于从劳氏船舶数据库查询排放计算所用到的船舶动力设备参数以及最大运营速度。正常的船舶 MMSI 由 9 位阿拉伯数字组成，IMO 号码由 7 位数字组成，对于 MMSI 或 IMO 缺失、错误的 AIS 静态信息，本书予以剔除。

6.2.4 AIS 数据重构

6.2.4.1 一般流程

AIS 数据重构是指针对后续的排放计算需求、可视化分析需求，在前文处理的 AIS 数据的基础上，对其进行进一步处理的过程，其主要包括两个方面，分别为 AIS 数据抽取以及 AIS 轨迹补全。

1) AIS 数据提取

对 AIS 数据进行解析后可以获取大量的船舶动态信息与静态信息，但对于排放计算而言,则只需要用到其中的一部分信息。为了便于后续排放计算,本文将从获取的AIS信息中对排放计算而言有用的数据提取出来。

总的来说,对船舶排放进行定量计算用到的数据可以分为两类:一类是动态排放数据,包括船舶的航速信息、航时、经纬度信息和航向信息,这一类数据来源于船舶动态信息,会随着时间的变化而变化,数据量较大;另一类是静态排放数据,包括船舶MMSI、船名、船舶动力设备的参数以及最大运营速度,其中,船舶MMSI、船名来自船舶静态信息,船舶动力设备参数以及最大运营速度可以依据船舶MMSI或者船名自劳氏船舶数据库获取,这一类数据均不会随时间变化而发生改变,数据量相对较小。

2)AIS轨迹补全

由于AIS信息发送过程中的丢包现象和实际信息发送操作中的不规范等问题,导致AIS信息存在接收时间间隔过长、部分信息不完整的现象,这对AIS信息的研究与利用制造了一定的困难,所以我们提出一种基于历史AIS信息的船舶轨迹插值差值方法对时间间隔较大的AIS信息进行插值补全,进而提高AIS信息的可用性。

根据AIS国际标准规定,船舶静态信息和相关航行信息更新间隔为6min,船舶动态信息更新速率不低于3mins/次,具体更新速度取决于速度和航向的变化,见表6.2-4。

A类船载移动设备的报告间隔　　表6.2-4

船舶的动态状态	标称报告间隔
锚泊或系泊且移动速度不超过3kn的船舶	3min
锚泊或系泊且移动速度超过3kn的船舶	10s
移动速度0~14kn的船舶	10s
移动速度0~14kn且改变航向的船舶	1/3s
移动速度14~23kn的船舶	6s
移动速度14~23kn且改变航向的船舶	2s
移动速度>23kn的船舶	2s
移动速度>23kn且改变航向的船舶	2s

但经过对2014年宁波港全年的AIS数据进行分析可知,有高达35%的信息发送时间间隔大于10mins,如图6.2-9所示,这对单条船舶运动轨迹的研究和区域船舶整体运动态势的判定造成了极大的干扰。

图6.2-10为根据宁波港某段时间内的AIS信息绘制的船舶运动轨迹图,图中用方形框标记的轨迹为明显的轨迹丢失,由接收到的AIS信息缺失或不连续导致,因此想获得此轨迹的相关运动信息,就必须对该轨迹进行插值补全,以近似还原船舶真实运动轨迹。

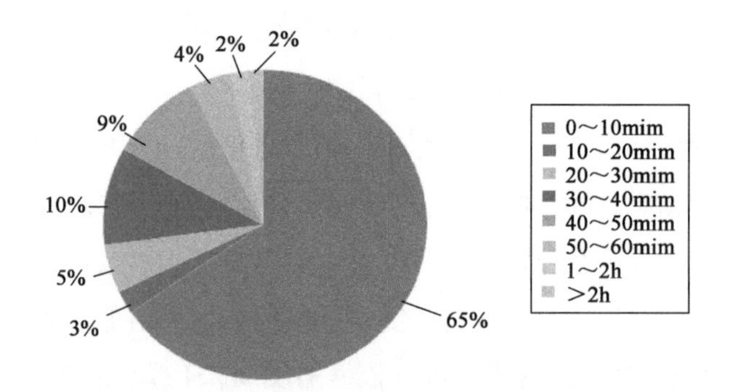

图 6.2-9　2014 年宁波港 AIS 信息发送时间间隔统计图

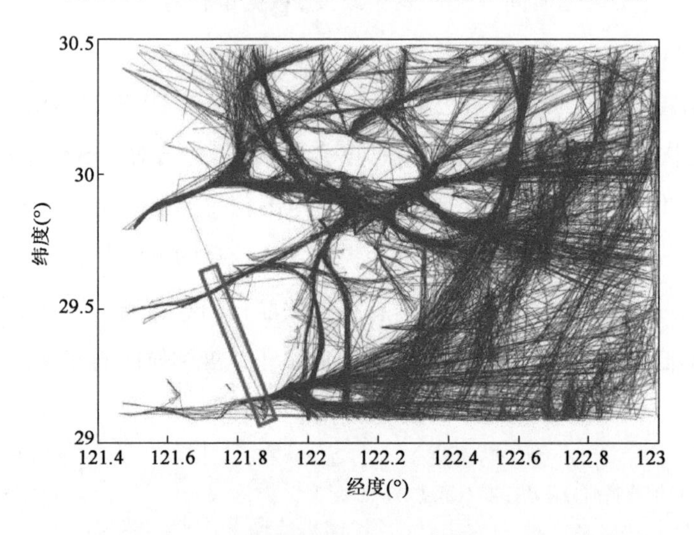

图 6.2-10　宁波港某段时间内船舶 AIS 信息轨迹图

鉴于以上船舶轨迹缺失严重的情况，我们提出两种相关的轨迹补全的方法，并做了大量的相关试验。下面进行详细介绍。

6.2.4.2　基于历史 AIS 信息的经验轨迹聚类方法

通过聚类历史 AIS 轨迹求得一条近似经过待插值两轨迹点的经验轨迹，以实现缺失轨迹的补全。具体方法如下。

1）选取历史 AIS 轨迹训练集

为了聚类出待插值两点间的历史经验轨迹，需要选取大量的 AIS 历史轨迹作为训练集。

通过对经过前文时间序列重构的轨迹数据进行分析，我们发现有近 60% 的 AIS 数据中速度是小于 1kn 的，即有一半左右的 AIS 信息来自锚泊状态的船舶，而这些 AIS 信息对经验轨迹的获取是没有用处的，如图 6.2-11 所示。

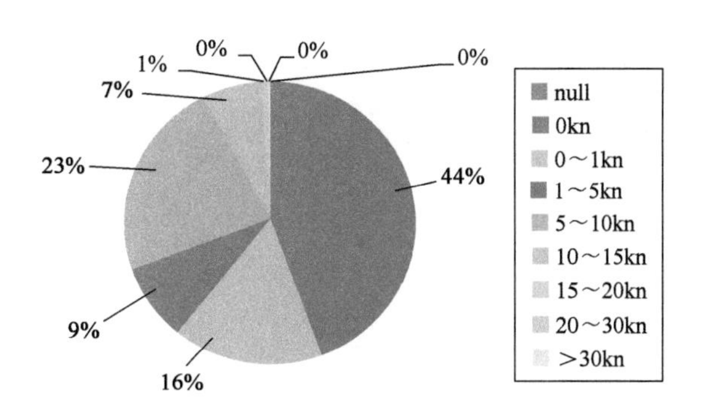

图 6.2-11　区域内数据速度统计

为了获取最优质的 AIS 历史轨迹训练集，我们对轨迹进行筛选，方法如下：

(1)将速度小于 1kn 的轨迹点剔出训练集。

(2)在训练集中，以时间间隔大于 10min 的相邻轨迹点为中断点，对原有轨迹进行拆分，我们认为时间间隔大于 10min 的轨迹是非优质的训练集轨迹。

(3)完成第二步后，由于已对长距离、长时间间隔的轨迹进行补全，需要一定长度并且连续的训练集轨迹作参考，所以我们将连续 AIS 轨迹点小于 10min 的轨迹抛弃。

最终得到高质量的轨迹训练集，如图 6.2-12 所示。

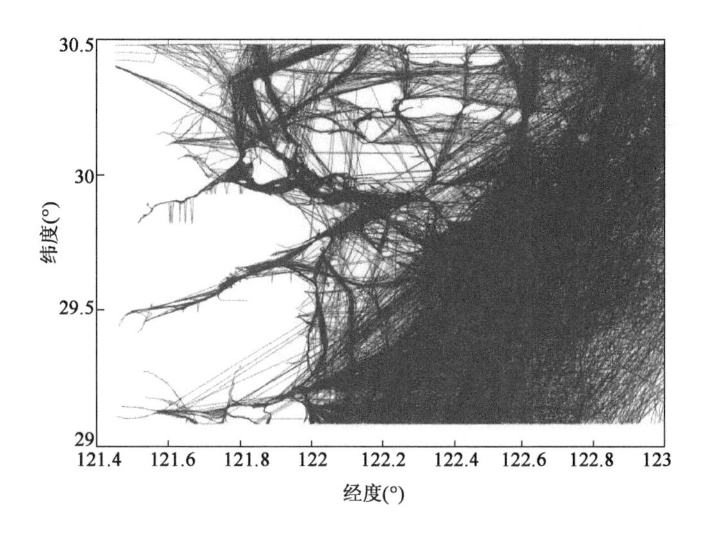

图 6.2-12　训练集轨迹绘图

2)历史轨迹抽取(以下各步骤均将经纬坐标转化为高斯坐标参与计算)

给定待补全轨迹的两轨迹点的坐标，分别以两点为圆心设定指定半径 r 的圆形搜索范围，在训练集中搜索同时经过两搜索范围的历史轨迹，如图 6.2-13 所示。

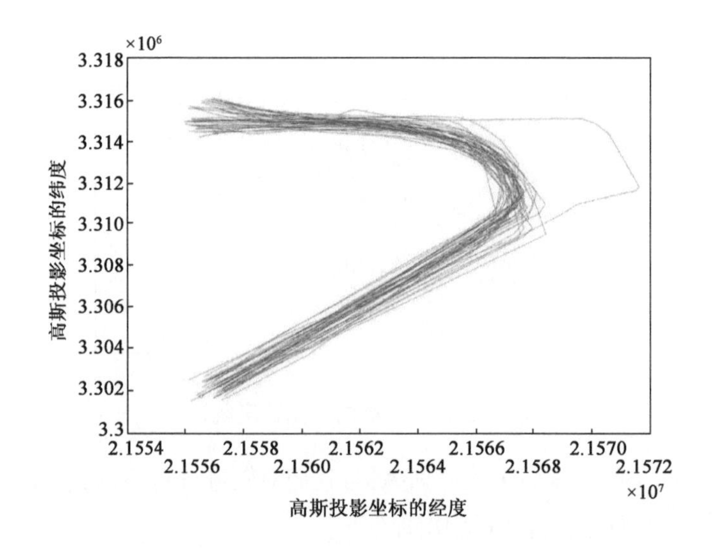

图 6.2-13　历史轨迹抽取示意

3)聚类经验轨迹

将抽取出来的历史轨迹,经过特征点选取、相似度计算等步骤,将历史轨迹分成各个子轨迹,并根据相似度聚类成簇,最后将处理后的簇相连,形成经验轨迹。具体方法如下。

(1)特征点选取。

为了优化计算,在每条历史轨迹中选取航向变化率、航速改变率分别达于某两个阈值的点作为特征轨迹点,如图 6.2-14 所示。很明显,P_1—P_2—P_4—P_6—P_8 为最佳特征轨迹点。

(2)子轨迹相似度计算。

在选取特征点之后,每条轨迹都形成若干子轨迹,如图 6.2-15 所示。

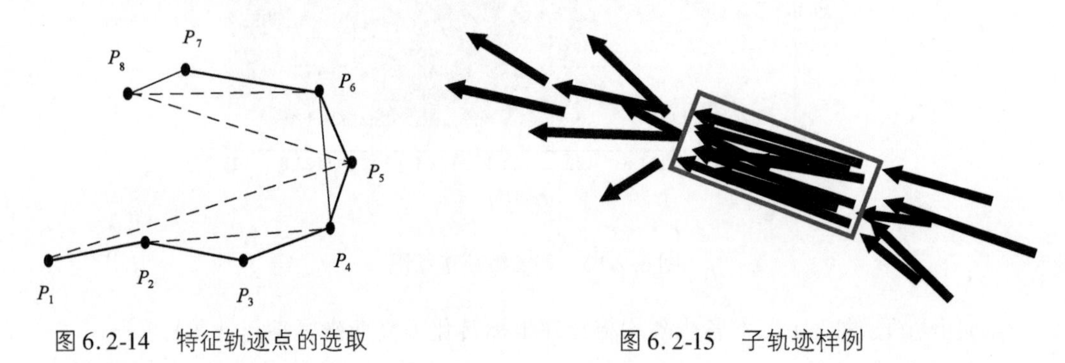

图 6.2-14　特征轨迹点的选取

图 6.2-15　子轨迹样例

图 6.2-15 中方形框标记出来的子轨迹段,可以认为是相似度较高的子轨迹集合,我们把这样的子轨迹集合聚类成一个簇,相似度的计算方法如下:

$$d\parallel(L_i,L_j)=\mathrm{Min}(L_{\parallel 1},L_{\parallel 2}) \tag{6.2-1}$$

$$d\perp(L_i,L_j)=\frac{l_{\perp 1}^2+l_{\perp 2}^2}{l_{\perp 1}+l_{\perp 2}} \tag{6.2-2}$$

$$d\theta(L_i,L_j)=\begin{cases}\min(\parallel L_i\parallel,\parallel L_j\parallel)\sin\theta & 0\leqslant\theta\leqslant 90^\circ\\ \min(\parallel L_i\parallel,\parallel L_j\parallel) & 90^\circ\leqslant\theta\leqslant 180^\circ\end{cases} \tag{6.2-3}$$

$$d_{\mathrm{speed}}(L_i,L_j)=|\overrightarrow{V_{Li}}-\overrightarrow{V_{Lj}}| \tag{6.2-4}$$

$$D_{\mathrm{dist}}(L_i,L_j)=\omega\parallel d\parallel(L_i,L_j)+\omega\perp d\perp(L_i,L_j)+\omega_\theta d_\theta(L_i,L_j)+\omega_{\mathrm{speed}}d_{\mathrm{speed}}(L_i,L_j) \tag{6.2-5}$$

若 L_i 和 L_j 为任意两条子轨迹,如图6.2-16所示,通过式(6.2-1)~式(6.2-5)计算两轨迹间的 $d_\parallel$、$d_\perp$、d_θ 和 d_{speed},并分别对其乘以各自权值 ω 后相加的方式判断子轨迹间差异度 D_{dist},其值越大,相似度越低,当差异度小于某一设定阈值 D 时,认为这两个子轨迹是相似的。

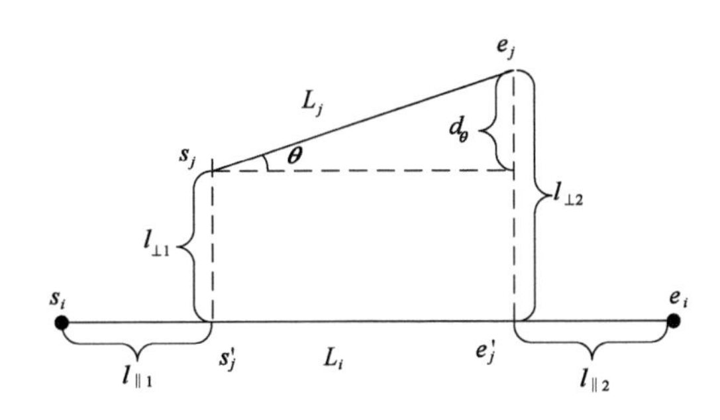

图6.2-16 相似度计算图释

上面介绍的是相似度计算方法,下面介绍一下整体计算流程。首先取出一条子轨迹,然后遍历其他子轨迹与其计算相似度,当与其相似的子轨迹数量大于某一密度阈值 m 时,将相似的子轨迹聚类成一个簇,然后依次取出另一条子轨迹,仍然遍历其他子轨迹计算相似度,当然这一步中不再考虑已经聚类成簇的子轨迹。之后重复此步骤,直至计算结束,最终我们得出图6.2-17所示的簇。

将每个轨迹簇前后各点信息取平均值,包括位置、航向、航速和时间间隔信息,然后利用上文提到的考虑船舶航向航速的轨迹插值方法对取平均后的各个轨迹点进行插值,最终得出一条经验轨迹,如图6.2-18所示。

此方法可以利用历史AIS轨迹信息,通过子轨迹间相似度计算的方式将轨迹聚类成簇,进而得出经验轨迹,实现缺失轨迹的插值补全,但在求取经验轨迹的过程中需要预先设定多个参数,如搜索半径 r、差异度阈值 D 和簇密度 m,有时需要多次调解才能得出较好的经验轨迹,而且在子轨迹相似度计算环节计算量较大,耗时较长,所以我们将对这种方法进行优化,实现更快、更好的轨迹插值补全效果,即基于历史 AIS 信息的网格热度聚类方法。

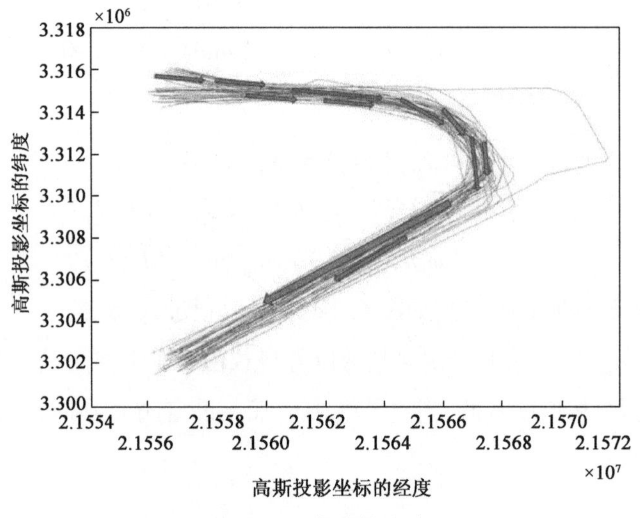

图 6.2-17　轨迹簇示意图

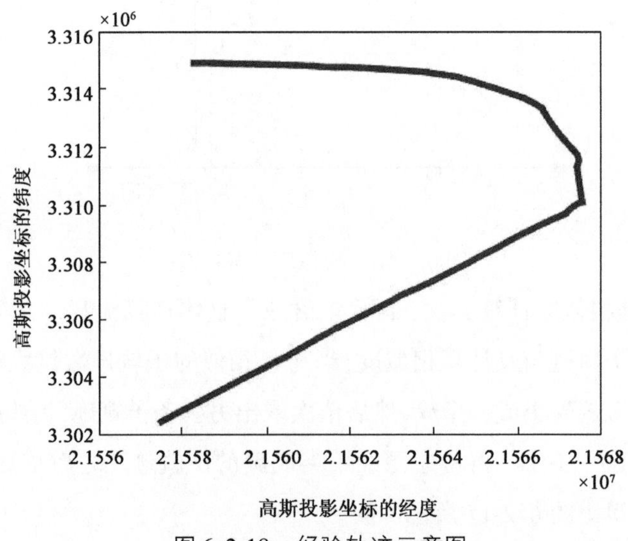

图 6.2-18　经验轨迹示意图

6.2.4.3　基于历史 AIS 信息的网格热度聚类方法

鉴于在使用经验轨迹聚类方法在聚类过程中效率低、时间长的缺点,我们引入格网的方法对上一种方法进行优化和改良。历史轨迹抽取环节和上一种方法类似,但在经验轨迹聚类环节通过统计历史轨迹点落在各个预设大小网格上的数量得出各个网格的热度,进而对热度较高的网格进行连接,得出经验轨迹对缺失轨迹进行插值补全。具体方法如下。

1)历史轨迹训练集选取

选取适量的速度大于 0.5kn 的 AIS 轨迹作为历史轨迹训练集,我们认为这样的船舶处于锚泊状态,对缺失轨迹补全没有帮助,将其剔除还可以增加抽取历史轨迹计算速度。

2)抽取历史轨迹

从历史轨迹训练集中抽取同时经过待补全轨迹两点自身所在网格及周围 8 个网格的轨迹,如图 6.2-19 所示。根据 AIS 国际标准规定,船舶动态信息更新速度不低于 3min/次,考虑到该水域船舶航速一般不会超过 12kn,所以我们认为间距大于 3min × 12kn 的历史轨迹是不具有参考性的,所以将其剔除。

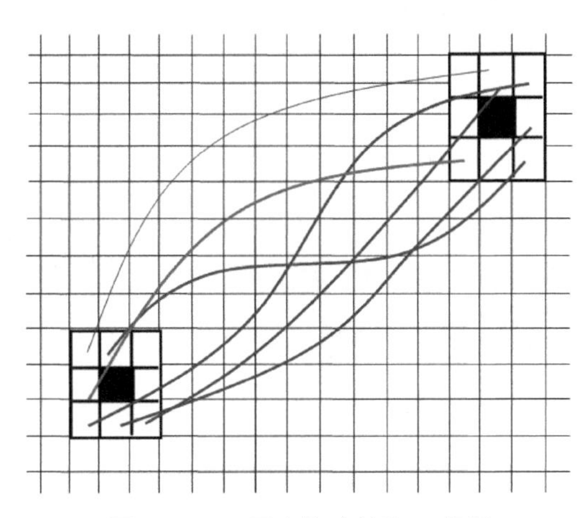

图 6.2-19　历史轨迹抽取示意图

3)历史轨迹插值

由于要用历史轨迹上的点落在各个网格上的数量求得网格热度,所以要保证每条历史轨迹都有均匀密集的点,于是我们对每条历史轨迹使用考虑船舶航向航速的轨迹插值方法插值,以获得均匀的轨迹点。

4)统计网格热度

计算轨迹点落在各个网格的数量,得出网格热度,如图 6.2-20 所示,颜色的深度表示网格的热度。

5)连接“最热网格”

(1)首先搜索任一待补全轨迹点周边八个网格中热度最高的一个网格,如图 6.2-21a)所示,图中有色区域为搜索范围网格。

(2)将搜索中心移至上一步搜索到的热度最高的网格,进行下一步最高热度网格的搜索,如果中心网格移动方式为对角方向,如图 6.2-21b)所示,则将图中有色区域的网格设为搜索网格,搜索其中热度最高的网格作为下一步的中心网格;如果中心网格移动方式为上下或左右方向,如图6.2-21c)所示,则将图中有色区域的网格设为搜索网格。

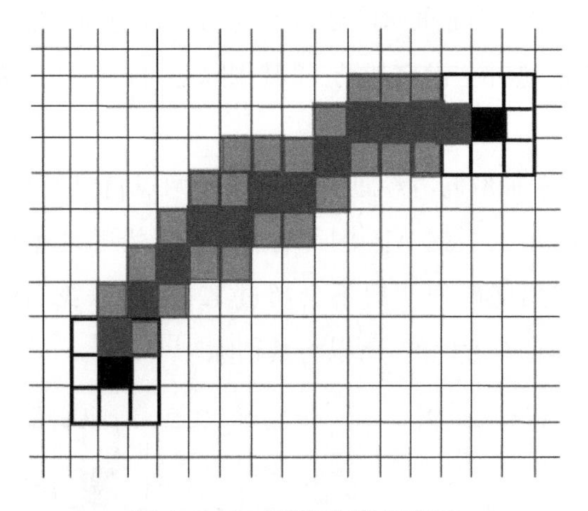

图6.2-20　网格热度示意图

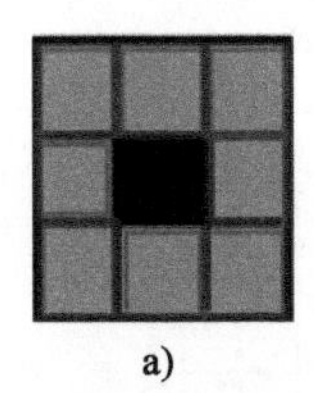

a)

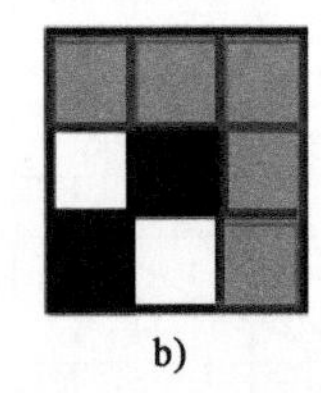

b)

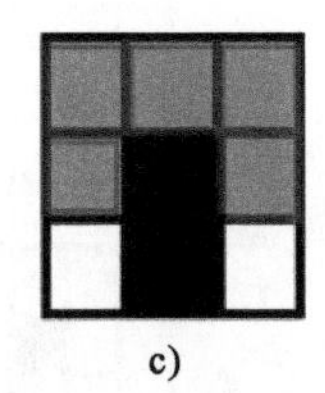

c)

图6.2-21　较热网格搜索方式示意图

(3)不断循环第(2)步,直至搜索到另一个待补全轨迹的点所在网格,在此过程中依次连接各个最热网格的中心点,最终得出经验轨迹,如图6.2-22所示。

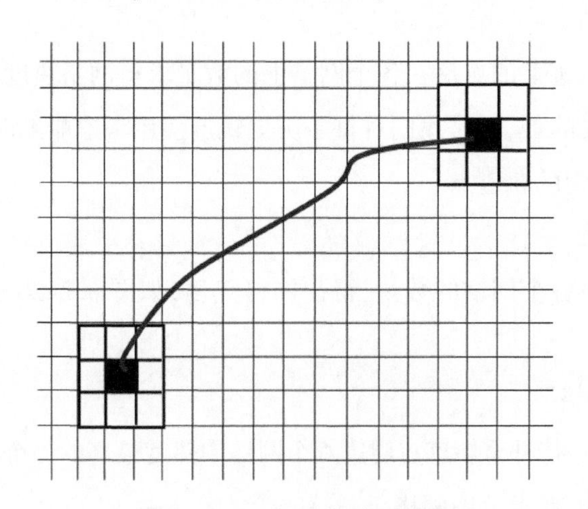

图6.2-22　经验轨迹示意图

此方法继承了上一种方法的优点:利用网格热度的方法求取经验轨迹,省去了通过相似度计算聚类轨迹的庞大计算量,也免去了调试各种参数的烦恼,大大提升了经验轨迹获取的效率和效果，只需要设置一个适宜的网格大小就可以快速地求出待补全的轨迹。

6.2.5　AIS 数据组织

AIS 数据具有以下几个特点：瞬时数据量大，接收频率高，覆盖范围大，而对海量的 AIS 数据进行高效组织是对船舶排放进行定量计算的基础条件。参考 AIS 国际技术规范得知，AIS 采用 GPS 经纬度坐标记录船舶航行的位置信息。在经纬度构成的坐标系统中，四叉树网格是最常见的数据组织方式之一。本书基于四叉树网格思想，采用不同尺寸大小的网格对地理空间进行划分，构建了四叉树金字塔空间索引，建立经纬度坐标与多级网格索引之间的映射关系，从而能够快速定位指定空间区域 AIS 数据。

如图 6.2-23 所示，对数据进行分层，每一层数据进而又分割成更小的数据块，这种数据组织方法习惯上称为四叉树结构或者金字塔数据结构。在金字塔数据结构中，分辨率最高的数据存储在最底层，而随着数据结构层数的增加，数据的分辨率越来越低，顶层则存储满足用户需要的最低分辨率的数据。在对船舶排放量进行计算时，根据选定区域的范围大小，使用能够满足需求的最高层次的数据层来进行排放计算，虽然这样在一定程度上增加数据存储开销，但加快了实时计算与显示的速度。

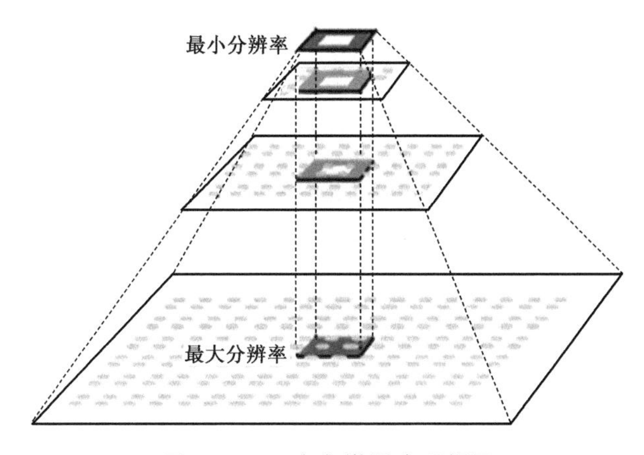

图 6.2-23　金字塔层次逻辑图

图 6.2-24 给出了数据索引的四叉树表示，第 0 层的根结点覆盖全球，具有 1 行 × 1 列个数据块；第 1 层将全球分为 4 个半球，具有 2 行 ×2 列数据块；第二层将第一层的 4 个数据块切分为 4 个子数据块，共有 4 行 ×4 列数据块构成，每个数据块的覆盖范围为上一层的数据块内与其对应每个格网的范围；依次推算，第 n 层的数据块将在第 $n+1$ 层切分为 4 个子块进行表示，如图 6.2-25 所示。因此，可以使用四叉树金字塔对任何级别的 AIS 数据进行索引。

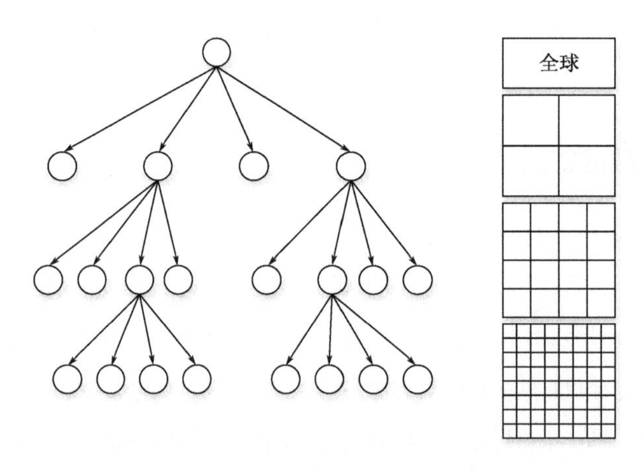

图 6.2-24　四叉树结点逻辑图

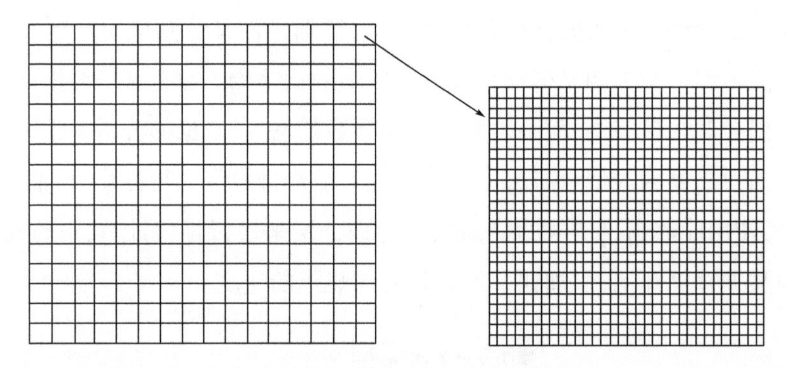

图 6.2-25　第 n 层 $2n$ 行 ×$2n$ 列数据块与第 $n+1$ 层（$2n+1$）行 ×（$2n+1$）列数据块

在四叉树金字塔中，每个数据块称为一个瓦片，采用 256×256 个像元表达。每个瓦片具有唯一的编码值 Tile_ID = Level_Row_Col_Layer，其中 Tile_ID 表示瓦片编码；Level 指瓦片在四叉树金字塔中的层数；Row 指瓦片在第 Level 层四叉树中的行编号；Col 表示瓦片在第 Level 层四叉树中的列编号；Layer 表示数据集的名称。任意一层的瓦片行、列编号原点在经纬度（−180°，90°），行编号自西向东递增，列编号自北向南递增。根据以上信息和全球经纬度范围，能够很快地计算每个像元的经纬度坐标。对于给定像元（xpixel，ypixel），其所在瓦片行列编号为 row 和 col，金字塔层次为 n，则该像元对应的经纬度坐标为（lon，lat），如式（6.2-6）所示：

$$\begin{cases} \text{lon} = \left[2^{1-n} \times (\text{row} + \text{xpixel}/256) - 1\right] \times 180 \\ \text{lat} = \dfrac{360 \times \tan^{-1} \mathrm{e}^{\left[1 - 2^{1-n} \times (\text{col} + \text{ypixel}/256)\right] \times \pi}}{\pi} - 90 \end{cases} \tag{6.2-6}$$

反之，对于任一经纬度坐标点（lon，lat），能够很快计算该点在金字塔层次 n 中的瓦片行列编号（r，c），如式（6.2-7）所示：

$$\begin{cases} r = 2^{n-1} \times \left(\dfrac{\text{lon}}{180} + 1\right) \\ c = 2^{n-1} \times \left[1 - \dfrac{\ln\left(\tan\dfrac{\pi \times \text{lat}}{180} + \sec\dfrac{\pi \times \text{lat}}{180}\right)}{\pi}\right] \end{cases} \tag{6.2-7}$$

四叉树一旦建立,四叉树索引与经纬度坐标系的关系也就确定下来,对于排放数据的 GPS 坐标,能够快速获取该点在四叉树金字塔中的瓦片索引。

6.3　船舶排放大数据混合存储方案

6.3.1　基于 PostSQL 空间数据库的船舶排放大数据存储

PostgreSQL 是一个自由的对象-关系数据库服务器(数据库管理系统),它在灵活的 BSD-风格许可证下发行。它支持丰富的数据类型,包括 IP 类型和几何类型等独有的数据类型;支持事务、子查询、多版本并行控制。PostgreSQL 内置了 B 树、哈希表、GiST 索引,同时还支持用户自定义索引方法。PostgreSQL 索引功能具有反向索引检索、表达式索引、部分索引、位图索引功能,同时支持地理数据对象 PostGIS 扩展,提供了空间对象、空间索引、空间操作函数和空间操作符等功能。由于整个服务涉及拓扑分析例如在港船舶服务,交通流服务等均用到了叠加分析,故而采用 PostgreSQL 数据库存储方案。其同时,在前端直接关联的服务表,均建立主键索引,部分数据量较大的表实现了秒级的性能提升。

PostgreSQL 存储的船舶排放大数据主要分为原始观测数据和计算分析结果两类。原始观测数据是从各类监测传感器获取的原始船舶排放相关数据,包括船舶静/动态 AIS 数据、船舶档案数据、船舶排放因子、地理边界数据等;计算分析结果主要包括船舶交通流统计分析结果、船舶排放统计分析结果等。具体数据库表结构设计见表 6.3-1 ~ 表 6.3-15。

app_ais_latestc 船舶最新点位数据表　　表 6.3-1

字　段	描　述	字　段	描　述
smmsi	船舶唯一标识	course	航向,单位 0.1°
time	Unix 时间戳	heading	船首向,单位 1°
slon	经度	speed	速度
slat	纬度	navigationstate	航行状态(数据字典)
rot	转向率	datatype	数据类型(p 动态数据,y 静态数据)
classtype	设备类型		

base_ais_tra 船舶 ais 数据表 表 6.3-2

字　段	描　述	字　段	描　述
smmsi	船舶唯一标识	course	航向，单位 0.1°
time	Unix 时间戳	heading	船首向，单位 1°
slon	经度	speed	速度
slat	纬度	navigationstate	航行状态（数据字典）
rot	转向率	datatype	数据类型（p 动态数据，y 静态数据）
classtype	设备类型		

base_ship_inout 船舶进出港记录表 表 6.3-3

字　段	描　述	字　段	描　述
smmsi	船舶唯一标识	isin	进出港标识（1 表示进港，0 表示出港）
time	Unix 时间戳	isnormal	异常标识

base_shiplist_inport 在港船舶列表 表 6.3-4

字　段	描　述	字　段	描　述
smmsi	船舶唯一标识	isnormal	异常标识
time	Unix 时间戳	updatetime	更新时间（用于一些一直停靠在港的船）

ship_emi_traj 船舶轨迹排放表 表 6.3-5

字　段	描　述	字　段	描　述
smmsi	船舶唯一标识	semisox	硫氧化物排放量（kg）
ssunixtime	轨迹起点时间	seminox	氮氧化物排放量（kg）
sslon	起点经度	semipm	PM 排放量（kg）
sslat	起点纬度	shiptype	—
seunixtime	终点时间	oil	耗油量（kg）
selon	终点经度	sspeed	起点速度
selat	终点纬度	espeed	终点速度
semistate	航行状态	mainpower	主机功率
semico2	CO_2 排放量（kg）	auxpower	辅机功率
semico	CO 排放量（kg）	auxnumber	辅机数量

ship_type_static 船舶类型静态数据表 表 6.3-6

字　段	描　述	字　段	描　述
smmsi	船舶唯一标识	draught	吃水深度
imo	船舶呼号	destination	目的地
callsign	船舶	receivetime	接收时间
shipname	船舶名字	datatype	数据类型（y）
shiptype	船舶类型	smepower	主机功率

续上表

字　段	描　述	字　段	描　述
length	船长	saepower	辅机功率
breadth	船宽	saenum	辅机数量
eta	到达时间	smaxspeed	最大航速

app_emi_hourly 海域每小时排放量表　　表6.3-7

字　段	描　述	字　段	描　述
starttime	起始时间	SO_X	硫氧化物排放量(kg)
endtime	终止时间	NO_X	氮氧化物排放量(kg)
CO	CO 排放量(kg)	PM	PM 排放量(kg)
CO_2	CO_2 排放量(kg)		

app_region_emi_hourly 海域各区域小时排放量表　　表6.3-8

字　段	描　述	字　段	描　述
region_code	区域编号	emi_co2	CO_2 排放量(kg)
starttime	起始时间	emi_sox	硫氧化物排放量(kg)
endtime	终止时间	emi_nox	氮氧化物排放量(kg)
emi_co	CO 排放量(kg)	emi_pm	PM 排放量(kg)

app_warning_info 船舶排放预警数据　　表6.3-9

字　段	描　述	字　段	描　述
id	数据唯一标识(递增)	position	超排位置
snamezh	中文船名	ischecked	是否核查
smmsi	船舶唯一标识	selon	终止点经度
starttime	起始时间	selat	终止点纬度
endtime	终止时间	oil	油耗量
sslon	起始点经度	speed	速度
sslat	起始点纬度	shipstate	超排状态(1 疑似超排,2 超排)

area_emi 海域格网排放数据表　　表6.3-10

字　段	描　述	字　段	描　述
region_code	区域编号	emi_co2	CO_2 排放量(kg)
row_num	格网行号	emi_co	CO 排放量(kg)
col_num	格网列号	emi_sox	硫氧化物排放量(kg)
starttime	起始时间	emi_nox	氮氧化物排放量(kg)
endtime	终止时间	emi_pm	PM 排放量(kg)

ship_num_service 船舶数量服务表 表 6.3-11

字　段	描　述	字　段	描　述
inport	当日累计进港船次	stayport	当前在港船舶数量
outport	当日累计出港船次		

ship_type_contribution_hourly 船舶各类型小时排放贡献表 表 6.3-12

字　段	描　述	字　段	描　述
emi_type	排放物类型	goods	货船排放量(kg)
starttime	起始时间	other	其他船舶排放量(kg)
endtime	终止时间	tug	拖船排放量(kg)
oil	油船排放量(kg)	passenger	客船排放量(kg)

ship_type_service 在港船舶类型数量表 表 6.3-13

字　段	描　述	字　段	描　述
oil	油船数量	tug	拖船数量
goods	货船数量	passenger	客船数量
other	其他船舶数量	—	—

haiyugai 海域各海事局管辖范围表 表 6.3-14

字　段	描　述	字　段	描　述
gid	海事局数字编号	name	海事局名称
oid_	shp 文件中的 id 编号	……	剩余的字段为 postgis 加载 shp 文件所自动生成

region_reflect 格网与海事局区域对应关系表 表 6.3-15

字　段	描　述	字　段	描　述
gid	对应海事局数字编号	row_num	格网行号
col_num	格网列号	—	—

6.3.2　基于 H2 文件系统的船舶排放大数据存储

原始气象数据并行批处理过程中会近实时产生大量气象地图瓦片,考虑到地图服务数据存取的高效性,系统采用 H2 的存储子系统 MVStore 存储处理生成的瓦片数据。

瓦片采用传统的金字塔模型组织存储。瓦片地图金字塔模型是一种多分辨率层次模型,从瓦片金字塔的底层到顶层,分辨率越来越低,但表示的地理范围不变。首先确定地图服务平台所要提供的缩放级别的数量 N,把缩放级别最高、地图比例尺最大的地图图片作为金字塔的底层,即第 0 层,并对其进行分块,从地图图片的左上角开始,从左至右、从上到下进行切割,分割成相同大小(比如 256 像素 ×256 像素)的正方形地图瓦片,形成第 0 层瓦片矩阵。在第 0 层地图图片的基础上,按每 2 像素 ×2 像素合成为一个像素的方法生成第1层地图图片,并对其进行分块,分割成与下一层相同大小的正方形地图瓦片,形成第1层瓦片矩阵。采用同样的方法生成第2层瓦片矩阵,如此下去,直到第 $N-1$ 层,构成整个瓦片金字塔,如图6.3-1所示。

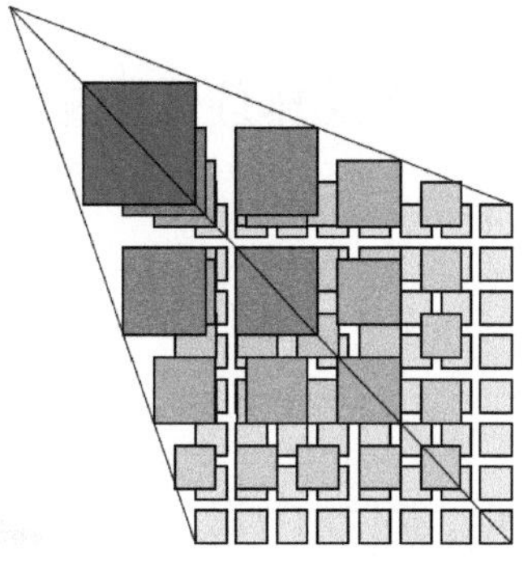

图6.3-1　瓦片金字塔模型

瓦片采用高德地图瓦片坐标编号,高德地图瓦片坐标与GoogleMap、Open Street Map相同。高德地图的墨卡托投影截取了纬度约85.05°S、约85.05°N之间部分的地球,使得投影后的平面地图水平方向和垂直方向长度相等。将墨卡托投影地图的左上角作为瓦片坐标系起点,往左方向为 X 轴,X 轴与北纬85.05°重合且方向向左;往下方向为 Y 轴,Y 轴与东经180°(亦为西经180°)重合且方向向下。瓦片坐标最小等级为0级,此时平面地图是一个像素为256×256的瓦片。在某一瓦片层级Level下,瓦片坐标的 X 轴和 Y 轴各有 2^{Level} 个瓦片编号,瓦片地图上的瓦片总数为 $2^{Level}\times 2^{Level}$。此时 X 方向和 Y 方向各有4个瓦片编号,总瓦片数为16,中国大概位于高德瓦片坐标的(3,1)中。

金字塔模型下的地图瓦片利用键值对进行存储。层级加行列号组合成键,瓦片二进制数据为值,将数据存储到MvStore中。MvStore是多版本的、持久化的,以LSF为写入策略的Key-Value存储系统,是作为H2的新一代存储子系统设计,在H2的架构之中处于第二层,即在文件抽象层之上,具有以下特点:

(1)基于多版本页数据结构(包括B树和R树实现)。

(2)以java. util. Map为基础Key-Value存取接口。

(3)多存储形式支持(内存、普通文件、加密文件、压缩文件)。

(4)事务与并发读写支持。

每一个Store含有一组命名map。每个map按key存储,支持通用查找操作,比如查找第一个、查找最后一个、迭代部分或者全部的key等。此外,也支持一些不太通用的操作:快速地按索引查找、高效地根据key算出其索引。这也就是意味着取中间的两个key也是非常快的,也能快速统计某个范围内的key。此外,还支持多路并发开启事务,TransactionStore实现了事务功能,包括PostgreSQL的带savepoints事务隔离级别的读提交和两阶段提交。

6.4 船舶排放大数据处理关键技术

6.4.1 基于 Spark Stream 的船舶排放流式处理技术

利用 kafka 的消息注册分发机制，Spark stream 每一次接收来自 kafka 的 30s 以内的数据。接收的数据包括船舶动态数据和船舶静态数据。首先根据数据类型标识的不同，将数据分成两类。其中，船舶静态数据主要用于补充完善船舶基础信息数据库表，直接更新至船舶静态数据表中 ship_type_static。船舶动态数据则按照一定的计算周期进行排放计算，具体流程如下：

(1)先进行单位转换，坐标用经纬度表示，速度单位为 kn，船首向、航迹向单位为度(°)。

(2)根据船舶唯一标识 mmsi，将标识相同的数据分组，每组按照时间排序。

(3)维护一个基于缓存的 redis 数据库，里面存储每一条不同船舶的最新动态数据，以船舶唯一标识 mmsi 为 key，以船舶动态数据字符串为 value。

(4)根据步骤(2)获得的数组 mmsi 取出之前 redis 中最新的船舶动态数据，添加起来构成该时间段内的船舶轨迹，并更新 redis 数据库。

(5)利用船舶轨迹，船舶静态数据计算出这段轨迹中的船舶排放情况，计算结果存入 PostgreSQL 数据库，完成持久化。

同时，利用最新 AIS 数据与 redis 存储的对应最近一次 AIS 数据联合与深圳海域进行叠加分析，判断该次船舶的进出港行为。将分析结果存入 base_ship_inout(船舶进出港情况)表中。

6.4.2 基于 Spark 的在线气象数据并行处理技术

在线气象数据类型包括浪高、洋流、气压、海温、涌浪、能见度、风以及 500hPa 等压面场 8 类，包含未来 7 天的海洋气象预测数据。通过对这些气象数据进行解析、绘制、切片来为外部应用提供海洋气象可视化服务。针对每一类数据，采用 Spark 批处理的模式进行处理，如图 6.4-1 所示。

每类气象数据生成瓦片的主要流程如下：

(1)数据插值：由于原始数据是离散点数据，且数据密度稀疏，无法满足多级别显示的精度需求，所以需要对原始数据进行插值。

(2)生成等值线/面：由于像能见度这类数据需要通过等值线和等值面来显示气象信息，所以在完成上一步数据插值后要进行等值线追踪和等值面生成。

(3)由于海温、浪高这类数据陆地上是不存在的,所以要对这类数据进行陆地轮廓裁剪,将陆地部分抠出。

(4)由于不同数据类型、不同气象特征需要呈现的样式不同,所以利用预先设计好的样式对不同的数据类型图片进行渲染。

(5)最后对渲染好的各类气象数据的图片,根据不同的显示级别进行切图,得到气象瓦片。

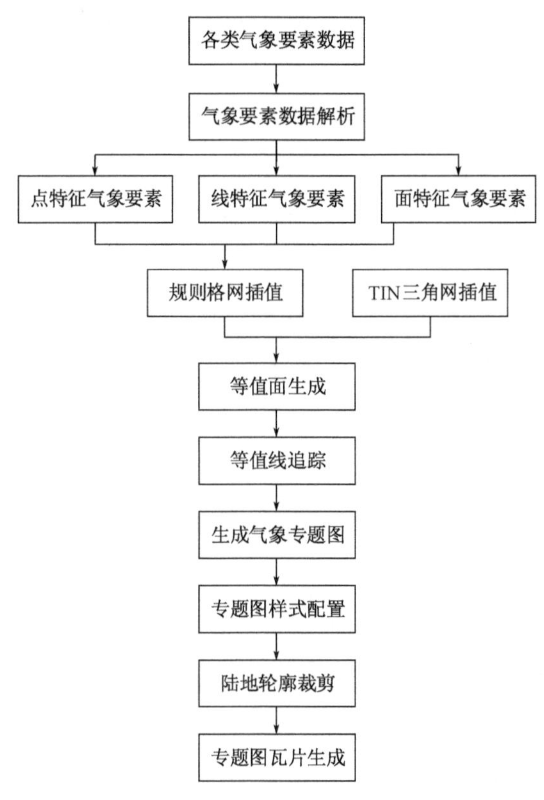

图6.4-1 气象瓦片生成算法流程图

1)气象要素数据空间插值

在地理数据处理分析、气象预报以及天气预测分析等诸多领域,等值线和等值面的绘制都有非常重要的作用和意义。但这些数据通常都是分布不规则的、稀疏的,为了更加客观地表征、描述相应的研究对象,则需要对数据预先进行网格化处理,即利用一定的数据插值方法将离散的、分布不规则的原始数据进行插值,从而加大密度为分布规则的网格数据,为等值线追踪和生成等值面提供帮助。目前,可以用于数据网格化插值的方法有很多,例如最小曲率插值法、IDW 插值法(Inverse Distance Weighted,反距离加权插值法)、最近邻点法、Kriging 插值法和自然邻点法等。可利用 IDW 插值法对气象数据进行插值。

IDW 插值法是一种以长度距离作为计算权重的平均加权插值算法，它是根据离散的点数据生成规则分布的网格数据最常用的插值方法之一。该插值方法实现的思想路线是对于距离需要计算数值的网格点越远的离散数据点对该网格点的数值影响越小，而距离越近的数据点则对之影响越大。在计算某一网格点的数值时，假设距离网格点最近的有 N 个点对该网格点有影响，那么这 N 个点与网格点间的距离与它们对网格点的影响成反比。如图 6.4-2 所示，由于 Point 1 距离插值点距离小于 Point 2，所以 Point 1 点对插值网格点的影响比 Point 2 大。

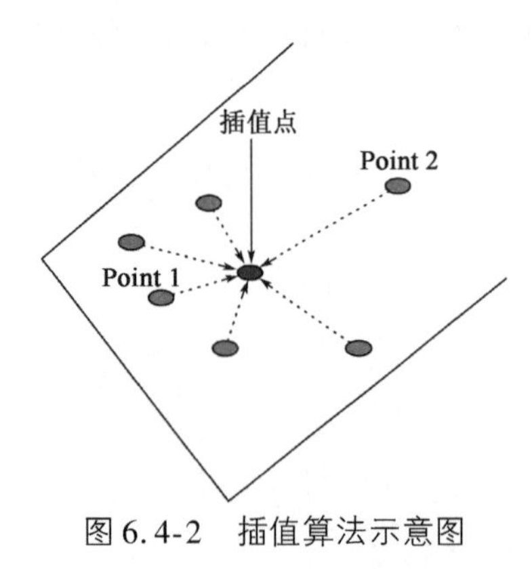

图 6.4-2　插值算法示意图

IDW 插值法的计算过程较为简单，其公式如下：

$$Z_{x_0} = \sum Z_{x_i} \times \lambda_i \tag{6.4-1}$$

式中：Z_{x_0}——待插值点；

Z_{x_i}——待插值网格点周围的已知数据点数值；

λ_i——各已知点的权重值，权重可通过如下公式计算得到：

$$\lambda_i = \frac{1/d_i^k}{\sum_{i=0}^{n} 1/d_i^k} \tag{6.4-2}$$

式中：d_i——待插值网格点距已知数据点之间的距离大小，k 值为幂指数。

2）气象要素专题图生成

在完成了原始数据网格化插值处理之后，就获取了足够密度的数据去做更精细化的显示。不同类型气象数据自身的属性和想要表达的数据效果是不同的。对于仅需要绘制点样式的气象类型，可直接用插值后的网格数据点，根据不同的数值大小和方向并结合不同的图标进行图像绘制渲染；而针对要显示等值线或等值面的气象类型数据，就必须对插值后的网格数据进行进一步的追踪生成等值线步骤，如图 6.4-3 所示，最终得到的封闭多边形即为等值面，开放的线段为等值线。

而对于浪高、洋流、海温、涌这些海洋气象类型，在陆地上是不会出现的，所以需要利用世界陆地轮廓对这一类型的点、线、面的特征进行裁剪，通过对陆地轮廓与气象特征拓扑关系的逐一判断，将陆地部分与气象特征相重叠的部分从对应的气象特征中剔除，最终使陆地上对应特征被抠出，保证显示数据的正确性。

3）气象要素专题图样式配置

在获取了各类气象类型的特征之后，根据不同气象特征自身所携带的大小或方向属性，结合本项目为不同气象类型预设的样式信息对图像进行上色渲染。

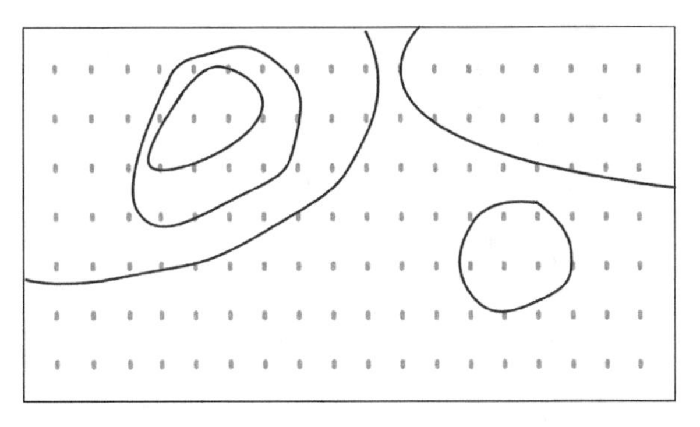

图 6.4-3　等值线追踪示意图

4)气象要素专题图瓦片生成

气象瓦片是指将一定范围内的气象图参照一定的格式和尺寸,按照缩放的级别或者比例尺切割成若干行和列的正方形栅格图片,切片操作后的正方形栅格图片气象图则被称为气象瓦片(tile)。

瓦片地图具有以下特点:

(1)每个瓦片具有唯一的瓦片坐标索引(tileX,tileY)和瓦片等级(Level)。

(2)瓦片的分辨率为 256 像素 ×256 像素。

(3)0 级是瓦片地图最小的等级,此时一张瓦片包含了整张气象图。

(4)随着瓦片等级升高,组成整张气象图所需的瓦片数随之增加,瓦片所展示的气象细节也越丰富。

(5)下一级的气象瓦片是由上一级的瓦片交叉切割成的 4 个等份而来,从而形成了自上而下的气象瓦片金字塔。设 n 为当前瓦片级别,则每一级的瓦片数量为$4^{(n-1)}$。

5)多任务切图实现

平台中地图数据体量庞大,且更新频繁。但传统方案生成地图瓦片少则需要几天,多则一个月乃至更长时间,远不能满足实际应用需求。随着硬件技术的发展,高性能计算机逐渐普及,多任务并发处理,让高效率的数据生产成为可能。因此,采用 Spark 批处理并行生成地图瓦片,简称多任务切图,即基于多任务并发技术,提出的一种快速生产地图瓦片的解决方案。

如图 6.4-4 所示,多任务切图是将一个“巨大”的切图任务拆分成多个子任务,并开启多个切图线程,每个线程自动领取切图子任务并执行。中间成果及瓦片成果保存 GlusterFS 提供的共享文件目录下以适应 Spark 的分布式特性。多任务切图支持在一台计算机上开启多个进程执行切图任务(即单机多任务),也支持在多个计算机分别开启多个进程执行切图任务(即多机多任务)。

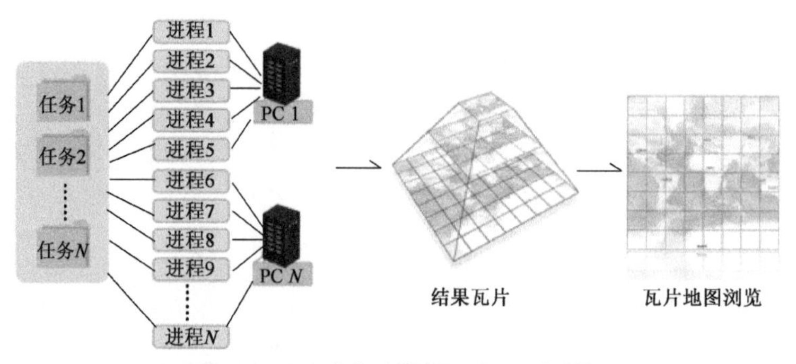

图 6.4-4 多任务切图原理示意图

GlusterFS 是一个高层次的分布式文件系统解决方案。通过增加一个逻辑层,对上层使用者掩盖了下面的实现,使用者不用了解也不需知道文件的存储形式、分布。内部实现是整合了许多存储块(server)通过 Infiniband RDMA 或者 Tcp/Ip 方式互联的一个并行的网络文件系统,这样的许多存储块可以通过许多廉价的 x86 主机进行存储,其相对于传统 NAS、SAN、Raid 的优点就是:

(1)容量可以按比例扩展,且性能却不会因此而降低。

(2)廉价且使用简单,完全抽象在已有的文件系统之上。

(3)扩展和容错设计得比较合理,复杂度较低。扩展使用 translator 方式,扩展调度使用 scheduling 接口,容错交给了本地的文件系统来处理。

(4)适应性强,部署方便,对环境依赖低,使用、调试和维护便利。

6.4.3 基于 Restful 服务的船舶排放数据服务技术

REST 是一种分布式系统架构设计风格。在 REST 中,整个 Web 被看作一组资源集合,资源通过统一资源标识符(Uniform Resource Identifier,URI)进行标识,对资源进行的操作由客户端指定的 URI 和 HTTP 协议组合来实施。RESTful Web 服务是符合 REST 风格的轻量级 Web 服务架构,它以完成业务为目标,将一切与业务相关的事物抽象为资源,并为每个资源赋予一个 URI 标识,用户在提交请求时,将作用域信息置于 URI 中,并且使用不同的 HTTP 方法提交请求,即可对该 URI 代表的资源执行相关操作,其中常见的 HTTP 方法为 POST、GET、PUT 和 DELETE,对应资源的创建、读取、更新和删除操作,简称 CRUD 操作。而作用域信息则通常表现为 URI 中包含的参数。由此可见,URI 即资源的统一访问接口,RESTful Web 服务只要对外界暴露 URI 即对外发布服务。

船舶排放监测监管大数据中心涉及的所有船舶排放数据均被定义为资源,并采用 REST 架构风格对外提供数据服务,其优势在于:RESTful 服务的易于使用和兼容性优势能够降低应用的开发门槛;统一接口特性能够保证设备资源的快速访问;轻量级特性能保证访问受限设备资源的轻量性;弱服务契约特性保证应用架构的可扩展性。

平台提供船舶排放数据服务的 REST 服务架构如图 6.4-5 所示。服务架构分为数据层、功能层、资源层和应用层。

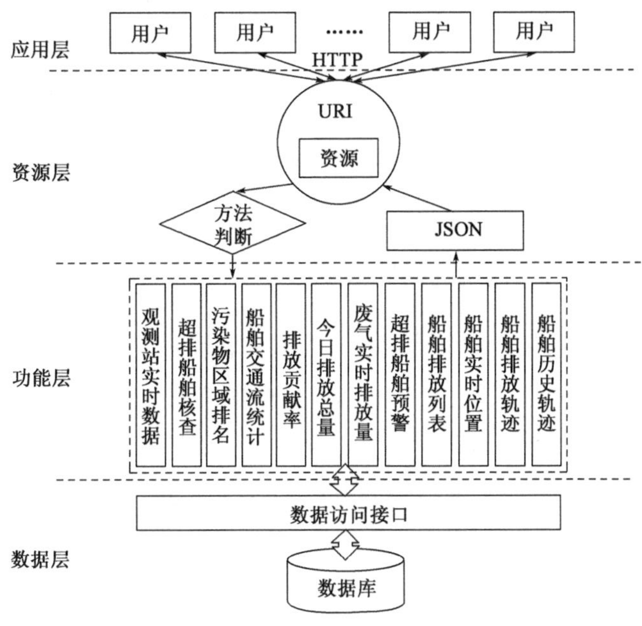

图 6.4-5　RESTful 船舶服务框架

(1)数据层由数据库和数据访问接口组成。数据访问口定义了对船舶排放的数据库记录的查询、增加、修改和删除接口,任何涉及这 4 种操作的方法均要实现该接口才能对数据库记录进行操作,起到规范访问数据库的作用。

(2)功能层接受资源层的方法调度,执行对应的功能方法,这些方法与数据层进行通信,将得到的船舶排放数据返回给资源层。

(3)资源层由资源和 URI 组成,通过对外显示船舶排放数据资源的 URI 来发布服务。资源层接受用户请求,根据 HTTP 请求的方法类型,调用功能层的方法,并视用户类型的不同,对返回数据以 JSON 格式封装后返回给用户。这一层为整个系统的中心,既是用户提交请求和接收数据的接口,也是系统接受和响应请求的接口,体现了以资源为中心的 RESTful Web 服务架构的特点。

(4)应用层管理用户提交的 HTTP 请求,用户将作用域信息置于 URI 中,即可实现对各类船舶排放信息的查询。

6.4.4　基于多粒度网格的船舶污染物排放空间动态分配计算

经过计算处理后的船舶污染物排放量信息包含了船舶 MMSI 编号、位置信息、船舶类型、排放部位以及各污染物排放量等信息。为了得到船舶排放特征、排放量空间分布等信息,还需要进行后续处理。

结合船舶的位置信息和研究区域,将排放区域划分成0.0182°×0.0182°(约2×2 km^2)的网格,将每个网格中船舶排放量合并后获得该区域的船舶排放清单和空间分布。

时间分布:可根据需求统计不同污染物某个时间段的排放量,最小时间分辨率能达到天。

排放类型:按照船舶类型、排放部位、航行状态对排放量进行分类汇总,以便对船舶污染物排放特征进行了解和研究。

6.4.5 船舶排放监测数据的时序表达技术

针对海量集成的船舶排放监测数据具有时空关联性并需要实时更新的特点,以及以往研究中只是单纯表示轨迹线路,并未动态显示船舶的航行线路和运动方向的问题,本书提出了船舶排放监测数据动态时序性表达的方法,实现船舶排放监测数据的时空可视化表达、同用户的动态交互和查询以及轨迹线路的动态显示和船舶点的动态效果等内容,便于用户从海量数据信息中获取具有关联信息和代表性的情报内容,探究船舶排放监测时空数据的规律和价值。

船舶排放轨迹的时空与属性特性包括船舶途经位置的空间坐标、时间先后顺序与船舶在各处空间点的排放量。针对历史船舶排放轨迹的绘制只是单一地展示船舶空间点连接的线元素的二维信息,既不能反映船舶的时空移动模式,也不能定量化展示船舶轨迹中排放量的语义特征的问题。因此,提出了排放轨迹语义可视化方法,在船舶轨迹中添加了废气污染物排放量语义信息,利于海事监管部门对船舶排放情况的研判和预警。船舶排放监测数据具有大量的属性特征、时空特点和动态特征。针对时空特征因子使得船舶排放监测数据信息间具有复杂的关联性,但这种关联性不能精确描述,只是一种模糊关系的问题以及多个统计图元和专题地图可能只是单一地表示一类统计数据,如何实现统计图元和专题地图间的联动的问题,提出了船舶排放监测数据关联性的可视化联动方法,将统计图元和专题地图进行关联,其中一个数据信息发生变化,另一个随之变化。

6.5 港口船舶排放大数据统计分析技术

6.5.1 港口船舶交通流统计分析

船舶交通流统计分析主要基于船舶动态 AIS 数据和深圳港空间边界数据对船舶进

出港记录进行统计分析，并计算不同类型船舶在港内的比例，其主要计算流程如下：

（1）spark 接收来自 kafka 分发的船舶动态 AIS 数据。

（2）字符串格式的 AIS 数据转换为 LatestAIS 对象。

（3）根据获取的 AIS 动态数据的 mmsi 船舶唯一标识，获取该船存储在表 app_ais_latest 中的最近一次的船舶位置数据。根据这两个 AIS 数据，对深圳港空间数据进行拓扑分析，获取该船舶进出港情况。

（4）进出港情况可分为港外至港内、港外至港外、港内港至内、港内至港外四种，记录在表 base_ship_inout 中；如果最新情况为在港内，则将该船舶列入 base_shiplist_inport 表中，作为在港船舶列表，成为查询船舶相关服务的根据。

根据数据表 base_shiplist_import 中的记录，可以获取当前在港船舶的记录及整体数量，通过属性字段 SMMSI 与船舶静态数据表 ship_type_static 进行连接查询，可以获取每个在港船舶的具体船型，并进行在港船舶类型比例统计。具体流程如下：

（1）根据已经得到的在港船舶列表，获取当天 0 时开始截至当前的所有在港船舶。

（2）根据获取的在港船舶，查询船舶静态类型表 ship_type_static，得到各个船对应的类型，累计得到船舶类型比例。

（3）将比例结果记录在表 ship_type_service 中，作为服务查询依据。

6.5.2　港口船舶废气排放统计分析

船舶排放统计分析主要内容是根据实时每个船舶废气排放计算结果开展统计分析，包括港口今日废气排放总量、港口每小时废气排放量、在港船舶排放贡献率、疑似超排船舶识别等。

6.5.2.1　港口每小时大气污染物排放量统计

（1）创建定时任务，时间间隔为 1h，任务执行在每个时间整点。

（2）读取船舶排放轨迹表 ship_emi_traj 中距离当前时间 1h 以内的数据。

（3）计算该小时内各项污染物排放总量（CO_2、NO_x、SO_x、PM 等），存入船舶每小时废气排放表 ship_emi_hourly 完成持久化。

6.5.2.2　港口今日废气排放总量统计流程

（1）创建定时任务，时间间隔为 10min。

（2）获取船舶每小时废气排放表 ship_emi_hourly 今日以来排放总量，一直统计到当前小时所在整点。

(3)获取船舶排放轨迹表 ship_emi_traj 表中当前整点到当前时间的排放总量,并累加上一步骤获取的整点排放值计算当前港口今日废气排放总量。

6.5.2.3 在港船舶排放贡献率统计

(1)创建定时任务,时间间隔为 1h,任务执行在每个时间整点。

(2)通过船舶轨迹排放表 ship_emi_traj,获取距离当前时间 1h 内所有产生排放轨迹的船舶及其各类污染物排放量。

(3)在船舶静态信息表 ship_type_static 中查询各个船舶的类型,将各类船舶的排放总量按照不同污染物类型进行累加。

(4)计算结果记录在每小时船舶排放贡献率表 ship_type_contribution_hourly 中,待调用时,返回给前端当天累计的各类船舶排放贡献率。

6.5.2.4 违规超标排放船舶统计

(1)把船舶油耗水平划分为了三个等级,包括正常、疑似超排、超排。

(2)设置疑似超排和超排的油耗阈值为 α 和 β,根据船舶排放轨迹表 ship_emi_traj 记录的每条船舶排放轨迹记录的油耗字段(oil)值,若该值超过 β,则当前船舶排放轨迹统计为超排;若该值位于 α 和 β 直接,则该条记录统计为疑似超排。

(3)将统计结果记录在 app_warning_info 表中,供前端调用。

6.6 深圳港船舶大气污染物排放监测监管大数据平台

6.6.1 深圳港船舶排放云服务平台功能模块

基于前文介绍的一系列船舶排放监测监管平台构建的设计架构、关键技术及方法,以深圳盐田港区为试验区域,构建了深圳港船舶大气污染物排放监测监管大数据平台。结合用户需求和实际业务需要,以船舶排放监测数据为基础,以多种方式向用户提供数据信息的查询检索和直观可视化表达。本系统分为地图展示模块、港口信息展示模块、船舶信息展示模块、观测站信息展示模块、监测视频展示模块和船舶追踪查询模块。各模块具体功能如下:

(1)地图展示模块:电子海图、电子地图、卫星图的展示,不同类型专题地图由于投影坐标系的不同而造成的地图切换和坐标纠偏。

(2)港口信息展示模块:港口排放监测各类时空数据信息可视化,具体数据类型包括港口基本统计数据、港口排放量统计数据、港口交通流统计数据等。

(3)船舶信息展示模块：船舶排放监测各类时空数据信息可视化，具体数据类型包括船舶基本统计数据、船舶排放量统计数据、船舶轨迹数据等。

(4)观测站信息展示模块：观测站排放监测各类时空数据信息可视化，具体数据类型包括观测站基本统计数据、观测站排放量统计数据。

(5)监测视频信息展示模块：监测视频点各类数据信息和视频可视化，具体数据类型包括监测视频点基本统计数据、监测视频等。

(6)船舶追踪查询模块：筛选具体船舶统计信息和特定时间范围内的动态轨迹信息，便于对特定目标的监控和追踪。

具体功能模块设计如图6.6-1所示。

图6.6-1　深圳港船舶排放云服务平台功能模块设计

6.6.2 深圳港船舶排放云服务平台服务集合

6.6.2.1 多源海事数据空间位置服务集

1)船舶空间位置服务

船舶空间位置服务主要提供深圳港内所有船舶的最新船位信息,并在云平台电子海图/地图中以图标的形式进行展示。船舶空间位置具有较强的时空变化性和实时更新性,以往实现船舶空间位置服务主要是以单一的圆点或图标样式在地图上展示,但当地图缩小到一定比例尺级别时,采用较大图标会造成大量船舶点重叠,不利于用户观察和判别;而地图放大到一定比例尺级别时,由于船舶点在空间上距离较远,不利于用户观察和找寻目标,且较小的圆点和图标也无法满足用户的视觉体验和审美需求。因此,针对地图不同的缩放级别,采用不同样式的图标标注船舶点位置。

2)视频监测站点空间位置服务

视频监测站点空间位置服务主要提供深圳港内所有视频监控站点的空间位置信息。相比于时效性强、空间分布变化速度快的船舶点位置信息,船舶监测视频点具有分布数量少、分布均匀、分布距离较远、空间位置长久不变、基本统计信息更新速度缓慢等特点,因此,在展示船舶监测视频点时若采用较小的圆点或图标样式,不利于用户的监测和找寻,容易遗漏和忽略,因此在本平台中,不论专题地图的缩放级别是多少,均采用较大的图标来展示船舶监测视频点位置信息,满足用户视觉体验。

3)船舶历史轨迹服务

船舶历史轨迹服务可以更好地查询对应船舶轨迹,对比不同时刻船舶点的运行路线和沿途排放量的空间分布情况,根据用户指定的时间范围,查询对应船舶相应时间范围内的轨迹,便于用户对比和统计对应船舶的轨迹时空变化和排放情况。其具体交互查询方式如下:添加两个选择时间控件,将用户选择的起始时间和终止时间作为阈值范围,若对应船舶的历史位置点最后更新时间在阈值范围内,则将这些点元素与船舶轨迹在地图上显示。

4)观测站点空间位置服务

观测站点空间位置服务主要提供深圳港内所有大气污染物固定监测站的空间位置及分布信息。由于展示观测站点所用的背景地图在页面上所占的尺寸较小且无法缩放,结合人眼的视觉体验和审美需求,同时基于观测站点分布数量少、分布均匀、空间位置长久不变等特点。平台针对不同的观测站点采用适当比例、不同颜色的观测站图标来表示，便于凸显不同观测站点的时空特性和基本统计信息区别，利于用户对观测站信息的查询与追踪。

5）船舶排放轨迹服务

船舶排放轨迹服务可以更好地追踪被预警港口的船舶排放情况，统计各类型船舶排放监测数据时空分布信息，并利于各类船舶排放监测数据的整合，提供了港口监测数据与船舶排放监测数据的关联效应。其具体交互查询方式如下：点击港口点即可跳转至对应港口船舶排放监测监管平台系统界面。

6.6.2.2　多源海事基础数据服务集

1）船舶基础数据服务

船舶基础数据服务主要提供船舶基础属性查询与船舶排放列表查询服务。其具体交互查询方式如下：在地图上点击船舶的图标，即可弹出船舶详情界面，详细提供了船舶的基础数据与行驶状态数据包括MMSI、船名、船长、船宽、状态、类型、吃水、船速、经度、纬度、艏向、航迹向、目的地、预到时间、更新时间。在船舶排放列表里点击“详情”，也可以弹出对应船舶的详情界面。

2）观测基础数据服务

观测基础数据服务主要提供观测站的基础属性与观测到的污染物统计数据展示。其具体交互查询方式如下：单击观测站分布地图上的港口图标，即可弹出观测站详情弹窗。观测站的基础数据包括风向、风速、气温、降雨量、气压、温度、设备温度、观测站名称、观测站位置。

3）气象基础数据服务

气象基础数据服务是指可视化表达海上区域的气象情况和水文情况，即风、浪、流、气压、涌、海温、能见度、500MB等。服务包括海上区域的气象情况和水文情况的瓦片数据，主要反映海上环境变化信息，便于海事监管部门和船主了解海上环境和气候情况，对船舶行程规划及时作出决策及船舶安全状态监测，避免海上交通事故的发生，确保海上船舶安全状态。

6.6.3　船舶排放统计专题数据服务

1）超排船舶核查服务

超排船舶核查服务用于直观展示超排船舶、正常船舶的数量与比例和已核查船舶、未核查船舶的数量与比例，直观地让用户了解超排船舶的数量。

2)污染物排放区域排名服务

污染物排放区域排名服务可提供包括南山、宝安、蛇口、盐田、大亚湾与大铲这六个区域的五类污染物排放量的数据并给出条形图展示排名结果。因为不同船型所用燃料有区别,导致其排放的废气比例也不尽相同,为了更清晰地展示不同污染物的区域排放情况,系统分别展示了 CO_2、SO_x、CO、NO_x、PM 的排放排名条形图。具体交互方式如下:点击本月区域 SO_x 排放排名右上角的图例,选中想查看的污染物,条形图就能自动切换到相应污染物的排名结果,如图 6.6-2 所示。

图 6.6-2 本月区域 SO_x 排放排名条形图

3)在港船舶排放贡献率服务

在港船舶排放贡献率服务提供了五种污染物排放来源的构成。污染物的来源从船的分类上看分为五种:客船、拖船、货船、油船与其他。根据船舶类型分别计算 CO_2、SO_x、CO、NO_x、PM 这五种污染物的排放,可以得到污染物对应的来源的比例,之后用堆叠柱状图进行可视化,让用户对于各种污染物的主要来源有直观的认识。具体交互方式如下:鼠标悬停于堆叠柱状图上任意一个柱状部分,界面出现展示相应的数据提示,包括船舶类型与船的排放贡献率,如图 6.6-3 所示。

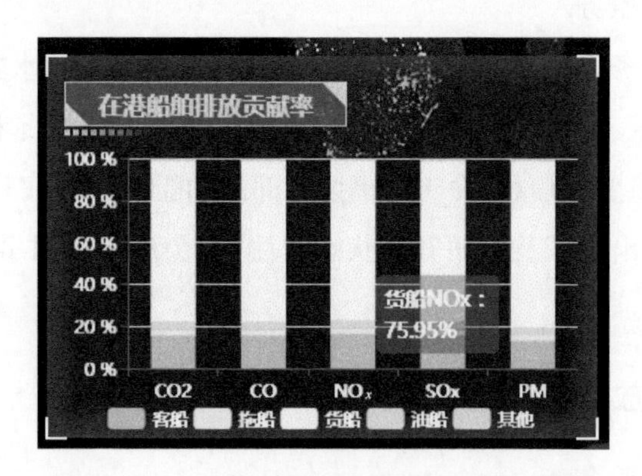

图 6.6-3 在港船舶排放贡献率堆叠柱状图

4)船舶排放列表服务

船舶排放列表服务主要提供了超排船舶与疑似超排船舶的信息,包括船名、MMSI、进港时间、离港时间、油耗、核查结果，可以让用户迅速掌握港口船舶的排放超限情况并及时响应。其具体交互方式如下：船舶排放列表模块的表格滚动显示近 1h 内的超排与疑似超排船舶的信息，如图 6.6-4 所示，鼠标单击一行数据即可停止滚动并选中该行。

图 6.6-4　船舶排放列表

5）超排船舶预警服务

超排船舶预警服务主要提供了当前 1h 内的超排与疑似超排船舶的预警服务。利用时间轴的表现方式顺序显示预警。预警内容包括预警时间、预警主题（超排或疑似超排）、船名、MMSI、船舶当前位置、预警原因。本服务简明扼要地展示了预警的时间地点与船舶信息，可以让用户清晰直白地掌握预警内容，提高效率，如图 6.6-5 所示。具体交互方式如下：超排船舶预警循环滚动预警信息，鼠标悬停在预警模块时，滚动停止，以方便用户记录。

图 6.6-5　超排船舶预警时间轴

6）今日污染物实时排放量服务

今日污染物实时排放量主要提供了当日 0—24 时五类污染物的排放折线图，数据采集间隔为 1h，本服务可直观地展示排放物一天内的排放变化情况，可分别查看 CO、CO_2、SO_x、NO_x、PM 的日变化折线图，如图 6.6-6 所示。具体交互方式如下：单击模块右上角的污染物的图例，选择想要查看的污染物，即可查看对应的污染物折线图。

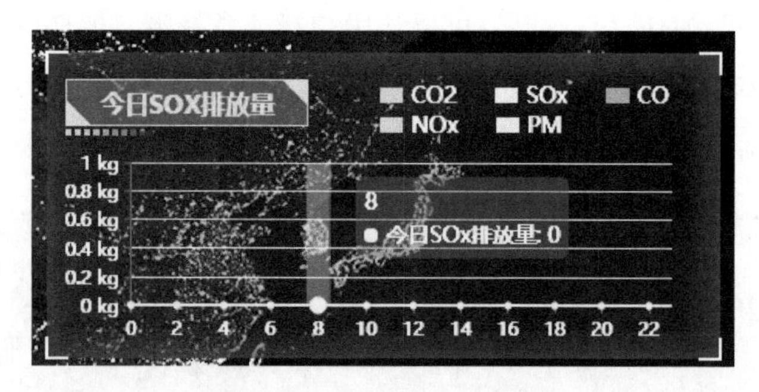

图 6.6-6　今日 SO_x 排放量

7)船舶大气污染物排放总量统计服务

船舶大气污染物排放总量统计服务主要提供了当日船舶大气污染物排放总量的统计数据,统计周期从每日零点开始,分别统计 SO_x、CO_2、PM、NO_x、CO 当日的排放总量,利用翻牌样式清晰直白地展示当日排放总量,便于用户迅速整体掌握当日排放情况。具体交互方式为今日废气排放总量每小时自动刷新一次数据,以便用户掌握最新统计量,如图 6.6-7 所示。

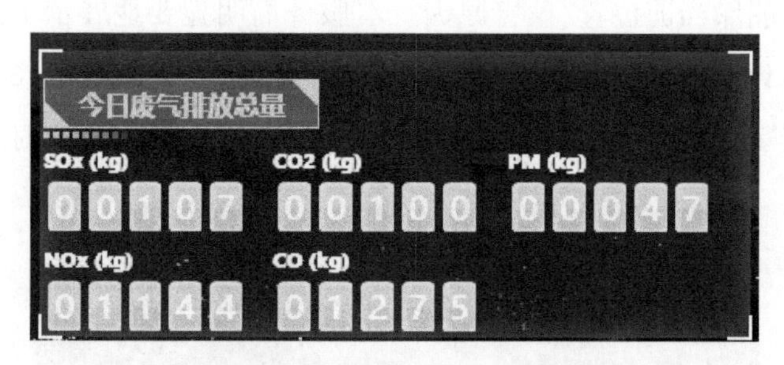

图 6.6-7　今日废气排放总量

6.6.4　船舶交通流统计专题数据服务

1)船舶进出港统计服务

船舶进出港统计服务主要提供了当前时间段内进港船舶数量、离港船舶数量、在港船舶数量的统计结果展示。通过翻牌的形式直观地对统计结果进行展示。具体的交互方式为每 10min 自动刷新交通流数据,让用户掌握实时的交通流状态,如图 6.6-8 所示。

2)今日在港船舶类型比例服务

今日在港船舶类型比例服务提供了当日在港内传播的船舶类型所占比例情况。将船舶分为客船、拖船、货船、油船与其他这五种类别,通过环形图将船舶类型的比例进行可视化,让用户对类型、比例有直观的理解。具体交互方式为环形图标注了各个类型的百分比;鼠标悬停到环形图单独的色块上,即可显示该类型的船舶数量,如图 6.6-9 所示。

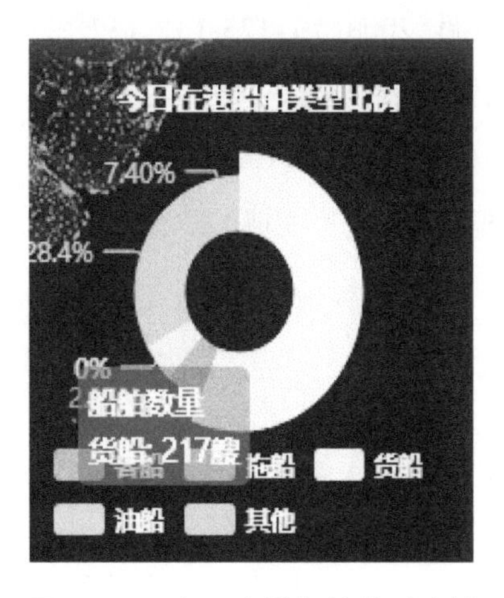

图6.6-8　进出港数据　　　　图6.6-9　今日在港船舶类型比例

6.6.5　云服务平台效果

云服务平台针对深圳港船舶排放监测数据,以各类统计图元和专题地图的形式,构建了船舶排放监测数据可视化技术,实现了港口基本统计数据、港口排放量统计数据、港口交通流统计数据、船舶基本统计数据、船舶排放量统计数据、船舶轨迹数据等多类统计数据的实时更新、动态时序性表达、可视化表达、可视化联动等,满足用户的交互需求。

原型系统的功能满足了用户的船舶排放监测需求,以可视化的形式实现了地图上船舶信息基本统计、港口信息基本统计、船舶排放量基本统计、船舶轨迹语义统计、观测站信息基本统计、监测视频统计等功能,以交互的手段实现了数据实时更新、数据追踪查询、数据动态时序性表达、数据可视化联动等功能,较好地实现了船舶排放监测数据的可视化应用。

本章参考文献

[1] 王平利. 船舶自动识别系统应用关键技术研究[D]. 武汉:武汉理工大学,2007.

[2] 莫红飞,张勇. AIS 数据解码分析[J]. 计算机光盘软件与应用,2012(6):60-61.

[3] 肖潇,邵哲平,潘家财,等. 基于 AIS 信息的船舶轨迹聚类模型及应用[J]. 中国航海,2015(2):82-86.

[4] 曾东海,米红,刘力丰. 一种基于网格密度与空间划分树的聚类算法[J]. 系统工程

理论与实践,2008(7):125-131,137.

[5] 程国庆,陈晓云. 基于网格相对密度的多密度聚类算法[J]. 计算机工程与应用,2009,45(1):156-158,169.

[6] 周勇. 网络环境下全球地形数据组织[J]. 地理空间信息,2007,5(3):53-55.

索　引

C

D

G

J

Y